高等职业教育 **烹调工艺与营养专业** 教材

# 中式面点工艺学

主　编　吴海霞

副主编　石　庆　李付才　毛恒杰

重庆大学出版社

## 内容提要

本书主要介绍了中式面点的内涵和发展概况、中式面点的特点和地方风味流派、制作中式面点需要的常用原料和器具设备、中式面点制作工艺基本流程，重点介绍了中式面点制坯工艺、制馅工艺、成形工艺、成熟工艺中的加工原理与技术要点。

本书适用于中、高等职业院校烹饪相关专业学生，也可作为在岗职业人员培训用书。

**图书在版编目（CIP）数据**

中式面点工艺学 / 吴海霞主编. -- 重庆：重庆大学出版社，2021.10
高等职业教育烹调工艺与营养专业教材
ISBN 978-7-5689-2679-9

Ⅰ.①中… Ⅱ.①吴… Ⅲ.①面食－制作－中国－高等职业教育－教材 Ⅳ.①TS972.116

中国版本图书馆 CIP 数据核字（2021）第 148182 号

**中式面点工艺学**

主　编　吴海霞
副主编　石　庆　李付才　毛恒杰
策划编辑：顾丽萍
责任编辑：文　鹏　版式设计：顾丽萍
责任校对：关德强　责任印制：张　策

\*

重庆大学出版社出版发行
出版人：饶帮华
社址：重庆市沙坪坝区大学城西路 21 号
邮编：401331
电话：（023）88617190　88617185（中小学）
传真：（023）88617186　88617166
网址：http://www.cqup.com.cn
邮箱：fxk@cqup.com.cn（营销中心）
全国新华书店经销
重庆升光电力印务有限公司印刷

\*

开本：787mm×1092mm　1/16　印张：14.5　字数：356 千
2021 年 10 月第 1 版　2021 年 10 月第 1 次印刷
印数：1—3 000
ISBN 978-7-5689-2679-9　定价：69.00 元

PREFACE

# 前　言

中式面点品种繁多、技法多样、风味独特、造型各异，它既可以做主食，满足人们基本的物质需求，又可以做调剂口味的小食，给人精神上的享受。中式面点制作技术，是我国各族人民几千年辛勤劳动的成果和智慧的结晶。随着社会的发展与科学的进步，我国面点工艺逐渐由简单向复杂、由粗糙向精致发展。面点品种丰富多彩，既有天然色泽，又有装饰美化；既有自然形态，又有人工塑造，讲究色、香、味、形、养。中国面点制作技艺反映了中华民族文明饮食文化的成就。

中式面点工艺学是从手工技艺中提升成功的具体的学科知识，它是研究各种中式面点原料选择、面坯调制、馅心调制、面坯成形、熟制和装盘等一系列中式面点制作工艺过程的原理和技术的知识体系。"中式面点工艺学"是中职烹饪专业和五年制高职烹调工艺与营养专业中式面点师中级工（含高级工）培养方向的核心主干课程，是中式面点师中、高级工考核的必修课程。

本书编写依据中式面点师职业中级（国家职业资格四级）、高级（国家职业资格三级）职业标准及知识与技能要求，结合餐饮行业中式面点制作规范，从烹饪专业毕业生今后所要从事职业的实际需要，合理确定学生应具备的能力结构与知识结构，教材内容的深度、难度做了一定程度的调整，做到通俗易懂，体现专业必修课"必需和够用"的原则。

本书结合教学改革和新课程建设的开发，充分体现教材的职业性、适应性、科学性、规范性和新颖性。学生通过学习，了解中式面点发展概况；掌握中式面点原料的特性和作用；理解各类面坯制作原理和工艺；了解中式面点的制作工具和设备；知晓各类馅心制作工艺；理解各类面点成形工艺，掌握面点熟制原理和工艺，并将这些知识用来指导面点加工，为实践操作的学习打下坚实的理论基础。

本书根据职业教育规律和新课程设计的特点，采用"单元—任务"的编写体例，每一个任务的教学内容既保持相对的独立性和针对性，又与其他任务之间产生有机联系，形成一个完整的单元。每个单元介绍本单元的知识点，每个任务从任务描述到任务实施，到任务拓展，再到练习实践，引导学生自主学习，拓展学生思维，提升学生理解能力和实际操作能力，使学生将所学知识融会贯通，促进学生学以致用。

本书由苏州旅游与财经高等职业技术学校副教授吴海霞担任主编。具体任务分工：单元1由苏州旅游与财经高等职业技术学校石庆老师编写；单元2由苏州旅游与财经高等职业技术学校毛恒杰、朱正青老师编写；单元 3、单元 4、单元 5 和单元 7 由吴海霞编写；单元 6、单元 8 由苏州技师学院李付才老师编写；任务描述和教材练习实践部分由吴海霞完成；点心图片由吴海霞、顾文海、黄家玉、叶梓制作拍摄。全书由吴海霞统稿。江苏省面点非遗大师汪成师傅为全书的实训案例做了技术指导，苏州船点大师吕杰明师傅为制馅工艺的数据提供了帮助。

　　本书在编写过程中参阅了众多专家、学者的专著、论文，难以一一注明来源，请诸作者见谅。本书在编写过程中得到了苏州旅游与财经高等职业技术学校的领导和同人的鼓励和帮助，在此一并表示感谢。

　　限于编写人员对本书的编写要求的理解程度和编写水平，书中不妥和错误之处在所难免，望使用本书的读者批评指正，以便进一步修订完善。

编　者

2021 年 4 月

# 目　录

# 参考文献

# 单元1
# 中式面点概述

[单元目标]

    1. 认识中式面点的基本工艺流程。

    2. 理解中式面点的内涵及其发展概况。

    3. 掌握中式面点的特点及其主要流派的风味特色。

    4. 理解中式面点的分类及作用。

[单元介绍]

    我国的面点制品自古以来是广大城乡居民一日三餐必不可少的食品，它品种丰富、风味独特、工艺精湛，每一个地区、每一个民族乃至每一个自然村镇，基本上都有特色性的面点食品。

    中国面点制作技艺，自成体系、技术独到，反映了中华民族的文明和饮食文化的成就。面点制作技术涉及很多自然科学知识，如生物学、物理学、化学、食品卫生学、营养学及美学等，它们对面点的膳食结构，品种的性质、特点、营养成分和造型艺术等都有一定的影响。本单元从面点的概念、中式面点的发展概况、中式面点的特点、分类、风味流派做介绍。

# 任务1  中式面点的内涵和特点

[任务目标]

1. 理解中式面点的内涵。
2. 理解面点工艺学的概念。
3. 掌握中式面点的特点。

[任务描述]

中式面点以粮食为主料，其中的关键字是"面"。面的繁体为"麵"或"麪"，从造字规律看，首先指小麦粉，后来延伸为一切由粮食制成的粉，而我国自汉魏以来就有"南米北面"的说法。时至今日，面点制品就是米面制品的统称。

面点是"面食"和"点心"这两个常用名词在现代条件下的合理组合，"点心"一词出现最早，始见于唐代。"面食"这个词最早见于宋代笔记小说《梦粱录》。后来面食和点心相互混用，在袁枚的《随园食单》中专列了"点心单"。到1982年，我国商业部出版的技工学校教材《面点制作技术》开始规范"面点"一词，之后它被普遍接受。由于我国地域宽广，人口和民族众多，各地口味和风俗迥异，因此面点制品的品种成千上万。到目前为止，面点、点心、面食、糕点、茶点、小吃、小食等称谓在各地仍然有广泛的使用。

中式面点制作工艺在饮食行业中俗称"白案"或"面案"。本任务中请同学们理解中式面点的内涵，理解中式面点工艺学的概念，掌握中式面点的特点。

[任务实施]

## 1.1.1  中式面点的内涵

在中国饮食中，面点具有广泛的内容，而且与人们的日常生活息息相关，我国南方大部分地区多以大米为原料，用它制作成米糕、米团、米饼等点心，如枣泥糕、伦教糕、梅花糕、萝卜糕、玫瑰汤圆、小元宵、摊米饼等，在北方大部分地区用小麦、玉米、小米等原料，用小麦面做成馒头、面条、花卷、煎饼等，用玉米面做成窝窝头、贴饼子，用小米做成小米面蜂糕、小米煎饼等。藏族地区以青稞掺豆类的炒面做成糌粑作为日常食品。有些粮食低产区，以薯类等杂粮制作薯松糕、蒸薯圆、红薯羹、高粱团子、芋芗年糕、山药饼、黄豆面饼等多种点心。

1) 中式面点的狭义概念

面点是面食与点心的总称，它的内容十分广泛。狭义地说，它是指以面粉、米粉和杂粮粉等为主料，以油、糖、蛋等为调辅料，以蔬菜、肉品、水产品、果品为馅料，经过面坯调制、制馅（有的无馅）、成形和熟制工艺制成的具有一定色、香、味、形、养的各类食品。这类食品主要有饺子、包子、花卷、馒头、饼糕、层酥制品等。在名称上，有的地方称为面食，有的地方称为点心，饮食业一般统称面点。

2）中式面点的广义概念

广义上讲，面点包括用米和杂粮等制成的米制品，如饭粥、米糕、米团等，故面点又可统称为米面制品。

面点制品，既是人们充饥饱腹较好的食品，又是人们茶余饭后调剂口味的食品。在人们的日常生活中，许多主食就是面点，如面条、馒头、花卷、糍粑、糌粑等。在这些食品的称谓方面，北方人大多称作主食，而在南方往往就叫点心。总之，面点包括米、麦、杂粮等粮食作物经和面、揉面、下剂、擀皮、包馅等技法经过蒸、煮、烤、烙等熟制而成的各种食品。

### 1.1.2 中式面点工艺学的概述

1）中式面点工艺学的概念

中式面点工艺学是中国烹饪工艺学的分支之一，是各个不同层次烹饪专业的一门专业核心课。中式面点工艺学是从手工技艺中提升成功的具体的学科知识，它是研究各种中式面点原料选择、面坯调制、馅心调制、面坯成形、熟制和装盘等一系列中式面点制作工艺过程的原理和技术的知识体系。中式面点工艺学侧重探讨中式面点生产过程中相关的规律，需要以严谨的科学方法整理传统的中式面点制作工艺，并且引用和借鉴相关学科的知识阐述这些技艺的基本原理。

2）中式面点工艺学的工艺流程

我国面点虽然种类繁多，花色复杂，各地有不同的风味、特点，但是制作面点的基本工艺流程大同小异，面点制作工艺流程如图1.1.1所示。

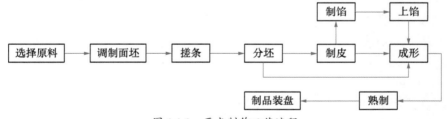

图 1.1.1　面点制作工艺流程

（1）选用原料

需要熟悉原料的品种、性质和用途，注意选料和配料，熟悉调味料和辅助料的性质和用法，熟悉原料的加工和处理方法，熟悉馅料的要求，注意原料的质量。

（2）调制面坯工艺

这是面点制作的第一道工序。调制面坯包括配料和调制。配料是指用于调制面坯各种原料的配比操作。调制是根据制品要求，将各种原辅料按一定比例调制成面坯的过程。由于制品对各种面坯的工艺性能要求不同，因此对调制面坯的操作要求也各不一样。

（3）制馅工艺

制馅就是选用各种不同的原料，经过精细加工、拌制或熟制，形成味美适口的馅心的操作过程。制作馅心是一项既精细又复杂的技术，需要熟悉各种原料的性质和用途，还要掌握一般的刀功和烹调技术，更需要掌握馅心的配料及成形、熟制的特点。馅心的作用对面点的色、香、味、形都有直接的关系。

（4）成形及上馅工艺

成形是将面点的皮坯料（面团）按照制品的形状制成符合要求的皮坯，其中需要运用多种不同的手法和简单工具。上馅则是将制好的馅心按制皮要求与皮坯结合，进一步加工成相关的形态。如果说面坯和馅心的调制展现了面点师的技术功底，那么成形和上馅则展示面点师的艺术才华，所以成形和上馅是面点生产的关键工序。

（5）熟制和装盘

熟制就是掌握火候，基本技法有蒸、煮、烤、煎、炸、烙等，分为一次加热法和复加热法。方便面的原型是伊府面，伊府面就是先蒸（煮）面条后炸熟，再制汤调味而成。由此可见，熟制是影响成品色、香、味、形、质的关键工序。

随着社会物质财富的逐渐丰富，人们对美食的要求越来越高，面点制品不仅要好吃还要好看，面点装盘的要求也越来越高，尤其是面点宴席，需要面点从业人员提高审美观，挖掘更多的可食性材料做装饰，提高面食的档次，做到面点好吃又好看。

3）中式面点工艺学和烹饪各学科的关系

因为中式面点工艺学侧重于探讨中式面点制作技术中相关的规律，所以烹调工艺学、烹饪美学、烹饪原料知识是学习中式面点工艺学的基础，近代食品科学、烹饪营养和卫生学是中式面点工艺学的指导，而食品机械、食品生物化学和食品微生物学则是它们的直接运用。

4）中式面点工艺学的学习方法

（1）理论结合实际的方法

在学习过程中，首先要注重动手能力的培养，如果没有一手过硬的技艺功夫，学了再多的理论也没用；其次在实践过程中逐步深入认识中式面点制作自身存在的自然科学原理，使之不断完善形成系统的科学知识体系，做到理实一体，用理论指导实践，用实践完善理论。

（2）用科学的方法学习

中式面点工艺学的最终目标是生产出美味健康并符合大众消费的面点食物，在掌握面点制作技术的基础上，运用美学知识、食品营养卫生知识和食品工业化生产知识，提高中式面点制品的品质，开发面点新产品，最终促进中式面点的快速发展。在学习过程中，要运用科学的方法总结制作规律，提高学习效率，不断改进、提高和创新。

## 1.1.3　中式面点的特点

中式面点是中国数千年农耕文明的结晶之一，历代厨师、点心师充分发挥了自己的创造力，不断实践、不断总结逐步形成了鲜明的特点。

1）用料广泛

（1）中式面点的原料选用广泛

中华民族的饮食文化、食源结构奠定了中式面点制作中选料的广泛性，有植物性原料（粮食、蔬菜、果品等）、动物性原料（鸡、猪、牛、羊、鱼虾、蛋奶等）和矿物性原料

（盐、碱、矾等）等。

（2）根据制品要求合理选料

由于我国幅员辽阔，各地区的土壤及农艺条件不同，因此同一品种原料因产地、季节不同而性质差异很大，特别是中式面点需要根据制品要求，合理选用原料。如制作馅心，猪肉馅选用猪夹心肉，鸡肉馅选用鸡脯肉；如做发糕，江西选用九江油大米；如做蜂糕，选用湿磨粉；如做宁波汤团，选用水磨粉等。这样才能达到扬长避短、物尽其用的目的。

2）技艺多样

中式面点长期以来是以手工制作为主，经过漫长的发展历程，特别是面点厨师的继承和不断创造，拥有众多技法和绝活，形成了一系列的面点制作技法。

①制作流程较复杂，一般都要经过选料、配料、调制坯料、搓条、下剂、制皮、上馅（有的需上馅，有的不需要）、成形、成熟等过程。

②技法多样，不论是调制面坯，还是擀皮等过程，都有相应的技法要求。

③手法多变，常用的成形技法就有搓、切、包、卷、擀、捏、叠、摊、捺、削、拨、滚沾、挤注、模具、按、剪、镶嵌、钳花等。每一种技法又可细分成多种手法，如捏的成形技法，可分为挤捏、推捏、绞捏、叠捏、塑捏等。"薄如蝉翼"就是对中式面点"擀馄饨皮"精湛技法的形象描述。

3）讲究造型

我国面点的造型技法复杂，种类繁多，基本形态丰富多彩。总体上看，面点的外形特征概括起来有几何形、象形、自然形等。

①便于经营，区分品种、口味。不同的品种、不同口味的点心具有不同的造型。如豆沙包、鲜肉包等形态各异，即使同一品种，不同地区、不同风味流派也会有不同形态。如鲜肉大包全国大多数地区形态为提褶包，而湖南形态为四眼包等。

②便于成形，丰富品种。形态的选用更能体现面点的名副其实，增添情趣、意境，如核桃包、小鸡酥、象生雪梨等。

③便于成熟，形成制品的风味。如形态的选择要从坯皮、馅心、风味、成形、成熟多方面因素考虑，才能达到色、香、味、形、质俱佳的境界，充分体现了厨师对面坯、馅心、成形、成熟等技法掌握的水平。

4）讲究馅心，口味多样

口味是中式面点食品的"魂"，历代厨师不断传承、总结、创新，形成了许多深受我国广大人民群众喜爱的品种。

①利用不同性质的原料进行配料和调制，形成了疏、松、爽、滑、软、糯、酥、脆等不同质感的面点坯皮，奠定了面点的口味基础。同样，中式面点制品的风味也是复杂多变的，或咸或甜，或咸甜兼具，以鲜为美，其中尤以照顾各地区、各民族的口味偏嗜，所以同样的原料，可以做出不同的馅心品种。如全国著名的扬州富春茶社的三丁包，其馅心由精选的鸡肉、猪肉和鲜竹笋按一定比例搭配而成，在料块形制上要求鸡丁大于肉丁，肉丁大于笋丁，"三丁"以鸡汤烩制调味成馅，味道鲜美，质感丰富。

②馅心是面点制作过程中的重要内容之一。我国馅心用料广泛，禽畜、水产、果蔬皆可制馅，选料讲究，无论荤馅、素馅、甜馅、咸馅、生馅、熟馅，所用主料、配料、调料

都精心选择最适宜品种、部位，做到物尽其用，形成了鲜嫩、滑嫩、爽脆、香甜可口、果香浓郁、咸甜适宜等不同特色的馅心，配上适当的面皮，构成了面点的口味。

③利用加热成熟的方法，丰富面点口味。面点加热成熟方法常用的有蒸、煎、煮、炸、烘、烙、贴等，馅心的烹调方法有拌馅、炒、煮、蒸、焖等，而且各地在制作中交叉应用，最终形成了不同的风味特色。更为特别的是有些中式面点和菜肴一样需要热吃，如蟹黄汤包讲究热吃，为的是馅心的卤汁呈溶胶状态，放凉以后卤汁变成凝胶，因腻口而失去汤包的风味，重复加热则因汤汁被皮坯吸收，也会失去汤包的口味。

5）应时送出

中式面点除正常供应不同层次且丰富多彩的早餐、茶点、主食点心、夜宵点心、宴席点心外，还要根据不同季节特点、时令物产、节庆习俗等条件推出多种点心，应时更换品种。如元宵节的元宵、清明节的青团、端午节的粽子、中秋节的月饼、重阳节的重阳糕等。

6）注重养生保健

中式面点除了以色、香、味、形著称以外，还有一个显著的特点是注重食补，注重养生保健的功能。中式面点最具有民族特色，也是与外国面点的主要区别之一。这一特点与现代科学倡导的"合理膳食"可谓异曲同工。中国人日常饮食中所加的核桃、银耳、莲子、红枣、茯苓、枸杞等，以及用这些原料制成的茯苓糕、莲子羹、八宝粥、乌米饭等都具有一定程度的食疗功能。

进入 21 世纪后，人们的饮食又发生了很大的变化，烹饪工艺由繁复向简单逐渐演化，展现在人们面前的"保健""方便"食品影响广泛。人们趋向回归大自然，纯天然食品、低糖面点、粗粮食品、果品菜蔬点心等，成为面点制作最关注的方面。

[ 任务拓展 ]

面条的制作历史悠久，汉代人称为汤饼，魏晋人称为水引饼、索饼，唐代称为不托，宋代才正式称为面条。下面我们认识两种古代的特色面条。

一、冷淘面

"生姜去皮，擂自然汁，花椒末用醋调，酱滤清，做汁，不入别汁水。以冻鳜鱼、鲈鱼、江鱼皆可。旋挑入咸汁内。虾肉亦可，虾不须冻。汁内细切胡荽，或香菜或韭芽生者，搜冷淘面在内。用冷肉汁入少盐和剂。冻鳜鱼、江鱼等用鱼去骨、皮，批片排盆中，或小定盆中，用鱼汁或江鱼胶熬汁，调和青汁浇冻。"

二、五香面

"五香者何？酱也，醋也，椒末也，芝麻屑也，焯笋或煮蕈煮虾之鲜汁也。先以椒末、芝麻屑二物拌入面中。后以酱、醋及鲜汁三物和为一处，即充拌面之水，勿再用水。拌宜极匀，擀宜极薄，切宜极细，然后以滚水下之，得精粹之物尽在面中……"

[ 练习实践 ]

1.试区分小吃、面点、茶点、糕点的含义。

2.举例说明中式面点注重养生保健的特点。

3.试试做五香面或冷淘面。

# 任务2 中式面点制作的发展概况

[任务目标]

1. 正确认识中式面点的发展概况。
2. 掌握不同时期中式面点发展的特征和意义。

[任务描述]

中华民族是一个历史悠久、富有创造性的民族。古往今来，我国人民在不断创造、丰富物质文明的同时，也创造了高度的精神文明。而饮食面点从无到有，由生到熟，从粗到细，由单一到丰富，也从一个侧面反映了其漫长的发展历程。中式面点起源于先秦时代，作为一种技术体系形成于秦汉时代，经过几千年的发展，是当代世界上具有相对独立性的食品制作技术体系之一。

中式面点制作工艺经历了萌芽时期、发展时期、昌明时期、兴盛时期、繁荣发展时期，本任务主要阐述中式面点制作不同时期的特征和意义。

## 1.2.1 中式面点制作的萌芽时期

1）远古时期

（1）生食

在人类的远古时代，我们的祖先最先只能够把抓捕到的飞禽走兽、蚌蛤鱼虫活剥生嚼，采集到的果实、挖掘到的根茎也是生吃的。《韩非子·五蠹》曰："民食果蓏蚌蛤，腥臊恶臭，而伤害腹胃，民多疾病。"

（2）熟食

自从火发明以后，逐步将生食变为熟食，"炮肉为熟""石上燔谷"，便是先民们最初的烹法，开始有了烹饪术。

（3）食物来源

神农氏尝草别谷，教民耕艺，人们才学会栽培粮食作物，先民们扩大了食物来源。我国考古发现，我国是世界上农业发展最早的国家之一，因为在6 000多年前属于仰韶文化的西安半坡遗址中发现过粟，在南方青莲岗文化的余姚河姆渡等遗址中发现过稻，钱山漾遗址中亦发现了稻，经鉴定有粳稻和籼稻两类。

2）商周时期

根据考证，中国面点的萌芽时期在6 000年前左右，中国的小麦制粉及面食技术的出现均应在战国时期。而中国早期面点形成的时间大约是在商周时期。

（1）粮食生产有了较大的发展

到了商周时期，我国的粮食生产已有较大的发展，品种也较多，那时对粮食作物总称五谷：黍、稷、麦、稻、菽，其中麦在我国黄河流域、淮河流域种植较多，在谷物中占有重要的地位。将麦子磨成面粉，大约是在秦汉开始的。

（2）各种加工工具和炊具的出现

农耕、生产工具的出现促使了面点的产生。据考证，商周时期有了石磨盘（一种搓盘）、臼杵、碓、旋转石磨（传说中由春秋时杰出的工匠公输般创造出来）。由粒食到粉食，对面点的制作与发展具有重大意义。这个时期，我国古代的陶制炊具相继问世，有鼎、甑、釜、鬲等，其中甑则是和釜或鬲配合起来当"燕锅"用的。甑的底部有许多小孔，可以透进蒸汽，将食物蒸熟，是最原始的蒸笼；甑和鬲组合成甗（yǎn），也就成了最早的蒸锅。除陶器进一步发展之外，青铜器亦被广泛应用，河南信阳出土的春秋时期的铜饼铛、湖北随县出土的战国时期的铜炙炉等，都说明当时炊具品种已日益丰富，为蒸、炒、煎、烤、烙制作面点准备了必要的条件。

（3）典型的面点制品

由于物质条件逐渐具备，我国在先秦时期产生了面点，虽然品种还不够丰富，但作为早期面点，还是有积极意义的，其代表品种有：

①饵，一种蒸制的糕或饼。《周礼·天官·笾人》："羞笾之实，糗饵粉糍。"郑玄注解，这是"粉稻米、黍米所为也。合蒸为饵"。

②酏食，一种米饼。《周礼·天官》："羞豆之实，酏食糁食。"《周礼·醢人》郑司农注："酏食，以酒酏为饼。"唐贾公彦疏："以酒酏为饼，若今起胶饼。""胶"通"酵"，酏食可能是中国最早的发酵饼。

③粔籹，类似现代馓子的油炸食品。《楚辞·招魂》记曰："粔籹蜜饵，有餦餭些。"朱熹《楚辞集注》："粔籹，环饼也。吴谓之膏环。亦谓之寒具。以蜜和米面煎熬作之。"

### 1.2.2　南北交流促进面点制作的发展时期

汉代至南北朝时期，我国面点制作水平有了一个飞跃。一方面是由于社会生产力的发展；另一方面当时人员流动迁移，西域通商等带来了南北交流的扩大。生产量的增加，市场的逐步形成，餐饮业已开始向专业化方向发展，红、白案出现了分工制作。我国出土的治鱼厨夫俑，即红案厨师；东汉面食陶俑，即白案厨师。在这一时期，南北交流日益频繁，促进了南方、北方在面点品种和品味上的相互影响、相互交融。

1）食物原料进一步扩大，同时粉质加工工艺有了很大进步

面点使用的不仅仅是麦粉、米粉，还有高粱粉及其他杂粮粉。石磨和绢罗的大量使用是汉魏晋南北朝面点技术进步的标志，它们对中国以后的粉食加工的意义是划时代的。从有关考古资料看，除人力推拉的石磨外，还有畜力石磨和水碓磨，而且磨齿也从西汉前的凹坑状发展到东汉的辐射状，进而到西晋的八区斜线形，这说明中国的石磨从此进入成熟阶段。从晋人束皙《饼赋》的"重罗之面，尘飞雪白"和《齐民要术》记载的"绢罗之"与"细绢筛"可知，用重罗筛出极细的面粉，并将面粉与麦麸分离，才可能使面点制得更加精细，在当时罗、筛已成为粉食加工的重要工具。有了成熟的石磨和绢罗的使用，为面粉的大量生产和利用提供了条件。这样，为我国面点制作技术的发展、创新提供了更优质的原料。

2）成熟工具进一步完善

这一时期出现了几种重要的成熟工具。束皙《饼赋》中，"三笼之后，转有更次""火盛汤桶，猛气蒸作"，可以蒸出暄软的面点制品。此外，胡饼炉、甑、铛等也有所改进，为提高面点加工工艺和质量提供了基础。

3）制作技术更为精湛

这一时期，很多面点的制作技术已达到较高水平，其中发酵方法已普遍使用。在古代《周礼》一书中就记有"酏食糁食"，酏食即经过发酵的米面饼。贾思勰《齐民要术》中记载有详细的"发酵"记录，"作饼酵法：酸浆一斗，煎取七升。用粳米一斤，著浆，迟下水，如作粥。六月时，溲一石面，著二升；冬时，著四升作"。不仅写明了酸浆酵的制法，还说明了在不同季节的用量。当时，已在黄河中下游及江南广泛使用。《齐民要术》中载有"馅渝法"，注释称："起面也，发酵使面轻高浮起，炊之为饼"，这是较早出现关于蒸制馒头之类食品的记载。而且，魏晋时，已有花式点心之制法，如《晋书·何曾传》记载的"厨膳滋味，过于王者……蒸饼上不坼作十字不食"。蒸饼是酵面，饼类似现在的开花馒头；水行则长一尺，"薄如韭叶"，类似现在的面条等。

4）面点品种不断丰富

在汉代，饼是一切面点制品的通称。炉烤的芝麻烧饼称为胡饼，上笼蒸制的称为蒸饼，用水煮熟者称为汤饼。西汉时期常见的面点有胡饼、蒸饼、汤饼、蝎饼、髓饼、金饼、索饼、水溲饼、酒溲饼、蓬饵等。其中索饼被国内著名饮食文化学者赵荣光先生考证为中国历史上最早的水煮面条。饼的名称一直沿用到明清时期。仅《齐民要术》中就记载有近20个饼的品种，并有详细制法。据记载，馄饨、春饼、煎饼、馒头、水引、细环饼等面点品种也在当时出现。

5）使用成形工具为面点成形

面点成形工具记载有木模、竹勺、牛角漏勺等，用于各种花色点心的成形。如《酉阳杂俎·酒食》中"赍字五色饼法"，是将揉好的面团用雕刻成禽兽形的木模按压、染色而成。

6）年节食俗已开始形成

节日风俗是在漫长的历史发展进程中逐步形成的，节日面点与节日风俗有着紧密联系，是我国人民对季节气候、时令膳食的探索和总结。如立春吃春盘，寒食节吃寒具，端午节吃粽子，三伏天吃汤饼，重阳节吃重阳糕等。春盘、寒具、粽子、汤饼、重阳糕成为中国最早的年节食品。

7）面点著作大量涌现

在这一时期，我国的饮食著述大量涌现，这是和当时整个社会饮食文化水平的提高分不开的。《隋书》《新唐书·艺文志》等书记载，当时主要的饮食著作达30部以上，但绝大部分佚亡，只有其中部分内容因被其他著作引用而得以保留下来。现存的著作中，面点代表著述有：

（1）晋代束皙的《饼赋》。《饼赋》提及10多种面点以及制作面点的状况，是早期面点制作的真实写照。

（2）贾思勰的《齐民要术》。《齐民要术》的影响最大。该书共十卷九十二篇，与饮食内容相关的有26篇之多，全篇谈论面点的有6篇，填补了汉魏晋南北朝时期饮食文化的缺

失和空白，第一次记录了发酵面团的制作。

### 1.2.3　面点制作的昌明时期

国家的统一，国力的强盛，经济的发展，促进了饮食文化的发展。到了隋唐时期，由于大运河的开凿，南北政治的统一，促进了南北经济、文化与物资的交流与融合，面点制作发展迅速。到了宋元时代，南方经济得到了飞跃发展。烹饪原料的增多，商业的发展，促进了饮食业的繁荣，也促使面点店的出现，从而推动了面点的普及和发展，进入昌明时期。

**1）面点制作市场繁荣**

这一时期，唐代长安、北宋汴京、南宋临安、元代大都等出现了许多面点店铺，如馄饨店、胡饼店、蒸饼店、蒸胡铺等。《东京梦华录》中仅提到有名的包子、馒头、肉饼、油饼、胡饼店铺不下10家。其中拥有"五十余炉"的大规模饼店就有好几家，"每案用三五人擀剂卓花入炉。自五更卓案之声，远近相闻"的景象可谓盛极一时。

除此之外，各种商店鳞次栉比，酒楼、饭馆、面食坊、点心铺、素食店、茶肆、小食摊等遍布市井，南北商贾云集，昼夜食市热闹非凡，充分体现了这一时期市场的兴旺和繁荣，极大地刺激了面点制作的发展。

**2）面点制作技术进一步提高**

**（1）面坯用料多样化**

面坯用料上已有各种麦面、小米面、粳米粉、糯米粉、豆粉和一些杂粮粉。

**（2）面坯调制多样化**

有用冷水和面做卷煎饼，用开水烫面做饺皮；发酵面坯广泛使用，出现了兑碱发酵法；油酥面团的制法也趋成熟。南方的米粉坯盛行，既有用整米制作的，也有用米粉制作的，还出现了其他杂粮坯制品，如《武林旧事》中就收录了糖糕、蜜糕、粟糕、栗糕、麦糕、豆糕、花糕、糍糕、重阳糕等19个品种。

**（3）馅心原料、口味和制法多样化**

馅心包括禽、畜、水产、蛋、奶、果、蔬等制作的各类荤馅和素馅，口味甜、咸、酸、鲜、辣多种多样。如《梦粱录》上记载，汴京市场上馒头有羊肉小馒头，临安市场上有四色馒头、生馅馒头、羊肉馒头、鱼肉馒头、蟹肉馒头、虾肉馒头、笋丝馒头、糖馒头等。馅心的制法有拌和馅，有经过加热成熟的熟馅，其风味各异。面条的浇头变化多端，荤素原料都可采用，可甜可咸，可酸可辣，不拘一格。《事林广记》《东京梦华录》《梦粱录》等书记载，面条有丝鸡面、三鲜面、笋泼肉面、炒鳝面等20多种。

**（4）成形方法多样化**

面条可以擀、切成条，可以拉、拽成宽长条；拨鱼可用汤匙拨入沸水锅中以成"鱼"形，木模、铁模也常见使用。花色点心更是形态各异、成形方法多变。

**（5）成熟方法多样化**

面点熟制的方法已有煮、蒸、炒、煎、炸、烙、烤等多种。

**（6）面点分类多样化**

有大众面食、新创面点、食疗面点和宴席面点几类。出现的面点新品种较多，主要有包子、饺子、月饼、卷煎饼、馄饨等。馄饨出现了"花色馅料各异"的二十四气馄饨；米糕制品有水晶龙凤糕、花折鹅糕、满天星等十几种产品；米粉团制品主要有元宵、麻团、油炸果子等。

**3）饮食与健康长寿的探究逐步开展**

"医食同源"之说出现，功效面点也出现了，《山家清供》收有王延索饼、萝菔面、通神饼、椿根馄饨、酥琼叶、百合面等品种；《饮膳正要》记述的近250种食疗方中，有食疗面点方30多种。

**4）记载面点的著作较多**

这一时期，有关面点的著作包括：隋代医学家马琬的《食经》三卷，谢讽的《淮南王食经》；唐代崔禹锡的《崔氏食经》四卷，杨晔的《膳夫经手录》，韦巨源的《烧尾宴食单》；宋代吴氏的《吴氏中馈录》，林洪的《山家清供》；元代倪瓒的《云林堂饮食制度集》等。

**5）国内外面点交流日益扩大**

蒙古族、回族、女真族等民族的面点中出现不少名品，如八耳塔、高丽栗糕等。汉族和少数民族间面点交流扩大，出现了不少新品种，如在蒙古宫廷中出现春盘面、煎饼、馒头、糕等汉族面点；中原地区也出现了许多少数民族的品种，并在京都饮食市场上颇为风行。另外，随着中外交流，西域饮食传入中原。在唐代，我国蒸饼等传入日本。元代时中国面条、馒头、包子等分别传入意大利、日本和韩国等。

### 1.2.4　面点制作技术的兴盛时期

明清时期是我国面点发展的兴盛时期，这一时期，面点制作技术飞速发展，面点的主要类别已经形成，每一类面点中又派生出许多具体品种，名品众多，数以千计；各地面点风味流派已基本形成；中式面点与我国民族风俗更加紧密结合；中外面点交流、发展达到了新的高峰时期，西式面点传入我国，中式面点亦大量外传欧美、南洋各国。

**1）面点制作比较活跃**

明清时期，随着农业、手工业的发展，社会分工的扩大，城市商品经济市场有了进一步发展，而商业的发展与都市的繁荣，又促进了饮食业的发展，大量专业面点店铺、兼卖面点的酒店酒楼、茶肆、面点摊档的出现，使面点品种愈来愈多；无数的面条店、包子店、馄饨店、饺子店、烧饼店、糕点店、汤圆店等专业化面点店铺，散布在市井街巷各处，还有不少提篮、推车、挑担和小档，走街串巷，叫卖饼、糕、馄饨、汤圆等面点，把面点食市推向繁荣与兴盛。应时适令、经济实惠的产品不断推陈出新，竞争日趋激烈，市场竞争带来了各地面点名品迭出，制作中色、香、味、形的特色彰显突出。

**2）面点制作技术逐渐成熟**

首先，制粉工艺有了很大发展，磨的结构更加合理，效率也更高。至清光绪年间出现了机磨，大小磨坊遍布城乡各地。上海、广州等地还先后出现几家规模较大的面粉厂。至1913年，全国各地开设的面粉厂已达50多家，制粉质量可以媲美"洋面"。其次，面坯调制方法多样化，水调面坯细分为冷水、温水、开水等几种调制法，另外和面时添加油、糖、蛋等辅助料，以增加制品的风味。《随园食单》记载：发酵面团制法更精，"其白如雪，揭之如有千层"；油酥面坯"香松柔腻，迥异寻常"；米粉坯，制作美观，松糯可口；其他以山药粉、百合粉、荸荠粉等作辅助料的杂粮坯亦有所发展。面点形状变化丰富，成形技法基本成熟。成熟方法完善多样，配合适当、运用合理。

3）中式面点主要流派基本形成

到了清代，我国面点的主要风味流派京、苏、粤三大风味基本形成，并在一定区域内形成了影响力，深受当地群众的喜爱。

4）面点食俗与民族节日风俗结合基本定型

如我国北方正月初一吃水饺、浙江吃汤圆、广东吃煎堆，正月十五吃元宵，清明吃青团、艾粑粑，端午吃粽子，夏至吃冷淘面，七夕吃巧果，中秋吃月饼，重阳节吃花糕，冬至吃饺子、馄饨，腊八节喝腊八粥等。

5）面点著述十分丰富

这一时期，有关面点的著述，诗词大为丰富。流传至今仍有近百种之多，如《调鼎集》是我国清代以前食谱中记载最多的著作。其中第六卷和第九卷记述的面点品种达300种以上。《随园食单》记载有面点品种近50种，是当时最精最全、影响较大的名食名点的专著。

6）中外面点交流进一步扩大

我国的面条、馒头等多种面食也相继传到国外，西方的西洋饼、面包、布丁等品种传入我国。清代李化楠在《醒园录》中记述了许多特色点心，其中蒸西洋糕法和蒸鸡蛋糕法采用西方蛋糕制作技术。1866年出版的K.P.Crawford夫人编写的《造洋饭书》，记有布丁、馒头、饼、糕等西点近100种。另外，日本宽政年间长崎地方官中川忠英编的《清俗纪闻》卷之四"饮食制"，记录了近30种中国面点的名称、制法及使用器具。

## 1.2.5　中式面点的繁荣发展时期

新中国成立以后，中国饮食业发生了很大的变化，在党和政府的重视关怀下，各地面点师通过对前辈技术的不断总结交流和创新，使我国面点制作技术不断丰富完善，多姿多彩的面点品种已成为全国各族人民不可缺少的主食品和佐餐食品。

1）南北面点口味不断融合

随着我国经济的快速发展，各地区人口不断迁移，各地的面点技艺得到了广泛的交流，长期形成的南北方不同的饮食习惯相互融合，南式点心的北传，北方面食的南移，使南北面点品种大大丰富，出现了大量的中西风味结合、南北风味结合、古今风味结合的精细点心和色、香、味、形、营养俱佳的创新品种。

2）科技在不断优化面点生产工艺

随着科学技术的不断发展，柴、煤、油逐步由煤气、电、太阳能、微波等替代。新的生产设备和工具不断涌现，万用蒸烤箱、炸炉、不粘锅、电磁灶、和面机、万用搅拌机、风炉等打开了面点制作工艺的新领域，手工操作正逐渐被机械化、自动化生产方式所取代。在保证面点产品质量的前提下，广泛利用现代科技成果，不断优化中式面点生产工艺，以保证面点产品的标准化和技术质量。

3）丰富的物产不断创造新的面点制品

在保持传统面点风味的前提下，加强皮坯料品种的挖掘与开发，加强馅心品种的开发，在面点的生产工艺上，充分利用食品的营养成分的拓展，强化烹饪生产与饮食卫生，成为现代面点工艺发展的主要任务。

4）中式面点生产经营方式不断改变

面点生产与人们的生活息息相关，它是饮食业、旅游业不可缺少的重要内容，具有投资少、见效快的特点，在发展饮食业过程中，往往起着先行的作用。速冻食品、快餐食品、保健食品的发展，为面点制作开辟了新的道路。加速厨房生产速度，面点制作连锁经营不断发展，以满足大批客人进餐消费的需要。

（1）开发方便面点

烘烤类面点特别适宜作为方便食品，如小米酥饼、高粱薄饼、荞麦玉米炒面、百合糕、马蹄糕、红豆糕等大多成了方便食品，走进了超市和百姓家中。

（2）开发速冻面点

速冻食物如速冻水饺、速冻馄饨、速冻汤团、速冻春卷、包子等不断满足广大人民的一日三餐之需，随着《国家速冻米面食品卫生标准》的制定，加上现代食品机械品种的不断诞生，以及广大面点师的不断努力，开发更多的速冻面食已经成为广大面点师不断探讨的课题。

（3）开发节日面点

节令食品的开发，可以激发人们的生活情趣，有着较好的食品市场，如正月吃年糕、清明吃青团等，节日面点的开发与利用已成为当今食品经营的黄金手段，人们在注重面点营养价值的同时，也注意到从民众的生活质量出发，制作出深受人们喜欢的节日营养食品。

（4）开发快餐面点

快餐是社会进步、工作与生活节奏加快的必然产物，近年来玉米、荞麦、南瓜、红薯等快餐食品的开发，不仅调剂口味，营养丰富，而且食用方便、饱腹、美味，是未来快餐食品最佳的选择。面点快餐已进入发展的快车道，并具有广阔的发展前途，如面点风味套餐、风味杂粮特制花卷、五谷杂粮卷饼等正被人们开发生产，杂色花卷、荞麦面饼、豆粱粽子都是较好的新品种。

（5）开发保健面点

现在越来越多的人开始注重食品的保健功能，开发和创新杂粮品种，应注重改善我国面食高脂肪、高糖类的不足，从食品的低热量、低脂肪、高膳食纤维、维生素、矿物质入手，创制适合现代人需要的面食糕点品种，是食品发展的一条重要出路。

[ 任务拓展 ]

饼是我国最流行的面点种类之一，也是我国面点的主要形态。在我国古代，饼曾作为一切谷类、粉面制成的食品的统称。宋代黄朝英曾述"凡以面为食具者，皆为之饼"，并根据不同的成熟方法分为烧饼、汤饼、蒸饼三大类。

下面就来认识古代的特色饼和学做荷叶饼。

一、梅花汤饼

"初浸白梅，檀香末水，和面做馄饨皮。每一叠，用5分铁凿如梅花样者，凿取之。候煮熟，乃过于鸡清汁内，每客止二百余花，可想一食亦不忘梅。"

二、顶皮饼

"生面，水七分，油三分和稍硬，是为外层（过硬则入炉时皮会顶起一层，过软则粘不

发松），生面每斤入糖四两，纯油和，不用水，视为内层，须多遍，则层多，中层裹馅。"

三、学做荷叶饼

荷叶饼又称春饼、薄饼，是我国传统风味食品，南北皆有制作，可以配熟肉（烤鸭、红烧肉等）食用。其中内蒙古地方风味鲜奶荷叶饼是在和面时，加入烧沸的鲜牛奶和面，风味更加独特。

（一）实训食材

普通中筋面粉 500 g，芝麻油 100 g，精盐 5 g。

（二）实训器具

物料盆、擀面杖、油刷、平底锅等。

（三）制作过程

1. 面坯调制与成形

（1）普通中筋面粉 200 g 加入 90 ~ 100 g 的清水和成冷水面团。

（2）普通中筋面粉 300 g 加入 130 g 左右的沸水和成烫面团，稍凉后加入精盐，再与水面坯和在一起，揉匀揉透。

（3）面团搓成长条，揪成每个重 25 g 的面剂，逐个按扁，刷上一层芝麻油，再用炊帚扫上一层干面，再刷上一层香油，把两个面剂的油面对油面地扣在一起，擀成直径为 20 cm 的圆饼生坯。

2. 熟制与装盘

平锅置火上，摆入饼坯烙熟，取出揭开成单张，折成扇形装盘。

[ 练习实践 ]

1. 中国早期面点形成于哪个时期？

2. 明清时期面点继续发展表现在哪些方面？

3. 列举节日点心。

4. 联系实际，展望中式面点的发展方向。

# 任务3　中式面点地方风味流派

[ 任务目标 ]

1. 理解中式面点的风味流派的形成。

2. 掌握各风味流派的特点。

[ 任务描述 ]

我国面点风味比较多，各省的地方面点都有独特之处。我国面点根据地理区域和饮食文化的形成，大致可分为"南味""北味"两大风味，这两大风味又以"京式面点""苏式面点""广式面点"为主要代表。

本任务主要学习"京式""苏式""广式"三大风味流派的形成和特色，这3个流派基本概括了中式面点的基本特点，了解了这些面点制品的特点，就可以对其他各流派的面点融会贯通。

[任务实施]

### 1.3.1 京式面点

1）京式面点的概述

（1）京式面点的概念

京式面点最早起源于山东、华北、东北地区的农村以及满族、蒙古族、回族等少数民族地区，进而在北京形成流派。京式面点，泛指我国黄河以北的大部分地区（包括山东、华北、东北等）所制作的面点，以北京地区为代表，故称京式面点。

（2）京式面点的代表品种

押面、一品烧饼、清油饼、都一处的烧卖、狗不理包子、清宫仿膳肉末烧饼、千层糕、艾窝窝、豌豆黄等。

2）京式面点的形成

（1）历史原因

京式面点的形成与北京悠久的历史和古老的京都文化密不可分。北京是六朝古都，早在公元前4世纪的战国时代，这里就是燕国的都城，后来又成为辽的陪都和金的中都，特别是元、明、清时被定为三个封建王朝的帝京，随着六朝在北京建都，南北方以及满族、蒙古族等民族面点制作技术相继传入北京。如辽代渤海善夫的"艾糕"，元明之时高丽和女真食品的"栗子糕"以及"维吾尔茶饭"等。蒸饼、羊肉包、油炒面等都是从元代的馅饼、仓馒头、炒黄面等食品逐渐演变而来的。东北、华北地区盛产小麦，北京地区素有食用面食的习俗，各民族面点的制作方法、品种在此进行交流、融合。

（2）继承和发展

没有继承就没有发展，京式面点就是在继承民间食品的基础上发展起来的。由于东北、华北盛产小麦，因此，北京小吃中以面类食品居于首位，不仅制作精细，而且花样繁多。据统计，各类不同制法的北京小吃有200多种。可见，现今许多风味面食是在继承传统小吃的基础上发展起来的。

（3）兼收并蓄

京式面点兼收并蓄了各民族的面点制作方法，得到了很大发展。如押面，史家研究，它是胶东福山人民喜食的一种面食品，明代由山东进贡入宫，受到皇帝的赏识，赐名"龙须面"，从此成为京式面点的名品。后来，为满足宫廷皇室需要，出现了以面点为主的筵席。传说清嘉庆年间，光禄寺曾经做了一桌面点筵席，仅面粉用量就超过60 kg，其用料、品种之多与规模之大绝无仅有。此外，宫廷面点的外传，也直接促进了京式面点的发展与形成。

综上所述，京式面点最早起源于华北、山东、东北等地区的农村和满族、蒙古族、回族等少数民族地区，在其形成的历史过程中，吸收了各民族、各地区的面点精华，又受到南方面点和宫廷面点的影响，融会了历史上聚居在北京地区的各民族人民的智慧，形成了具有浓厚的北方各民族风味特色的京式面点的风味流派。

**3）京式面点的主要特点**

**（1）用料广泛，面粉为主**

京式面点的主料有麦、米、豆、黍、粟、蛋、奶、果、蔬、薯等类，加上配料、调料，用料可达上百种之多。由于北方盛产小麦及饮食习惯的因素，总体用料以麦面居于首位。

**（2）品种众多，制作精细**

京式面点品种很多，有被称为我国山西"四大面食"的抻面、刀削面、小刀面、拨鱼面，不但制作技术精湛，而且口味爽滑，筋道，受到广大人民的喜爱。有品种繁杂的北京小吃，每一种类面点中，又可以分出若干品种。

京式面点制作精细，主要表现在用料讲究，善制面食，浇头、馅心精美，成形、成熟方法多样化。京式面点馅心注重鲜、香、咸，肉馅多用水打馅，并常用葱、姜、黄酱、芝麻油为调辅料，形成北方地区的独特风味。如天津的狗不理包子，就是加放骨头汤，后入葱花、香油搅拌均匀成馅，使其口味醇香、鲜嫩适口、肥而不腻。如一窝丝清油饼先抻面抻得细如线，然后再盘做成一窝丝清油饼；茯苓饼摊得薄如纸；煎饼擀得薄如蝉翼，充分反映了京式面点制作的独特技法。

**（3）应时应节，适应民俗，风味多样**

京式面点中既有汉族风味、仿膳风味，又有蒙古族、回族、满族风味，并且各民族风味相互交融，形成新的风味。京式面点，春日多以糯米、黄米、豌豆等原料制作艾窝窝、黄米面炸糕、豆面糕等；夏天有小豆凉糕、凉面等；秋天有栗子糕、江米藕；冬天有羊肉杂面、羊肉包等，四季不同。

## 1.3.2　苏式面点

**1）苏式面点的概述**

**（1）苏式面点的概念**

苏式面点泛指长江下游江、浙、沪一带地区所制作的面点。它起源于扬州、苏州，发展于江苏、上海、浙江等地，因以江苏最具代表性，故称苏式面点。

**（2）苏式面点的代表品种**

扬州的三丁包子、翡翠烧卖，苏州的糕团、船点，淮安的文楼汤包，嘉兴的粽子，宁波的汤团，金华的干菜酥饼等。

**2）苏式面点的形成**

**（1）具有悠久的历史**

扬州、苏州都是我国具有悠久历史的文化名城，历史上商贾大臣、文人墨客、官僚政客纷至沓来，带动了两地经济的发展。"春风十里扬州路""十里长街市井连""夜市千灯照碧云""腰缠十万贯，骑鹤下扬州"，均是昔日扬州繁华的写照。而清代乾隆年间徐扬所画的《姑苏繁华图》中，亦描出了苏州的奢华。悠久的文化，发达的经济，为苏式面点的发展提供了有利的条件。

（2）优越的地理位置和丰富的物产资源

苏式面点最早兴盛于苏州、扬州，苏州为"今古繁华地"，襟江临湖，盛产稻米和水产，市井繁荣，商贾云集，游人如织，文人荟萃。扬州，古时"北据淮，南据海"，包括了长江中下游地区，扬州地区是鱼米之乡，盛产六畜六禽、海鲜河鲜、百果蜜饯、菱藕蔬瓜等，富饶的物产为苏式面点的形成提供了丰富的物质条件。

（3）继承和发扬了本地传统特色

史料记载，在唐代苏州点心已经出名了，白居易的诗中就屡屡提到苏州的粽子等，《食宪鸿秘》《随园食单》中，也记有虎丘蓑衣饼、软香糕、三层玉带糕、青糕、青团等。扬州面点自古也是名品迭出，据记载，久负盛名的仪征萧美人，她制作的面点"小巧可爱，洁白如雪""价比黄金"，又如定慧庵师姑制作的素面，运司名厨制作的糕，亦是远近闻名，有口皆碑。近现代名厨辈出，经过不断创新，不断发展，又涌现出翡翠烧卖、三丁包子、千层油糕等一大批名点，形成了苏式面点这一中式面点中的重要面点流派。

3）苏式面点的主要特点

苏州处在我国最为富饶、久负盛名的"鱼米之乡"，民风儒雅、市井繁荣、食物源极为丰富，为制作苏式面点奠定了良好基础，提供了良好条件。制品色、香、味、形俱佳的特点最为突出。苏式面点重调味，味厚、色艳、略带甜头，形成独特的风味。馅心重视掺冻（即用多种动物性原料熬制汤汁冷冻而成），汁多肥嫩，味道鲜美。苏式面点很讲究形态，其中的苏式船点，形态甚多，常见的有飞禽、走兽、鱼虾、昆虫、瓜果、花卉等，色泽鲜艳，形象逼真，栩栩如生，被誉为精美的艺术食品。

（1）风格复杂，品种繁多

苏式面点就风味而言，包括苏锡风味、淮扬风味、宁沪风味、浙江风味等，其品种相当丰富，《随园食单》《扬州画舫录》《邗江三百吟》等著作中都有记载。经过近现代名厨的传承、创新、发展涌现出了一大批名店、名点，在中式面点制作中享有盛誉。

（2）制作精细，讲究造型

在苏式点心制作中，形态总体可用"小巧玲珑"4个字概括。如特有的面点品种"船点"，相传发源于苏州、无锡水乡的游船画舫上。其坯皮可分为米粉点心和面粉点心，成形制作精巧，常制成飞禽、动物、花卉、水果、蔬菜等，形态逼真。面点形态也是以精细为美，如小烧卖、小春卷、小酥点。扬州的面点制作的精致之处表现为面条重视制汤、制浇头，馒头注重发酵，烧饼讲究用酥，包子重视馅心，糕点追求松软等。

（3）选料严格，季节性强

苏式面点对原料选用严格，辅料的产地、品种都有特定的要求，如苏式玫瑰松子方糕中的玫瑰花要求是吴县的原瓣玫瑰，松子要用肥嫩洁白的大粒松子仁等。一些名特品种还选用有特殊滋补作用的辅料，如松子枣泥麻饼，其中的松子枣泥馅具有润五脏和健脾胃的作用。

苏式面点历来注重季节性，四时八节均有应时面点上市，形成了春饼、夏糕、秋酥、冬糖的产销规律，大部分节令食品都有上市和落令的严格规定。《吴中食谱》记载："汤包与京醇为冬令食品，春日烫面饺，夏日为烧卖，秋日有蟹粉馒头。"虽然目前不再有历史上那样严格的上市和落令时间要求，但基本上做到时令制品按季节上市，如苏式糕团中春季供应青团，夏季供应炒肉团子，秋季供应重阳糕，冬季供应猪油年糕。浙江等地面点中，春天有春卷，清明有艾饺，夏天有西湖藕粥、冰糖莲子羹、八宝绿豆汤，秋天有蟹黄汤包，冬天有羊汤面等。面点品种四季分明、应时迭出。

（4）肉馅掺冻，汁多肥美

以汤包、蒸饺、烧卖和包子为代表，这些面点一般肉馅多掺皮冻，形成皮薄馅多的特点。如汤包，每 500 g 馅心掺冻 300 g，蒸熟后，食时先咬破皮后吸汤，口味醇厚。

### 1.3.3　广式面点

1）广式面点的概述

（1）广式面点的概念

广式面点泛指珠江流域及南部沿海地区所制作的面点，以广州地区为代表，故称广式面点。

（2）广式面点的代表性品种

叉烧包、虾饺、莲茸甘露酥、蛋泡蟹肉批、马蹄糕、娥姐粉果、沙河粉、荷叶饭等。

2）广式面点的形成

（1）起源于广东地区的民间食品

广东地处我国东南沿海，气候温和，雨量充沛，物产丰富，盛产大米，故当时的民间食品一般都是米制品，如伦敦糕、萝卜糕、糯米年糕、炒米饼等。早期以民间食品为主。

广东具有悠久的文化，秦汉时，番禺（今广州）就成了南海郡治，经济繁荣，促进了饮食业和民间食品的发展。正是在这些本地民间小吃的基础上，经过历代的演变和发展，吸取精华而逐渐形成了今天的广式面点。娥姐粉果是广州著名的点心之一，它就是在民间传统小吃粉果的基础上，经过历代面点师的不断创新、不断完善而形成的。又如九江煎堆，驰名粤、港、澳，为春节馈送亲友之佳品，它也是在民间小吃基础上发展起来的，至今已有几百年的历史。

（2）吸取了北方面点和西点的营养

广州自魏以来，是珠江流域及南部沿海地区的政治、经济、文化中心。历代皇朝官吏，北往南来，带来了北方各地的饮食文化和六大古都的宫廷点心。京都风味、姑苏特色、淮阳小吃在广州流传下来，现今的蟹黄灌汤饺就是吸取淮扬灌汤包的制法创新而成，干蒸烧卖是北京烧卖的改革，酥炸春卷从扬州春卷变化，叉烧包又称开花包、南方包，是由北方肉包演变而来。广东对外来的面点移植，不是生搬硬套，而是结合本省的原料、口味和生活习惯加以改良、取精、求实而成。

唐代，广州已成为我国著名的港口，外贸发达，商业繁盛，与海外各国经济文化交往密切，饮食文化也相当发达，面点制作技术比南方其他地区发展更快，特色突出。19世纪中期，英国发动了侵华的鸦片战争，国门大开，欧美各国的传教士和商人纷至沓来，广州街头万商云集、市肆兴隆。广州较早地从国外传入各式西点的制作技术，广州面点厨师吸取西点的制作技术，丰富了广式面点。如广州著名的擘酥类面点，就是吸取西点技术而形成的，咖喱牛油角、瑞士蛋卷就是吸取西点的同类品种，结合本地风土民情，用料、口味和习惯不断改进而成。马拉糕，原称马来糕，是新加坡马来族人的食品，经过名师的多次革新，纳入了中式名点之中。

3）广式面点的主要特点

（1）坯皮丰富、品种丰富

广式面点，富有南国风味，自成一格，近百年来，又吸取了部分西点制作技术，品种更为丰富多彩，以讲究形态、花色著称，坯皮多使用油、糖、蛋，营养丰富，馅心多样、晶莹，制作工艺精细，味道清淡鲜滑，特别善于利用荸荠、土豆、芋头、山药、薯类及鱼虾等做坯料，制作出多种多样的美点。

有关资料统计，广式点心坯皮有四大类23种，馅有三大类47种之多，能制作各式点心2 000多种。按经营形式可分为日常点心、星期点心、节日点心、旅行点心、早晨点心、西式点心、招牌点心、四季点心、席上点心、圆桌点心等，各种点心可根据坯皮类型、馅心配合，可分别制出精美可口、绚丽缤纷、款式繁多、不可胜数的美点。米及米粉制品是其历史传统强项，品种除糕、粽外，还有煎堆、米花、白饼、粉果等外地罕见品种。

（2）馅心广泛、口味多样

广式面点馅心选料之广，得益于广东物产丰富，五谷丰登，六畜兴旺，四季常青，蔬果不断。正如屈大均在《广东新语》中所说，"天下所有之食货，粤东几尽有之，粤东所有之食货，天下未必尽有之"。原料之广泛、丰富，给馅心提供了丰富的物质基础。广式面点馅心用料包括肉类、海鲜、水产、杂粮、蔬菜、水果、干果以及果实、果仁等。如叉烧馅心，为广式面点所独有，除烹制的叉烧馅心具有独特风味外，还有别具一格的用面捞芡拌和的制馅方法。由于广东地处亚热带，气候较热，因此面点口味一般较清淡。

（3）善于吸收、技法独到

在广式面点中使用皮料的范围广泛，有几十种之多，其中不少配料、技法是吸收西点制作技艺，坯皮较多使用油、糖、蛋，制品营养丰富，并且基本实现了本土化，如擘酥、岭南酥、甘露酥、士干皮等。广式面点外皮制作技法独到，一般讲究皮质软、爽、薄，如屈大均的《广东新语》记载粉果的外皮，"以白米浸至半月，入白粳饭其中，乃舂为粉，以猪脂润之，鲜明而薄以为外"。馄饨的制皮也非常讲究，有以全蛋液和面制成的，极富弹性。包馅品种要求皮薄馅大，故制皮和包馅技术要求很高，要求皮薄而不露馅，馅大以突出馅心的风味。此外，广式面点喜用某些植物的叶子包裹坯料制成面点。如"东莞以香粳杂鱼肉诸味，包荷叶蒸之，表里香透，名曰荷包饭"。如此，则产生不同的香味。

（4）季节性强、应时迭出

广式面点常依四季更替、时令果蔬应市而变化，浓淡相宜，花色突出。要求夏秋宜清淡，春季浓淡相宜，冬季宜浓郁。春季常有礼云子粉果、银芽煎薄饼、玫瑰云霄果等；夏季有生磨马蹄糕、陈皮鸭水饺、西瓜汁凉糕等；秋季有蟹黄灌汤饺、荔浦秋芽角等；冬季有腊肠糯米鸡、八宝甜糯饭等。

以上这三大主要风味流派面点依靠其鲜明的地方性、地域特色，在全国有很大影响力。除此之外，常言道"一方山水，养一方人"，我国各地都有各自的特色风味和独到之处。如朝鲜族、藏族、土家族、苗族、壮族等也有自己的风味面点，虽未形成鲜明的地域体系及辐射面，但也早已成为我国面点的重要组成部分，融合在各主要地域流派中，同样也展示了其独特的魅力，为我国面点制作技艺增光添彩。

[ 任务拓展 ]

### 学做上海酒酿饼

酒酿饼是江苏地区传统名食，始于苏州和无锡，后传入上海，20 世纪 30 年代风行于上海。用发酵面团包馅用烙的方式成熟，成品口味香甜、质感松软、具有酒酿的风味，是老少皆宜的民间食品。

一、实训食材

面粉 2 500 g，甜酒酿 300 g，猪板油丁 200 g，干酵母 35 g，白糖 1 100 g，生色拉油 200 g。

二、制作过程

（1）馅心制作

面粉 250 g 炒熟，加入白糖 500 g、猪板油丁 200 g 拌成馅料。

（2）面坯调制与成形

35 g 干酵母用温水调成糊状。面粉 2 000 g 加入酵母糊、白糖 600 g、甜酒酿拌匀，和成面坯，揉匀揉透，发酵，发好的酵面坯揉匀，搓成长条，揪成每个重 75 g 的面剂，揿扁，再包入馅料 25 g，捏拢收口，再压成圆饼状生坯。

（3）熟制

平锅烧热，放入饼坯，在饼面上刷上一层生色拉油，待饼的一面烙熟后，翻过再烙另一面，至饼面发红有光泽和弹性时即成。

[ 练习实践 ]

1. 我国面点主要风味流派的形成有哪些重要因素？

2. 谈谈本地域面点的风味特色，应如何继承和发展。

# 任务4　面点的分类和作用

[ 任务目标 ]

1. 理解面点的作用。

2. 掌握面点的分类。

[ 任务描述 ]

民以食为天，让人们吃好，吃得有营养，膳食结构更合理，这是面点制作的主要作用和最终目的。作为一名学生，一定要了解面点的主要作用，只有这样，才能学好面点知识，更好地为人民服务。

由于我国面点制品品种繁多，新的面点制品又在不断产生，因此面点的分类是一个动态的过程。目前面点的分类从不同角度展开，形成了各种各样的分类方法。统一面点分类标准，是面点工作者目前面临的难题。

[任务实施]

### 1.4.1 面点在中国饮食业的地位

1）面点和菜肴相互依存

自从中国的饮食业将一个整体分出红案（菜肴烹调）、白案（面点制作）两个工种后，面点就已成为一个既独立成宗又与菜肴相关联的饮食制作单位。在传统饮食业中，面点制作工种范畴始终包含主食的加工与制作，面点制作与菜肴烹调相互作用、相互补充、相互推动，始终处于独立与合作的方式之中。

2）面点可以独立存在

面点不仅可以与菜肴紧密配合，而且可以独立存在，如各地的糕团店、包子店、大饼馒头店、饺子面条店等，人们的日常生活时刻离不开的就是面点。在中国的任何地方，都会看到卖早饭的、早茶的、早点的，宴席上要有席点，大排档有小吃、零食等，随着人们生活水平的提高，各大商场、超市销售大量的方便面食、保健面食等，这些充分说明了面点在人们的日常生活中及在饮食业的重要地位。

### 1.4.2 面点的作用

1）增加了就业，促进了社会的发展

社会经济水平的提高和生活节奏的加快，人们有条件选择既饱腹又价廉，既美味又可口的面点作为满足身体需要的方式。专门经营面点的店铺，如面食馆、饺子店，经营小食品的早点、夜宵、点心铺等，遍布各大中小城市和村镇，占据了一定的饮食市场，成为普通百姓日常生活中不可或缺的消费场所。

2）面点提供了人们所必需的能量及营养

面点制品具有食用方便、易于携带的特点，老少咸宜，并且具有较高的营养价值，可以随时取用、边走边食。制作面点也没有太多条件的限制，取料简便，制作灵活。城镇乡村的家庭都有条件自行制作、供己食用，还可以馈赠亲友。因此，面点制品不仅满足了人们物质生活的需求，而且为人们高效率地生活和工作提供了方便。一年四季，风味各异的面点，可以满足多种消费者的不同需求。

3）面点丰富了人们生活，方便了群众，满足了不同层次消费者的需求

面点是由普通粮食生产加工制作而成的，自古以来，其平民化的制作风格得到了普通老百姓的认可和利用，是一种大众食品。面点制品一般具有经济实惠、营养丰富、应时适口、体积小巧等特点。它价格合理，是深受旅游者、出差人员欢迎的方便食品。精细的面点还能美化和丰富人们的生活。有关部门统计，我国不少大中城市的职工和居民，每天有半数以上的人食用早点，特别是随着旅游与假日经济的发展，面点在人们生活中占有重要地位，可以节省广大城市居民用于制作饭菜的时间，也可以作为城乡居民改善生活的食物，满足了不同层次消费者的需求。

### 1.4.3　中式面点的分类

面点制品的分类方法较多，各类分类方法均有各自的特点和适用范围，常用的分类方法有以下有5种：

1）按坯皮原料分类

这是最为常见的一类分类法。按照原料的商品属性为依据，可分为麦类制品、米类制品、杂粮和其他类等三大类制品。

2）按熟制方法分类

这是生产熟制法常用的一类分类法。可分为蒸、炸、煮、烙、烤、煎以及综合熟制法等制品。

3）按形态分类

这是按照面点制品形态的一类分类法，在销售时常见。可分为饭、粥、糕、饼、团、粉、条、包、饺以及羹、冻等制品。

4）按馅心分类

这是以面点馅心区分的一类分类法，在销售时常见。可分为荤馅、素馅、荤素馅等三大类制品。

5）按口味分类

这是以人们口味习惯区分的一类分类法，在销售时常见。可分为甜味、咸味、咸甜味和其他口味等四大类制品。

为教材编写和教学统一性的需要，下面简要介绍目前中式面点制品分类中运用最广泛的较为科学统一的一种按坯皮原料分类法，供参考。

附：按坯皮原料分类法

水调面坯：冷水面坯、温水面坯、沸水面坯。冷水面坯的代表品种有面条、水饺、馄饨等；温水面坯的代表品种有各色花色蒸饺、荷叶饼等；沸水面坯有泡泡油糕、虾饺等。

膨松面坯：生物膨松面坯、化学膨松面坯、物理膨松面坯。生物膨松制品代表有各式包子、馒头、花卷等；化学膨松制品代表品种有油条、开口笑等制品；物理膨松制品代表有蒸蛋糕、烘蛋糕等。

油酥面坯：混酥面坯、层酥面坯。混酥制品代表品种有核桃酥、鸡仔酥、水果塔等。层酥制品代表品种有：苏式月饼、眉毛酥、蜜枣酥、莲藕酥、草帽酥等。

米粉面坯：有糕、团之分。糕的代表品种有定胜糕、小圆松、枣泥拉糕、桂花年糕、大方糕等。团的代表品种有汤团、油汆团子、刺毛团子、炒肉团子等。

杂粮面坯：玉米面坯、高粱面坯、土豆面坯、莜面面坯等。代表品种分别有玉米窝窝头、高粱年糕、土豆团子、莜面饺子等。

[ 任务拓展 ]

**学做广州水晶包**

广州水晶包是用澄粉团包入生咸馅经过蒸的方式成熟，具有色泽透亮、入口滑爽、咸甜适口等特点，是广州早茶的畅销品种之一。

一、实训食材

水晶包皮面坯 250 g，虾肉馅 150 g。

二、制作过程

（一）虾肉馅心制作

（1）猪瘦肉 175 g、猪肥肉 75 g，分别用清水洗净，沥水，均切成小粒；发料香菇 17.5 g 漂洗干净，去蒂挤水，切成小粒。猪瘦肉粒放入钵中，加入精盐 5 g，打至起胶。

（2）生虾肉剁烂，放入猪瘦肉钵中再打，同时加入白糖 17.5 g、麻油 2.5 g、味精 5 g、胡椒粉 1.5 g，边打边拌，最后加入猪肥肉粒、发料香菇粒、生抽 10 g 拌匀，再加猪油 17.5 g 拌匀即成。

（二）面坯调制与成形

（1）澄面粉 450 g、生粉 50 g 一起放入盆内，加入沸滚水 750 g 拌匀，放在案板上搓揉至完全没有生粉粒，即成熟澄面。

（2）取熟澄面 500 g，加入白糖 150 g，搓揉至白糖全部融化，然后再加猪油 30 g 揉匀，即成水晶包皮面坯。

（3）水晶包皮面坯、烧卖馅各均分成 20 份。将每份水晶包皮面坯压扁，包入 1 份虾肉馅，包捏成扁圆形，再用花钳子夹成顺长花纹，即为包子生坯。

（三）熟制

摆入屉中，用旺火沸水蒸熟即成。

[ 练习实践 ]

1. 调查当地老百姓喜欢食用的早点有哪些，这些早点有哪些特征。
2. 学做一道当地的特色点心，说明它的制作过程。

# 单元2

# 面点原料基础知识

[单元目标]

    1. 了解中式面点制作中所需的基本原料。

    2. 理解面点原料的组成和工艺性能。

    3. 掌握面点原料的作用和使用方法。

    4. 学会根据不同面点制品合理选择原料。

[单元介绍]

    我国用以制作面点的原料非常广泛，种类繁多，几乎所有的主粮、杂粮及大部分可食用的动、植物原料都可以使用。要保证面点的质量，首先必须保证原材料的质量。因为原料的质量及特性不仅决定面点的营养价值、风味特色和组织结构等，而且对面点制品生产工艺及面点生产企业的经济效益都有重要的影响。这就要求我们必须掌握各种原料的组成特性、作用、使用方法以及它们与面点加工工艺、生产质量的关系。

    面点原料根据其性质和用途，大致分为坯皮原料、馅心原料、调辅原料和食品添加剂等。本单元的学习主要从中式面点制作中所需基本原料的组成、工艺性能、作用、使用方法入手。

# 任务1 坯皮原料

[任务目标]

1. 理解各主要坯皮原料的性质。
2. 掌握坯皮原料在面点制作中的用途。

[任务描述]

制作面点一般要先调制面坯，包馅面点尚需制皮包入馅心。因此，作为坯皮原料，必须具备以下三个条件：首先是具有一定的韧性，以便包馅后不致破裂；其次是具有一定的延伸性和可塑性；最后是具有一定的营养价值并无害于人的身体健康。根据以上条件要求，可作为面点坯皮原料的有麦类、米类、豆类和杂粮类等。

本任务从麦类、米类、豆类和杂粮类的性质、用途等方面开展学习。

## 2.1.1 麦类

麦类是制作面点的主要坯皮原料，一般磨成粉使用。我国的小麦品种很多，产地分布很广，气候、土壤及面粉加工技术的不同，生产出来的面粉存在较大差异。因此，从事面点制作的人员要掌握面粉的理化性质及其与制品品质的关系，在生产中随时根据其理化特性调节工艺操作条件，保证产品质量稳定。

1）小麦的种类和面粉的分类

（1）小麦的种类

我国大部分地区都生产小麦。小麦的品种很多，可按播种季节、皮色及粒质分类。按播种季节分为春小麦和冬小麦；按皮色分为白麦和红麦；按粒质分为硬麦和软麦，硬麦又称为角质小麦，软麦又称为粉质小麦。小麦由果皮、种皮、糊粉层、胚乳和胚等几部分组成，其各部分的化学成分见表2.1.1。

表2.1.1 小麦各部分的化学成分　　　　　　　　　　　　　　　单位：%

| 化学成分 | 果皮 | 种皮 | 糊粉层 | 胚 | 胚乳 | 总计 |
|---|---|---|---|---|---|---|
| 水分 | 0.5 | 0.13 | 1.03 | 0.6 | 11.26 | 13.08 |
| 淀粉和糖 | — | — | — | — | 62.19 | 62.91 |
| 纤维素和半纤维素 | 3.5 | 0.63 | 4.29 | 0.45 | 0.24 | 9.11 |
| 蛋白质 | 0.35 | 0.18 | 2.20 | 0.56 | 8.60 | 11.89 |
| 脂质 | — | — | 0.80 | 0.18 | 0.76 | 1.77 |
| 灰分 | 0.09 | 0.06 | 0.48 | 0.08 | 0.40 | 1.11 |
| 总计 | 4.40 | 1.00 | 8.00 | 1.43 | 84.20 | 99.89 |

（2）面粉的分类

1988年，我国颁布了高筋粉和低筋粉的国家标准，2005年进行了修订。

根据我国最新修订的小麦粉国家标准，按照小麦粉的筋力强度和食品加工适应性能分为三类：

强筋小麦粉，简称高筋粉，主要用于制作各类面包等。

中筋小麦粉，简称中筋粉，主要用于制作各类水饺、馒头和包子等。

弱筋小麦粉，简称低筋粉，主要用于制作各类饼干和蛋糕等。

（3）专用面粉

专用面粉是以专用小麦为基本原料，根据面点具体品种加工工艺的需要磨制的面粉。根据《中华人民共和国行业标准——专用小麦粉》，现将专用小麦粉的特点介绍如下：

①面条粉。它的特点是色泽洁白，蛋白质含量高，制成面条不断条，口感爽滑。使用方法是取面粉500 g、水200～225 g、食盐5 g放入容器内揉匀，醒20 min，手擀或用面条机制成面条，沸水下锅煮。

②面包粉。它的特点是粉质细腻，色泽洁白，面团富有弹性拉劲，烘焙制成品气孔均匀，松软可口。

③饺子粉。它的特点是粉质细滑，色泽洁白，筋力适中，麦香味浓，适宜于制作水饺、馄饨等面点。成品特点是弹性好，有咬劲，不黏不糟，麦香味浓。

④自发粉。它的特点是粉质细滑、洁白有光泽，松软手感好。因应用生物工程新技术，不需传统的发酵过程。可做馒头、包子、花卷、发面饼等，也可将面粉调成糊状炸制鸡腿、虾仁等食品。成品特点是表皮光滑，色泽洁白，口感好，松软香甜，麦香味浓。

2）面粉的化学成分及工艺性质

面粉的特性取决于其所含的化学成分。面粉主要由蛋白质、碳水化合物、脂肪、矿物质和水分组成。不同等级的面粉，其各种成分的含量及其组成也不完全相同。一般面粉的化学成分见表2.1.2。

表2.1.2　面粉的化学成分

| 单位 | 成分 | 品种 | |
| --- | --- | --- | --- |
| | | 标准粉 | 特制粉 |
| % | 水分 | 12～14 | 13～14 |
| | 蛋白质 | 9.9～12.2 | 7.2～10.5 |
| % | 脂肪 | 1.5～1.8 | 0.9～1.3 |
| | 碳水化合物 | 73～75.6 | 75～78.2 |
| | 粗纤维 | 0.79 | 0.06 |
| | 灰分 | 0.8～1.4 | 0.5～0.9 |
| mg/100 g | 钙 | 31～38 | 19～24 |
| | 磷 | 184～268 | 86～101 |
| | 铁 | 4.0～4.6 | 2.7～3.7 |

| 单位 | 成分 | 品种 | |
| --- | --- | --- | --- |
| | | 标准粉 | 特制粉 |
| mg/100 g | 维生素 $B_1$ | 0.26 ~ 0.46 | 0.06 ~ 0.13 |
| | 维生素 $B_2$ | 0.06 ~ 0.11 | 0.03 ~ 0.07 |
| | 尼克酸 | 2.0 ~ 2.2 | 1.1 ~ 1.5 |

（1）蛋白质

面粉中含有 9% ~ 13% 的蛋白质，其种类主要有 4 种：麦胶蛋白质、麦谷蛋白质、麦清蛋白质和麦球蛋白质。面粉中麦清蛋白质和麦球蛋白质含量不多，主要是麦胶蛋白质和麦谷蛋白质。面粉中蛋白质的含量随小麦品种、地区的不同而异。硬小麦蛋白质含量高于软小麦；春小麦蛋白质含量高于冬小麦；北方地区小麦蛋白质含量高于南方地区。

蛋白质具有变性作用，在面点生产中蛋白质变性主要是热变性。蛋白质的热变性在面点生产工艺中具有重要的意义。如热水面坯利用水温使面粉中蛋白质变性，减少面筋的形成。

（2）面筋

面筋是影响面粉加工特性的主要因素。面筋是蛋白质高度水化的形成物。面筋主要由蛋白质中的麦谷蛋白质和麦胶蛋白质组成。面筋是影响面坯工艺性能和制品品质的最重要的成分，而麦胶蛋白和麦谷蛋白起决定性的作用。

面粉中加水至含水量高于 35% 时，再进行揉和即得到黏聚在一起并具有黏弹性的面坯。在水中搓洗面坯，用水洗去淀粉、水溶性碳水化合物、脂肪和其他成分后剩下的具有黏性、延伸性和橡胶似的物质，就是面筋。因这样的面筋含水量为 65% ~ 70%，所以又称为湿面筋，湿面筋烘去一部分水即为干面筋。

面筋的物理性质主要是指面筋的工艺性能，它是评价面坯工艺性质的重要指标，对面点的加工工艺及产品质量有重要影响。面筋的物理性质包括弹性、韧性、延伸性和可塑性等。

①延伸性。它是指面筋被拉长到某种程度而不断裂的能力。比延伸性就是比面筋每分钟被拉长的厘米数。通常根据面块延伸的极限长度将面筋分成 3 等：延伸性差的面筋，延伸长度小于 8 cm；延伸性中等的面筋，延伸长度为 8 ~ 15 cm；延伸性好的面筋，延伸长度大于 15 cm。

②韧性。它是指面筋对拉长所表现的抵抗力。

③弹性。它是指面筋被拉长或压缩后恢复到原来状态的能力。

④可塑性。它是指面筋被拉伸或压缩后不能恢复到原来状态的性质。

（3）碳水化合物

碳水化合物是面粉的主要组成部分，占面粉总量的 75% 以上，包括可溶性糖、淀粉和纤维素等。

①可溶性糖。面粉中含有 1% ~ 1.5% 的可溶性糖，包括蔗糖、麦芽糖、葡萄糖和果糖，

其中蔗糖含量最多。在麦粒中，胚乳中心含糖量为0.89%，麦皮和胚乳外层的含糖量为2.85%。因此，出粉率高的标准粉的含糖量比特制粉多。面粉中含有一定量的可溶性糖，可供发酵面坯中酵母直接利用，是酵母生长发育的营养源之一，能促进发酵面坯的发酵速度。

②纤维素。纤维素是构成麦皮的主要成分。特制粉中麦皮含量少，低级面粉中麦皮含量多。面粉中纤维素的多少，直接影响制品的色泽和口味。纤维素少，色白，口味好；纤维素多，则色黄，口味差。一定量纤维素的存在有助于肠胃蠕动，促进人体对食物的消化吸收，因此生产杂粮制品时在面粉中添加适量的麸皮作为营养强化剂，适合特殊人群食用。

③淀粉。面粉中含有70%左右的淀粉。淀粉有直链淀粉和支链淀粉两种结构，面粉中直链淀粉占淀粉量的24%，支链淀粉占淀粉量的76%。淀粉与面坯调制及制品质量有关的物理性质，主要是淀粉的糊化及淀粉糊的凝沉作用。

淀粉的糊化作用是指将淀粉在水中加热到一定温度时，淀粉粒突然膨胀，由于膨胀后的体积达到原来体积的数百倍，因此形成黏稠的胶体溶液，这一现象称为淀粉的糊化。淀粉粒突然膨胀的温度称为糊化温度，又称糊化开始温度。因各淀粉粒的大小不一样，待所有淀粉粒全部膨胀又需要一个糊化过程，所以糊化温度有一个范围。小麦淀粉粒糊化开始温度是65 ℃，糊化温度范围是65 ~ 67.5 ℃。

淀粉的稀溶液，在低温下静置一定时间后，溶液变浑浊，溶解度降低，而沉淀析出。如果淀粉溶液的浓度比较大，则沉淀物可以形成硬块而不再溶解，这种现象称为淀粉的凝沉作用，也称为老化作用。淀粉的凝沉作用，在固体状态下也会发生，如冷却的馒头、面包或米饭，在贮存和放置期间会失去原来的柔软性而变硬，也是由于其中的淀粉发生了凝沉作用。因此，淀粉的凝沉对面点制品的质量有很大影响，控制淀粉的凝沉具有重要意义。淀粉老化后，与生淀粉一样，不易被人体消化吸收，因此蒸好的米饭、馒头都应趁热及时食用。

面粉中的淀粉及可溶性糖对面坯调制及制品质量起重要作用。可溶性糖本身可以被酵母直接利用；淀粉在酶的作用下，水解成麦芽糖及单糖后，可供酵母增殖，又能使其产生一定量的二氧化碳，促使面坯膨胀而达到制品膨胀的要求；淀粉在烤制时形成的糊精等可使某些面点制品具有光滑光洁的表面和焦黄鲜艳的色泽；淀粉还能稀释面筋的浓度并调解面筋的胀润度从而增加面坯的可塑性，使制品具有较好的松脆性，以适合某些面点制品品种的质量要求。

（4）酶

小麦中含有多种酶，对面点制作和面粉贮存起较大作用的有淀粉酶和蛋白酶。

①淀粉酶。面粉中的淀粉酶分为 α-淀粉酶和 β-淀粉酶。α-淀粉酶，又称为糊精淀粉酶，能改变淀粉的黏性。β-淀粉酶，又称糖化淀粉酶，能将淀粉水解成大量的麦芽糖和少量的高分子糊精，还能将糊精转化成麦芽糖。

②蛋白酶。蛋白酶又称蛋白分解酶，小麦中的蛋白酶能将蛋白质分解成多肽、氨基酸等比较简单的物质。用发芽的或被虫害侵蚀的小麦制成的面粉，蛋白酶的活性强烈，会破坏面筋的生成而影响面点的质量。

3）面粉质量的鉴定方法

（1）含水量

面粉一般含水量为 13.5% ~ 14.5%，因含水量对面粉贮存与调制面坯时的加水量有密切关系，所以对面粉中的含水量有严格的规定。含水量鉴定除用电烘箱等方法外，通常用的是简易的方法，即当用手掌紧握少量面粉时，如有沙沙响声，松开手掌时形成的面粉团块散开，则表示面粉的含水量偏低；若无沙沙响声，并且在松开时面粉已被捏成不易散开的坚实面块，则表示面粉的水分含量偏高。这种简易的测定方法，是全凭经验来判断的，而经验则需要通过长期实践积累才能取得。

（2）新鲜度

面粉的新鲜度可以从面粉的色泽、香味、滋味、触觉等方面来鉴别。

①色泽。质地优良的特制粉呈淡黄色，标准粉略带灰色；若呈暗色或含夹杂物的颜色者，均为质地劣等的面粉。面粉颜色与面粉质量的关系见表 2.1.3。

表 2.1.3　面粉颜色与面粉质量的关系

| 面粉的颜色 | 面粉的质量 |
|---|---|
| 呈白色或略带乳黄色 | 优质面粉 |
| 呈深灰色 | 不良面粉或含有灰尘 |
| 有麸皮的微粒 | 标准面粉 |
| 白褐色 | 软性小麦粉或漂白粉 |

②香味。用面粉气味鉴定面粉质量的方法：取少量面粉作试样，放在手掌中间，用嘴哈气，使试样温度升高，立即嗅其气味。鉴别的标准见表 2.1.4。

表 2.1.4　面粉气味与面粉质量的关系

| 面粉的气味 | 面粉的质量 |
|---|---|
| 有新鲜而轻薄的香气 | 优质面粉 |
| 有不良的土气、陈霉味 | 劣质面粉 |
| 有酸败臭味 | 变质面粉 |
| 有霉臭味 | 霉变面粉 |

③滋味。用面粉滋味鉴定面粉质量的方法：先用清水漱口，再取面粉试样少许，放在舌上辨别其滋味。鉴别的标准见表 2.1.5。

表 2.1.5　面粉滋味与面粉质量的关系

| 面粉的滋味 | 面粉的质量 |
|---|---|
| 咀嚼时能生成甜味 | 优质面粉 |
| 酸味 | 变质面粉 |
| 苦味 | 劣质面粉 |
| 霉味 | 霉变面粉 |

④触觉。用手捏搓面粉，通过手感鉴别面粉的质量，见表 2.1.6。

**表 2.1.6　捏搓面粉手感与面粉质量的关系**

| 捏搓面粉时的手感 | 面粉的质量 |
| --- | --- |
| 有沙拉拉的感觉 | 优质面粉 |
| 如羊毛状有软绵绵的感觉 | 正常面粉 |
| 手感过度光滑 | 软质面粉 |
| 手感沉重而过度光滑 | 制作技术不良的面粉 |

**4）面粉的保健功能**

面粉及其制品营养丰富，富含碳水化合物、蛋白质、糖类、糊精、粗纤维等，是人体肌肉运动、食物消化和吸收所需要能量的主要供应者，是人类赖以生存的能量物质之一。面粉中含有多糖物质（半纤维素）、维生素 E、微量元素钼、精氨酸等。多糖物质能选择性地抑制致癌物的致突变性；微量元素钼有抑制致癌物质的作用；维生素 E 具有较强的抗氧化作用，可清除人体内的自由基，延缓衰老。

**5）面粉的贮藏**

**（1）面粉的熟化**

新磨制的面粉，特别是新小麦磨制的面粉其面团黏性大，缺乏弹性和韧性，需经一段时间贮藏后，其工艺性能才有所提高，上述缺点才能得到一定程度的改善，这种现象称为面粉的"熟化"。面粉的熟化一般需要 3 ~ 4 周，温度以 25 ℃为宜。

**（2）水分对面粉贮藏的影响**

面粉在贮藏期间质量的保持主要取决于面粉的水分含量。当空气相对湿度为 70% 时，面粉的水分基本保持稳定不变，当相对湿度超过 75% 时，面粉将大量吸收水分，致使面粉霉变发热，使水溶性含氮物增加，蛋白质含量降低，酸度增加。面粉应贮藏在相对湿度为 55% ~ 65%，温度为 18 ~ 24 ℃的条件下为宜。

## 2.1.2　米类

**1）大米的种类、特点及用途**

大米是面点的坯皮原料之一，有粳米、籼米、糯米等种类。在盛产米的南方地区，大米应用十分广泛。

**（1）粳米**

粳米（北方称为大米）主要分为薄稻、上白粳、中白粳等。薄稻黏性强，富有香味，磨成水磨粉可制作年糕、打糕等，吃口糯爽滑，别具特色；上白粳色白，黏性较重；中白粳色次，黏性也较差。粳米主要产于东北、华北、江苏等地。用纯粳米粉调制的面坯，一般不能发酵使用，必须掺入麦类面粉方可制作发酵制品。

**（2）籼米**

籼米（北方称为机米）主要产于四川、湖南、广东等地。籼米（除红斑籼等品种外）一般可磨成粉，制作水塔糕、水晶糕等。籼米粉通常用来制作干性糕点，产品稍硬。籼米粉因黏性较小，可以适当搭配淀粉以适合某些品种的质量要求，籼米粉调成粉团后，因其质硬而松，能够发酵使用。

（3）糯米

糯米（北方称为江米）主要有三类，即白糯米、阴糯米和籼糯米，其中以白、阴糯米品质为佳，籼糯米质硬，不易煮烂。可直接制作八宝饭、团子、粽子。以糯米磨制的粉称为糯米粉。糯米粉具有蜡质玉米和高粱共有的黏度特性，其淀粉中直链淀粉含量低于2%，并有较多的 α-淀粉酶。糯米粉宜制作黏韧柔软的糕点，适用于重油、重糖的品种，也可广泛作为增稠剂使用。另外，将糯米浸泡，待水分收干后炒制，磨成的粉叫熟粉。在糕点馅心中加入糕粉，既起黏结作用，又可避免走油、跑糖现象发生。纯糯米调制的粉团不能发酵。粳米、籼米、糯米的特点及物理性质，见表2.1.7。

表2.1.7　粳米、籼米、糯米的特点及物理性质

| 品种 | 形状 | 色泽 | 透明 | 黏性 | 密度 | 硬度 | 腹白 | 涨性 |
|---|---|---|---|---|---|---|---|---|
| 粳米 | 短圆 | 腊白 | 透明、不透明 | 中等 | 大 | 高 | 少 | 中 |
| 籼米 | 细长 | 灰暗 | 半透明 | 小 | 小 | 中 | 多 | 大 |
| 糯米 | 长圆 | 乳白 | 不透明 | 大 | 小 | 低 | — | 小 |

2）大米的化学成分

大米的化学成分见表2.1.8。

表2.1.8　大米的化学成分（干物质100 g含量）

| 品种 | 水分 | 蛋白质含量 | 脂肪含量 | 淀粉含量 | 粗纤维含量 | 矿物质含量 | 钙含量 | 磷含量 | 铁含量 |
|---|---|---|---|---|---|---|---|---|---|
| | % | % | % | % | % | % | mg | mg | mg |
| 粳米 | 14 | 6.7 | 0.9 | 78 | 0.2 | 0.5 | 7 | 13.6 | 16 |
| 籼米 | 13 | 7.8 | 1.2 | 77 | 0.2 | 0.5 | 8 | 17.2 | 2.1 |
| 糯米 | 14.6 | 6.7 | 1.4 | 79 | 0.4 | 1.1 | 9 | 15.5 | 6.7 |

大米所含的蛋白质、淀粉和脂肪等营养成分与小麦基本相同，但是两者的蛋白质和淀粉的性质不相同。

从蛋白质看，面粉所含蛋白质是能吸水生成面筋的麦谷蛋白和麦胶蛋白；而米粉所含的蛋白质，则是不能生成面筋的谷蛋白和谷胶蛋白。

从淀粉看，米粉所含的淀粉多是支链淀粉（即胶淀粉）。当然，由于米的种类不同，情况有所不同，糯米所含的几乎都是胶淀粉，粳米也含有较多的胶淀粉，而籼米所含的胶淀粉则较少。这就是籼米还可以用来发酵的原因。面粉和米粉中直链淀粉和支链淀粉的含量见表2.1.9。

表2.1.9　面粉和米粉中直链淀粉和支链淀粉含量　　　　单位：%

| 种类 | 面粉 | 籼米 | 粳米 | 糯米 |
|---|---|---|---|---|
| 直链淀粉 | 19～26 | 23～29 | 16～20 | 5 |
| 支链淀粉 | 74～81 | 71～77 | 80～84 | 95 |

3）米粉的性质

不同品种大米化学组成成分不同，使米粉理化性质存在差异。由于米粉的主要成分是淀粉，因此大米的精度及其所含淀粉的特性是影响成品质量的主要因素。生产米粉的原料应选择含支链淀粉较多的高黏度大米。它制成的米粉韧性好，不易断条，蒸熟后不易回生。选用直链淀粉含量偏高的原料制成的米粉质硬而易断，蒸熟后易回生，因此，如果米粉支链淀粉含量小于80%，应添加薯类淀粉进行调整。

糯米黏性最强，粳米黏性次之，籼米黏性最差。我国的精白米一般含支链淀粉83%，直链淀粉17%，适宜于生产米粉。

### 2.1.3　杂粮类

1）玉米

玉米亦称玉蜀黍、苞米、珍珠米、棒子等，主要产于四川、河北、吉林、黑龙江、山东等省，是我国主要的杂粮之一。

（1）玉米粉的性质

目前制作面点所用的玉米粉有白色、黄色和杂色3种，白色玉米粉的黏性较好。玉米制作面点时，须将玉米磨成粉使用。玉米粉由于具有韧性差、松而发硬、受潮后不易变软的特点，为了增加玉米粉黏性和便于成熟，在制作面点时，一般须烫后才能使用。玉米由于淀粉的含量高、质量好，因此深受生产者欢迎。

（2）玉米粉的应用

玉米粉可用以单独制作面食，如窝头、饼子等，也可与面粉掺和后用以制作各色发酵面点，还可用以制作各式蛋糕、饼干、煎饼等食品。新鲜的玉米粒可以做玉米烙或者破壁后制成玉米糊，方便儿童、老人食用，利于消化吸收。

（3）玉米的营养

玉米除富含蛋白质、碳水化合物以及钙、磷、铁、胡萝卜素、维生素 $B_1$、维生素 $B_2$ 和尼克酸外，玉米含有的脂肪为精米、精面的 4～5 倍；富含对人脑有益的不饱和脂肪酸，其中 50% 为亚油酸；含有卵磷脂、维生素 E，具有延缓人脑功能退化和细胞衰老的健脑益智作用，还能降低血清胆固醇，对高血压、动脉硬化、冠心病、心肌梗死的发生有防治功能。玉米含有微量元素镁和硒，可抑制癌细胞生长；玉米还含有大量的食物纤维素，可减少大肠癌的发生，对防治结肠癌有特效。

2）小米

（1）性质和用途

谷子碾去外皮即为小米，又称黄米、粟米。小米一般分为粳性小米和糯性小米两种。通常红色、灰色者为糯性小米；白色、黄色者为粳性小米。粳性小米松散硬滑，磨成粉可制作发糕、饼类，与面粉掺和可制作各种发酵制品；糯性小米黏性大，可单独熬粥或磨成粉制作各种年糕、元宵等。小米煎饼有独特的香味，亦可做宴席上的点心。

（2）小米的营养价值

小米是健脑补脑的佳品，因其富含具有造血功能的铁和具有营养神经功能的维生素 $B_1$，不仅对孕妇的健康有益，而且对胎儿乳儿的体格、脑神经功能、智力发展极有好处，并有安神利眠的作用。小米含有的色氨酸在谷物食品中名列前茅。

3）豆类

坯皮原料中常用的豆类有绿豆、赤豆、黄豆、扁豆、豌豆、蚕豆等。

（1）绿豆

绿豆品种很多，以色浓绿、富有光泽、粒大整齐的品质最好。绿豆粉可直接用于制作绿豆糕、豆皮等面点，也可以与其他粉掺和使用，如与熟籼米粉掺和（称标豆粉）制作豆蓉等馅心和一般饼类，与黄豆粉、熟籼米粉掺和（称上豆粉）可做一般点心。

绿豆是我国人民喜爱的药食兼用食物。绿豆可增强机体吞噬细胞的功能，长期使用可减肥、养颜；可增强人体细胞活性，促进人体新陈代谢，亦可预防心血管等疾病的发生。

（2）赤豆

赤豆，又名红小豆。其性质软糯，沙性大，可作赤豆汤，熟后可制作豆泥、赤豆冻、豆沙、小豆羹等。它是面点中甜馅的主要原料，与面粉掺和后，又可制作各式点心。

（3）大豆

大豆（又称黄豆）富含亚油酸和油酸，并含有较多的卵磷脂，是健脑益智的上乘食品，具有抗衰老作用。黄豆在面点制作时应先加工成粉。加工黄豆粉时先除杂，炒熟或低温烤熟后再磨粉，如驴打滚；黄豆粉黏性差，与大米粉掺和可制作糕团制品并改善制品口味，如用玉米面或小米面做丝糕时，可以掺入大豆粉；大豆粉还可以用于制作豆沙馅心。

在面制食品中添加大豆蛋白制品，一方面可以提高制品的营养价值，另一方面可以改善其加工性能。大豆蛋白中赖氨酸含量高，把它们添加到各类食品中，不仅能提高制品的蛋白质含量，而且根据蛋白质互补的原理，可以提高面制食品的蛋白质的营养功能。另外，在面制食品中添加大豆蛋白制品，能促进面团混合，改善面团的机械操作性，增加体系的乳化效果，降低产品的硬化速度，改良产品的持水性，使产品质地柔软，保持良好的组织结构，促进产品色泽的形成，抑制产品吸油，提高产品的新鲜度，延长贮藏时间。

（4）其他

豌豆、扁豆、蚕豆都具有软糯、口味清香等特点。这3种豆可以煮熟绞成泥作馅心使用，也可以加工成粉与籼米粉掺和后，制作各式糕点和小吃，如扁豆糕、豌豆糕、蚕豆糕等。

4）薯类

常用于制作面点的薯类有马铃薯、山药、甘薯等。

（1）甘薯

甘薯，又称番薯、山芋、地瓜、红薯等，主要以肥硕的块根供食用。甘薯质软而味香甜，含淀粉多，糖分大。将甘薯煮熟捣碎，与米粉、面粉等掺和，可制作各类糕、团、包、饺、饼等。干制成粉又可代替面粉制作各种点心，如蛋糕、布丁等点心。

甘薯是公认的健身长寿食品，含有丰富的营养物质。据报道，甘薯中有一种叫DHEA的化学物质，能防治癌症和延长人的寿命。甘薯还含有大量黏液蛋白，能维持人体心血管壁的弹性，阻止动脉硬化的发生，使皮下脂肪减少，并且所含粗纤维有阻止糖类转化为脂肪的特殊功能，因而是一种比较理想的减肥食物。

（2）马铃薯

马铃薯，又称土豆、洋山芋、山药蛋，主要生长于华北及东北地区，是淀粉生产的原料之一。马铃薯含水分 12%、粗蛋白质 7.4%、粗脂肪 0.4%、碳水化合物 74.6%、粗纤维 2.3%、灰分 3.9%，淀粉含量高。性质软糯细腻，去皮煮熟捣成泥后，可单独制成煎、炸类各色点心。它与面粉、米粉等粉料拌和，可制作各类糕点。

最近研究发现，马铃薯中含有丰富的黏性蛋白，它能预防心血管系统的脂肪沉积，保持动脉血管的弹性，防止动脉粥状硬化的过早发生，还可防止肝肾中结缔组织的萎缩，保持呼吸道、消化道的滑润。因此，国内外营养学家认为马铃薯是"十全十美"的食物。

（3）山药

山药，色白细软，黏性很大，可单独食用，或经蒸熟去皮、捣成细泥与其他粉掺和，制作各式点心。山药是一种非常理想的减肥健美食品，它不但含有丰富的营养成分，而且含有大量的纤维素以及胆碱、黏液质等，能供给人体大量的黏液蛋白、多糖蛋白质的混合物，能预防脂肪沉积，保持血管的弹性，避免出现肥胖。

除上述原料外，还有薏米、高粱、黑米、荞麦、莜麦等。

[ 任务拓展 ]

### 认识莜麦

莜麦是禾本科燕麦属的一个亚种，籽粒带硬壳的为燕麦，不带硬壳的为莜麦，因莜麦能自行脱皮，又称裸燕麦。我国莜麦的种植主要分布在内蒙古、河北、山西等地，山西、内蒙古一带食用较多。莜麦面可单独制成面食，也可和面粉等料混合制作糕点。

莜麦富含蛋白质，易于人体消化吸收，但面筋蛋白质含量少，所以面坯几乎无弹性、韧性和延伸性，不易成形，通常莜麦面坯大多采用"搓""轧"，典型制品如搓莜面栲栳和轧莜麦饸饹。传统莜麦面食的熟制方法有蒸、煮。

传统的莜麦面食制作必须经过"三熟"，即制成面粉前要炒熟，成形前要烫熟，食用前要蒸熟。

1. 炒熟

由于莜麦的籽粒无硬壳保护，质软皮薄，难以像小麦、稻米粮食作物一样直接磨制成粉，因此莜麦加工成粉前必须炒熟。即先将莜麦用清水淘洗干净，晾干水分，再下锅煸炒，待冒出热气后，再炒两分熟出锅，此时才可上磨加工成粉。

2. 烫熟

由于莜麦面筋含量极少，面坯几乎无弹性、韧性和延展性，并且莜麦面黏度低，成形差，易碎，因此在和面时，必须将面坯烫熟，即将莜面置于面盆内，一边加沸水一边用面杖搅拌。刚烫熟的莜麦面坯温度较高，要手上再蘸点凉开水将面揉透搋均匀，此时面坯才可根据需要成形。烫熟的莜麦面坯，其表面极易风干结皮，影响进一步成形和成品的口感，所以烫熟的面坯晾凉后要用保鲜膜封起来，以保证面坯的柔软。

3. 蒸熟

将成形的莜麦面半成品置于蒸笼中，必须蒸制成熟方可食用。判断面坯是否成熟一般以能够闻到莜面香味为依据。

随着现代营养科学的发展，人们将莜麦与面粉混合（多数配方麦占 40%，面粉占 60%），制作出莜麦面包、莜麦馒头、莜麦蛋糕等糕点；随着食品工业的发展，也加工生产出莜麦炒面、莜麦糊糊、莜麦麦片、莜麦方便面等方便食品。

[ 练习实践 ]

1. 简述面粉的种类。

2. 面粉如何储存？

3. 简述面筋的特点。

4. 米粉的种类有哪些？分别有哪些特性？

5. 比较肠粉、虾饺、汤圆等坯皮原料的差异性。

6. 试试用土豆粉、山芋泥、莜面等杂粮制作一道面食，写出具体过程。

7. 选择题

（1）面筋蛋白质主要是指麦胶蛋白质和（　　）。

A. 麦谷蛋白质　　　　B. 麦清蛋白质　　　　C. 麦球蛋白质　　　　D. 面筋性蛋白

（2）用于制作糕团或粉团的米粉是（　　）。

A. 糯米粉　　　　　　B. 江米粉　　　　　　C. 粳米粉　　　　　　D. 籼米粉

（3）用水漂洗过后，把面粉里的粉筋与其他物质分离出来，剩下的就是（　　）。

A. 澄粉　　　　　　　B. 小米粉　　　　　　C. 湿磨粉　　　　　　D. 水磨粉

# 任务2　馅心原料

[ 任务目标 ]

1. 熟悉面点制馅原料的性质。

2. 掌握面点制作中所用馅心原料的用途。

[ 任务描述 ]

馅料，即指调制面点馅心所需用的原料。调制面点馅心所用的原料种类很多，全国各地又有各自的风味，一般用于烹制菜肴的原料均可用于馅心原料制作。馅心原料通常按口味可分为甜馅、咸馅和甜咸馅3种。甜馅主要是以糖为基本调味品，选用各种果仁、干果、蜜饯等原料，辅以少量油脂和面粉调拌而成；咸馅主要是以肉及肉制品、水产品、蔬菜为原料，使用油、盐等调味品，烹制或拌制而成；甜咸馅是在甜馅的基础上稍加食盐或咸味原料如香肠、猪肉、叉烧肉、烤鸭等调制而成。

馅心原料的选用必须根据原料的特点和面点品种的要求合理选择。本任务从制馅原料的性质和用途进行介绍。同学们需掌握基本制馅原料的特性，更多制馅原料的组合搭配需要同学们在实际生产中进行挖掘和创造。

[任务实施]

### 2.2.1　咸味馅原料

**1）肉及肉制品**

一般家畜、家禽及飞禽走兽的肉均可作为制馅原料。我国使用较广泛的畜肉有猪、牛、羊肉等；家禽制作馅心一般应选用当年的幼禽；常用的野味类有鸽、鹌鹑、野鸭等，如利用野鸭制成的野鸭菜包是江苏名点。馅心肉类原料的选择要求如下：

（1）鲜肉

用于面点制作的鲜肉有猪肉、牛肉、羊肉、鸡肉等。

①猪肉。用于制作馅料的猪肉应选用夹心肉，肥瘦相夹，不易分开，其中瘦肉占60%，肥肉占40%。用此种肉制作的馅心因其肉中含胶原蛋白多，蛋白质亲水力强，肉馅持水量大，所以制得的馅心鲜嫩汁多、肥而不腻，常见的品种有小笼包、鲜肉中包等。

②牛、羊肉。用牛、羊肉制馅，选择肥嫩而无筋络的部分为好，否则馅心不易熟烂。如用羊肉制馅最好选用膻味较轻的羊肉，典型品种如新疆的羊肉汤包、一把抓包子、牛肉锅贴等。

③鸡肉。鸡肉一般用于调制三鲜馅。宜选用一年左右的母鸡胸脯肉，因其肉质洁白肥嫩，典型品种有鸡肉馄饨、三丁包。

（2）肉制品

在面点制作中常用的肉制品主要有火腿、腊肠、小红肠、肉松、鱼松等。

①火腿。火腿是用鲜猪后腿，经干腌、洗、晒、发酵（或不经洗、晒、发酵）加工制成的肉制品。按产地有南腿、北腿和方腿之分，其中以金华火腿最负盛名。火腿用作馅料必须先洗净，去皮、骨，蒸熟，然后取肉切丝，用糖腌渍备用。用作馅心的火腿一般选用一级鲜度的火腿较好。火腿宜贮藏在凉爽处，避免发霉变质。

②腊肠。腊肠是将鲜（冻）猪肉切碎或绞碎后加入辅助材料，灌进经加工的肠衣，晾晒或烘焙而成的肉制品。其中最具代表性的产品是广式香肠，其特点是甜咸适口、香味浓郁、肉质坚实、余味鲜美。腊肠用在面制食品时，先进行熟制（蒸熟），再按具体产品的要求，切成片或丁使用。

③肉松。肉松是以畜禽肉为主要原料，加以调味辅料，经高温烧煮并脱水而成的绒絮状、微粒状的熟肉制品。分为太仓式肉松和福建式肉松，前者松软，后者油润。可直接做馅，如肉松蛋黄馅。因为肉松吸湿性强，要特别注意包装和贮藏，以免制品吸湿而发霉变质。

**2）水产类**

凡新鲜水产品，如鱼、虾、蟹、贝、海参等都可用于制馅，如著名的有山东的鲅鱼饺子、墨鱼饺子等。

（1）鱼

应选用个大、肉厚、刺小、味道鲜美的鱼，如大马哈鱼、鳜鱼、鲅鱼等。

（2）虾仁

对虾、青虾、红虾、草虾等的肉仁均可使用，但要选用新鲜、色青白、有弹性的鲜活原料；色泽发红或发暗，外表有黏液的则不宜作为制馅原料。

（3）蟹肉

一般都用海蟹、河蟹，去壳后剥出蟹肉与蟹黄，再加工成馅，味道鲜美，但一定要选用新鲜的海蟹，以防止中毒。

（4）贝类

凡新鲜的贝、蛤类水产品均可作为制馅原料，口味别具一格。

（5）海参

它是珍贵的海产品。一般说刺参的质量优于光参，无刺参以大乌参质量最佳。新鲜的海参味道苦涩，一般干制去异味后食用。由于海参种类较多，选择海参时以形体饱满、质重皮薄、肉壁肥厚、水发时涨性大、出参率高，水发后糯而滑软、有弹性、质细无沙者为好；凡体壁瘦薄、水发涨性不大，手拿易散碎者，品质较差。用海参制馅时，需要开腹去肠，洗净泥沙，再切丁调味。由于海参遇油后易熔化，因此厨师在用海参做馅时，一般切丁较大，分别与猪肉、鸡肉、虾仁等制成肉三鲜、鸡三鲜和海三鲜等。

3）蔬菜类

（1）鲜菜类

用于制作馅心的新鲜蔬菜种类较多，叶菜类、果菜类、根茎类、茎菜类食用菌均可作为制馅原料。以质嫩、新鲜的为好，并应用其质量较好的部分调制，典型品种有各色蔬菜包子、淮扬的翡翠烧卖等。

①大白菜。大白菜属于叶菜类制馅原料，是我国特产蔬菜之一，全国各地均有栽种。其品质以包心紧实，外形整齐，无老帮、黄叶和烂叶，不带须根和泥土，无病虫害和机械损伤者为佳。由于大白菜含水量较高，制馅时需要先将白菜剁碎，经撒盐出水，挤去多余水分后再调味制馅。否则，大白菜馅极易出水，影响包捏成形。

②韭菜。韭菜属于叶菜类制馅原料，因割茬季节不同，分为春韭、伏韭、秋韭，还有在控制光照条件下种植的青韭和韭黄。春天的韭菜味道鲜美，夏天的韭菜品质转劣，秋季的韭菜品质又转好。韭菜的质量以植株粗壮鲜嫩，叶肉肥厚，色绿不带烂叶、黄叶，中心不抽花苔为佳。由于韭菜含有特殊的香味和辛辣味，常在面点制馅中使用。用韭菜制馅应尽量最后放盐调味，否则由于盐的渗透压作用易使馅心出水。

（2）干菜类

①木耳。它又称黑木耳、云耳、川耳等，是寄生于枯木上的一种菌。黑木耳的品质以颜色乌黑光润，片大均匀，体轻干燥，半透明，无杂质，涨性好，有清香味者为佳。用木耳制馅时，需提前用清水浸泡，待其完全涨发，清洗干净，摘去根部硬梗，再切碎调味。

②玉兰片。它是用鲜嫩的冬笋或春笋经加工制成的干制品或罐头制品，由于其形状和色泽似玉兰花瓣，故称玉兰片。玉兰片根据竹笋生长和加工季节的不同，分为玉兰宝、冬片、桃片、春片。其质量玉兰宝最佳，冬片次之，桃片再次之，春片为下。玉兰片的品质以色泽玉白，无霉点黑斑，片小肉厚，节密，质地坚脆鲜嫩，无杂质者为佳。用玉兰片制

馅时，干制品需要先用清水浸泡回软后制馅，罐头制品需要先焯水去异味后制馅。

③香菇。香菇又名冬菇、香蕈、北菇、厚菇、薄菇、花菇、椎茸，是一种食用真菌。由于其含有水溶性鲜味物质核酸，故味道鲜美，香气扑鼻。香菇的品质以个体均匀，肉质厚实，菌伞大小一致，伞边完整紧卷，菌柄短壮者为佳。用香菇制馅时，需经 70 ℃的热水浸泡，待完全回软剪去菌柄，再切碎入馅。

④黄花菜。黄花菜又称黄花、金针菜，是鲜黄花菜的干制品。其品质以色泽金黄、有光泽、未开花、清洁干爽、味清香者为佳。由于鲜黄花菜含有秋水仙碱，食用后会在胃中形成有毒的二秋水仙碱，煮熟或晒干的黄花菜食用时无副作用。用于黄花菜制馅，需要先将其用清水浸泡，待回软后摘去一端的硬梗，再切碎入馅。

⑤梅干菜。梅干菜又称霉干菜，用鲜雪里蕻腌渍后干制而成，主要产于绍兴、慈溪、余姚等地。霉干菜的品质以色泽黄亮、咸淡适度、质嫩味鲜、香气正常、身干、无杂质、无泥沙、无硬梗者为佳。用霉干菜制馅需要先用清水浸泡洗净杂质，待回软后再切碎调味。由于梅干菜有一定的吸水性，调制馅心时可适当增加芡汁。

### 2.2.2　甜味馅原料

#### 1）豆类

豆类是制作泥茸馅的常用原料，如赤豆、绿豆、豌豆等。豆类既可煮熟捣烂后制成豆泥馅，又可将豆泥再进行加工制成豆沙馅。用以做馅的豆类，应当选择粒圆满色纯正的豆子，典型品种如赤豆糕、豆沙汤圆、广式莲蓉月饼等。豆类原料的营养成分见表2.2.1。

表 2.2.1　豆类原料的营养成分

| 食物名称 | 食部 | 能量 | | 水分 | 蛋白质 | 脂肪 | 膳食纤维 | 碳水化合物 | 视黄醇当量 | 硫胺素 | 核黄素 | 钙 | 铁 | 锌 |
|---|---|---|---|---|---|---|---|---|---|---|---|---|---|---|
| | g | kJ | kcal | g | g | g | g | g | μg | mg | mg | mg | mg | mg |
| 赤豆 | 100 | 1 293 | 309 | 12.6 | 20.2 | 0.6 | 7.7 | 55.7 | 13 | 0.16 | 0.11 | 74 | 7.4 | 2.2 |
| 绿豆 | 100 | 1 322 | 316 | 12.3 | 21.6 | 0.8 | 6.4 | 55.6 | 22 | 0.25 | 0.11 | 81 | 6.5 | 2.18 |
| 豌豆 | 100 | 1 310 | 313 | 10.4 | 20.3 | 1.1 | 10.4 | 55.4 | 42 | 0.49 | 0.14 | 97 | 4.9 | 2.35 |
| 腐竹 | 100 | 1 920 | 459 | 7.9 | 44.6 | 21.7 | 1 | 21.3 | — | 0.13 | 0.07 | 77 | 16.5 | 3.69 |
| 芸豆 | 100 | 1 280 | 306 | 9.8 | 22.4 | 0.6 | 10.5 | 52.8 | — | — | — | 349 | 8.7 | 2.22 |

#### 2）干果类

馅心制作通常用的干果有核桃仁、莲子、栗子、芝麻、花生仁、瓜子仁、松子仁、桂圆、荔枝、杏仁、乌枣、红枣等。干果具有较高的营养价值和天然的浓郁香味，用其制馅既可以丰富馅心的内容，又能增加馅心的味道和营养价值。制馅时应选用肉厚、体干、质净有光泽者，用前需用水加少量盐浸泡去皮或洗净后再使用。典型品种如苏式百果月饼由各种干果做馅。干果类原料的营养成分见表 2.2.2。

表 2.2.2　干果类原料的营养成分

| 食物名称 | 食部 | 能量 | | 水分 | 蛋白质 | 脂肪 | 膳食纤维 | 碳水化合物 | 视黄醇当量 | 硫胺素 | 核黄素 | 抗坏血酸 | 钙 | 铁 | 锌 |
|---|---|---|---|---|---|---|---|---|---|---|---|---|---|---|---|
| | g | kJ | kcal | g | g | g | g | g | μg | mg | mg | mg | mg | mg | mg |
| 核桃 | 43 | 1 368 | 327 | 49.8 | 12.8 | 29.9 | 4.3 | 1.8 | — | 0.07 | 0.14 | 10 | — | — | — |
| 莲子 | 100 | 1 439 | 344 | 9.5 | 17.2 | 2 | 3 | 64.2 | — | 0.16 | 0.08 | 5 | 97 | 3.6 | 2.78 |
| 栗子 | 80 | 774 | 185 | 52 | 4.2 | 0.7 | 1.7 | 40.5 | 32 | 0.14 | 0.17 | 24 | 17 | 1.1 | 0.57 |
| 花生仁 | 71 | 2 464 | 589 | 4.1 | 21.9 | 48 | 6.3 | 17.3 | 10 | 0.13 | 0.12 | — | 47 | 1.5 | 2.03 |
| 葵花籽仁 | 52 | 2 577 | 616 | 2 | 22.6 | 52.8 | 4.8 | 12.5 | 5 | 0.43 | 0.26 | — | 72 | 6.1 | 5.91 |
| 松子仁 | 100 | 2 920 | 698 | 0.8 | 13.4 | 70.6 | 10 | 2.2 | 2 | 0.19 | 0.25 | — | 78 | 4.3 | 4.61 |
| 杏仁 | 100 | 2 149 | 514 | 5.6 | 24.7 | 44.8 | 19.2 | 2.9 | — | 0.08 | 1.25 | 26 | 71 | 1.3 | 3.64 |

### 3）水果蜜饯类

常用的新鲜水果有桃、李、杨梅、苹果、杏等，这些原料既可以用作点心的配料和馅料，又可直接制作食品，如水果羹、水果冻等。

蜜饯是使用高浓度的糖液或蜜汁浸透果肉加工而成的。它分为带汁和干制两种。带汁的鲜嫩适口，干制的香甜。常用的蜜饯品种有蜜枣、苹果脯、梅饼、瓜条、葡萄干、青梅等。上述原料具有各种色泽和不同形状，除能增加馅心的香甜风味外，还能用在面点表面镶嵌成各种花卉图案，以调剂面点的色彩和造型，提高成品的质量，如八宝饭里的各色蜜饯干果。水果蜜饯类原料的营养成分见表2.2.3。

表 2.2.3　水果蜜饯类原料的营养成分

| 食物名称 | 食部 | 能量 | | 水分 | 蛋白质 | 脂肪 | 膳食纤维 | 碳水化合物 | 视黄醇当量 | 硫胺素 | 核黄素 | 抗坏血酸 | 钙 | 铁 | 锌 |
|---|---|---|---|---|---|---|---|---|---|---|---|---|---|---|---|
| | g | kJ | kcal | g | g | g | g | g | μg | mg | mg | mg | mg | mg | mg |
| 桂圆 | 50 | 293 | 70 | 81.4 | 1.2 | 0.1 | 0.4 | 16.2 | 3 | 0.01 | 0.14 | 43 | 6 | 0.2 | 0.4 |
| 苹果 | 76 | 218 | 52 | 85.9 | 0.2 | 0.2 | 1.2 | 12.3 | 3 | 0.06 | 0.02 | 4 | 4 | 0.6 | 0.19 |
| 桃 | 86 | 201 | 48 | 86.4 | 0.9 | 0.1 | 1.3 | 10.9 | 3 | 0.01 | 0.03 | 7 | 6 | 0.8 | 0.34 |
| 杏 | 91 | 151 | 36 | 89.4 | 0.9 | 0.1 | 1.3 | 7.8 | 75 | 0.02 | 0.03 | 4 | 14 | 0.6 | 0.2 |
| 杏脯 | 100 | 1 377 | 329 | 15.3 | 0.8 | 0.6 | 0.2 | 80.2 | 157 | 0.02 | 0.09 | 6 | 68 | 4.8 | 0.56 |
| 枣 | 87 | 510 | 122 | 67.4 | 1.1 | 0.3 | 1.9 | 28.6 | 40 | 0.06 | 0.09 | 243 | 22 | 1.2 | 1.52 |

### 4）鲜花

鲜花具有味香料美的特点，用于制作馅心，可提高制品的香味，增加色泽，使之适口。常用的鲜花有玫瑰花、桂花、茉莉花、白兰花等。典型品种有苏州的桂花糕、云南的鲜花月饼、新疆的玫瑰囊等。

[ 任务拓展 ]

学习鱼的质量鉴别

步骤1　鉴别鱼鳃

新鲜鱼的鱼鳃紧密质坚，鳃内洁，鳃板鲜红，液较少并透明状，没有异味；不新鲜的鱼鳃鳃盖松弛，表面污秽，鱼内不洁，鳃板黑灰，液多并有异味。

步骤2　鉴别鱼眼

新鲜的鱼眼球饱满、突出，角膜透明、清亮；较新鲜的鱼，眼球平坦，角膜起皱、稍变浑浊；不新鲜的鱼，眼球凹陷，角膜浑浊，眼腔被血浸润。

步骤3　鉴别鱼鳞

新鲜鱼的鱼鳞鲜明，有光泽，附着牢固，不易剥脱，无黏液或表面有透明无异臭味的少量黏液；不新鲜鱼的鱼鳞光泽稍差，黏液较多；腐败鱼的鳞很易剥脱，光泽暗淡，表面黏液多且浑浊黏腻，有异臭味。

步骤4　鉴别鱼鳍

新鲜鱼的鱼鳍表皮完好；新鲜度较差的鱼，鱼鳍部分表面破裂，光泽减退；腐败的鱼鳍表皮消失，翅骨暴露而散开。

步骤5　鉴别鱼唇

新鲜鱼的鱼唇肉结实，不变色；不新鲜的鱼，鱼唇肉苍白无光泽；腐败鱼的鱼唇肉苍白并与骨分离开裂。

步骤6　鉴别鱼肉

新鲜鱼的肉组织紧密而有弹性，肋骨与脊骨处的鱼肉组织很结实；不新鲜鱼的肉松弛，用手拉脊骨与肋骨极易脱离；腐败鱼的肉有霉味、酸味。

[ 练习实践 ]

1.市场调查：市面上的常见包子馅由哪些原料构成。

2.哪些水产品可以制馅，各有什么质量要求？

# 任务3　面点调辅料

[ 任务目标 ]

1.掌握面点制作中所用的辅助原料。

2.熟悉各辅助原料的用途与性质。

[ 任务描述 ]

在面点制作过程中，除了需要大量的主要原料外，还需要添加一些调辅材料，调辅原料包括油脂、酵母、食糖、食盐、乳品、蛋品等，这些辅助原料对面制品的制作及制品的色、香、味、形及组织结构起到很重要的作用，有些辅料能提高制品的营养价值。

[任务实施]

### 2.3.1　糖

糖是制作面点的重要原料之一。糖除了作为甜味剂使面点具有甜味外，还能改善面团的品质。面点中常用的糖可分为蔗糖、饴糖，此外还有蜂蜜和糖精等。

**1）蔗糖**

蔗糖主要以甘蔗和甜菜为原料榨制加工而成，按照其色泽和形态划分，主要有白砂糖、绵白糖、红糖、赤砂糖、冰糖等。

（1）白砂糖

白砂糖为精制砂糖，简称砂糖，纯度很高，99%以上是蔗糖。白砂糖为粒状晶体，晶粒整齐均匀，颜色洁白，无杂质，无异味。根据晶粒大小，可分为粗砂、中砂、细砂；按精制程度又有优级、一级、二级之分。白砂糖由于颗粒粗硬，如用于含水量小或蒸、煮制品时，则须改制成糖粉或糖浆使用，否则会使白色面点出现斑点。

（2）绵白糖

绵白糖为粉末状的结晶糖，具有色泽雪白、杂质少，质地细腻绵软、溶解快的特点。绵白糖可直接加入面团中使用，常用于含水量少、用糖量大的面点中，如核桃酥、开花馒头、棉花杯等品种。

（3）红糖

红糖是制造白砂糖的初级产品，因含有未洗净的糖蜜杂质，故带黄色。土法用锅熬制的糖含有更多的杂质，故称为黄砂糖、黑糖。红糖在使用时需溶成糖水，过滤后再使用。红糖具有色泽金黄、甘甜味香的特点。红糖用于面点中能起到增色、增香的作用，如红糖发糕、蕉叶粑等。

（4）赤砂糖

赤砂糖是由低纯度糖膏分蜜而得到的棕红色或黄褐色带蜜砂糖，呈晶体状或粉末状，极易吸潮，不耐保藏，含蔗糖83%左右，使用时需先溶解为糖浆。

（5）冰糖

冰糖是白砂糖重新结晶的再制品，外形为块状的大晶粒，晶莹透明，很像冰块，故称冰糖。冰糖纯度高，味清甜纯正，一般用于制作甜羹或甜汤，如银耳雪梨盅、菠萝甜羹等。

**2）饴糖**

饴糖又称糖稀、米稀。它是用谷物为原料，经蒸熟后，加入麦芽酶发酵，使淀粉糖化后浓缩而制得。饴糖是一种浅棕色、半透明、具有甜味、黏稠的糖液，根据浓缩程度不同有稀稠之分，使用时应根据其稀稠度掌握用量。饴糖由于含水分高，并且含有淀粉酶、麦芽酶，在环境温度较高时容易发酵变酸，因此浓度低的饴糖不宜久置。饴糖的持水性强，可保持面点的柔软性，是面筋的改良剂，可使制品质地均匀，内部组织具有细嫩的孔隙，心部具有绵软性，体积增加。另外，饴糖可用以提高制品的色泽。

**3）蜂蜜**

蜂蜜含有芳香物质和大量果糖（37%）及葡萄糖（38%）。果糖味道特别香甜。蜂蜜一般适用于制作有特色的营养面点。

**4）异构糖**

异构糖也称果葡糖（浆）和高果糖（浆），它是近年来发展起来的一种新型糖。其主要成分为果糖和葡萄糖。异构糖一般多制成糖浆使用，如玉米糖浆，是制作海盐太妃糖的原料之一，在现代化食品工厂中使用非常方便。

**5）糖在面点中的作用**

糖对面点制作有以下作用：

①改善面点的色、香、味、形。面点在烘烤时，由于糖的焦化作用，使制品表面形成金黄色或棕色，并具有美好的风味。糖可以增加面点的甜味，还可以改善面点的组织形态。面点中含糖量适当，冷却后可使制品外形挺拔，内部起到骨架作用，并有脆感。

②调节面筋胀润度。糖对面粉的反水化作用，可以用来调节面筋的胀润度，使面坯具有可塑性。

③调节发酵速度。在面坯发酵过程中，加入适量的糖，由于酶的作用，使双糖变成单糖，供给酵母菌营养，这样就可以缩短面坯发酵时间。如果用糖过多（超过30%时），由于增加了渗透压，酵母菌细胞内的原生质分离，菌体僵硬，同时又因生成过多的二氧化碳，可使发酵作用大为减弱。因此，糖可以起到调节发酵速度的作用。

④提高制品的营养价值。糖的发热量高，能迅速被人体所吸收，1 kg 糖的发热量为 14 630 ~ 16 720 kJ，可有效地消除人体的疲劳，补充人体的代谢需要。

### 2.3.2　食用油脂

油脂是面点制作中的重要原料之一，它既是制馅原料，也是调制面坯的辅助原料，在成形操作和熟制过程中也经常使用。面点制作中常用的食用油脂可分为动物性油脂、植物性油脂和加工性油脂。

**1）动物性油脂**

动物性油脂是指从动物的脂肪组织或乳中提取的油脂，具有熔点高、可塑性好、流散性差、风味独特等特点。动物性油脂主要品种有猪油、奶油、鸡油、羊油和牛油。

**（1）猪油**

猪油又称大油、白油，是用猪的皮下脂肪或内脏脂肪等脂肪组织加工炼制而成。猪油在酥类面点中用量最多，具有色泽洁白、味道香、起酥性好等优点。猪油的熔点较高，为 28 ~ 48 ℃，利于加工操作。猪油分为熟猪油和生板油两种。熟猪油系由板油、网油及肉油熔炼而成，在常温下为白色固体，多用于酥类点心；生板油通常加工成丁状，多用于馅心，如水晶馅。

**（2）奶油**

奶油也称黄油或白脱油，是从动物乳中分离出来的脂肪和其他成分的混合物。奶油色淡黄，常温下呈固态，具有浓郁的奶香味，易消化，营养价值高。奶油的熔点为 28 ~ 30 ℃，凝固点为 15 ~ 25 ℃，在常温下呈固态。用奶油调制面团，面团组织结构均匀，制品松化可口。奶油因含水分较多，是微生物良好的培养基，在高温下易受细菌和霉菌的污染。此外，奶油中的不饱和脂肪酸易氧化酸败，故奶油要低温保存。

（3）鸡油

鸡油往往采用自行提取的办法：一是将鸡肌体中的脂肪组织加水用中火慢慢熬炼，二是放在容器内蒸制。鸡油色泽金黄、鲜香味浓，利于人体消化吸收，有较高的营养价值。鸡油来源少，一般用于调味或增色。

（4）牛油和羊油

牛油和羊油是从牛羊肌体中的脂肪组织及骨髓中提炼而得。牛羊油的熔点高，牛脂为 40 ～ 50 ℃，羊脂为 44 ～ 45 ℃，便于面点的成形和操作，但由于熔点高于人的体温，故不易被消化和吸收。牛羊油在未进行深加工前，使用不多，一般用作工业制皂的原料。

2）植物性油脂

植物性油脂是指从植物的种子榨取的油脂。植物油在常温下呈液态，因常有植物油气味，故使用时须先将油熬熟以减少不良气味。在各种植物油中，以花生油和芝麻油质量最佳，豆油次之。

（1）花生油

花生油是用花生仁经加工榨取的油脂，纯正的花生油透明清亮，色泽淡黄，气味芳香。花生油熔点为 0 ～ 3 ℃，常温下不浑浊，温度低于 4 ℃时，稠厚浑浊呈粥状，色为乳黄色。由于花生油味纯色浅，用途广泛，可用于调制面团、调馅和用作炸制油。特别是用花生油炒制出的甜馅，油亮味香，如豆沙馅、莲蓉馅等。它是制作人造奶油的最好原料。

（2）菜籽油

菜籽油是油菜籽经加工榨取的油脂。菜籽油按加工精度可分为普通菜籽油和精制菜籽油。普通菜籽油色深黄略带绿色，并且菜籽腥味浓重，不宜用于调制面团或用于炸制油；精制菜籽油是经脱色脱臭精加工而成，油色浅黄、澄清透明，味清香，可用于调制面团或用于炸制油。菜籽油是我国主要食用油之一，是制作色拉油、人造奶油的主要原料。

（3）大豆油

大豆油是我国的主要油脂之一，产于我国东北各省，按加工方法不同，可分为冷榨油、热榨油和浸出油。大豆油中亚油酸含量高，又不含胆固醇，长期食用对人体动脉硬化有预防作用。大豆油消化率高，可达 95%，而且含有维生素 A 和维生素 E，营养价值很高，故大豆油多用于面点制作中。

（4）色拉油

色拉油是植物油经脱色、脱臭、脱蜡、脱胶等工艺精制而成，色拉是英文 salad 的音译。色拉油清澈透明，流动性好，稳定性强，无不良气味，在 0 ～ 4 ℃放置无浑浊现象。色拉油是优质的炸制油，炸制的面点色纯，形态好。

（5）芝麻油

芝麻油又称麻油、香油，是用芝麻经加工榨取的油脂。麻油按加工方法的不同有大槽油和小磨香油。大槽油是以冷榨的方法制取的，油色金黄，香气不浓；小磨香油是采用我国传统的一种制油方法——水代法制成的，大致方法是将芝麻炒香磨成粉，加开水搅拌，震荡出油。小磨香油呈红褐色，味浓香，品质最佳，是我国上等食用植物油，用于较高档的面点中。

除以上介绍的植物油外，面点制作中常用的植物油还有玉米油、椰子油、茶油、棉子油等。

3）加工性油脂

加工性油脂是指将油脂进行二次加工所得到的产品。如人造黄油、起酥油、人造鲜奶油、色拉油等。

（1）人造黄油

人造黄油也称植物黄油或麦淇淋，是英文 Margarine 的音译。人造黄油主要是氢化植物油、乳化剂、色素、食盐、赋香剂、水等经乳化而成。人造黄油是天然动物黄油良好的代替品，具有良好的乳化性、起酥性、可塑性，有浓郁的奶香味，常用于制作西式面点。人造黄油与天然动物奶油相比，不易被人体消化吸收。

（2）起酥油

起酥油是以植物油为原料，经氢化、脱色、脱臭后形成可塑性好、起酥效果好的固体油脂。起酥油是将植物油所含的不饱和脂肪酸氢化为饱和脂肪酸，使液态的植物油成为固体的起酥油。起酥油分为低溶起酥油和高溶起酥油，可根据不同的面点选用。

（3）人造奶油

人造奶油是由氢化油、色素、香料、精盐和少量淡奶油等制成，是淡奶油的良好代替品。脂肪含量为 85% ~ 89%，其乳化性、起酥性、可塑性均较好。人造奶油应储藏在 18 ℃以下，使用时，在常温下稍软化后，先用搅拌器（机）慢速搅打至无硬块后改为高速搅打，至体积胀发为原体积的 10 ~ 12 倍后改为慢速搅打，直至组织细腻、挺立性好即可使用。搅打胀发的人造鲜奶油常用于蛋糕的裱花、面点的点缀和灌馅。人造奶油香味较差，与淡奶油相比，不易被人体吸收。

4）油脂在面点中的作用

油脂在面点制作中主要有以下几种作用：

①使面点制品柔软、滋润、丰满、香气浓厚、色泽美观。

②能提高制品的营养价值，为人体提供热量。

③使制品松脆，酥而不硬；降低吸水量，延长制品的保存期。

④成形中适当用些油脂，能降低面坯的黏着性，从而便于操作。

⑤利用不同油温的传热作用，可使制品产生香、脆、酥、嫩等不同味道和质地。

⑥馅心中加入油脂，可使面点更加可口。

5）不同面制品对油脂的选择

①起酥制品，如蛋黄酥、天鹅酥等，可选择起酥效果好、稳定性好的油脂，如起酥油、猪油等。

②油炸制品，如油条、开口笑、麻花等可以选择发烟点高、热稳定性好的植物油，如色拉油、大豆油、棕榈油等。

③特殊风味制品，如葱油酥饼、生煎馒头等可以选择风味浓郁、色泽金黄的植物油，如菜籽油、花生油、芝麻油等。

不同的面点制品需要选择合理的油脂来增加香气和滋味，形成属于自己的风味特色。

### 2.3.3　蛋

蛋品在面点制作中，既是馅心原料，又是面坯调制的辅料。

**1）面点中常用的蛋品**

用于制作面点的蛋以鲜蛋为主，包括鸡蛋、鸭蛋等各种禽蛋，其中鸡蛋起发力好、凝胶性强、味道鲜美，在面点制作中用量最大。蛋由蛋壳、蛋白、蛋黄3个部分构成，其中蛋壳约占总重的11%，蛋白约占58%，蛋黄约占31%。对鲜蛋的品质要求是气室要小，不散黄；使用前要将蛋壳洗净并消毒；大批使用时必须逐个进行照蛋检验，逐个打开，然后混合搅和。咸蛋和松花蛋，大多用于制作馅心。

**2）蛋的特性**

**（1）蛋白的起泡性**

蛋白是一种亲水胶体，具有良好的起泡性，在调制物理膨松面团中具有重要的作用。

**（2）蛋黄的乳化性**

蛋黄中含有许多磷腊，磷腊具有亲油和亲水的双重性，是一种理想的天然乳化剂。

**（3）蛋的热凝固性**

蛋白受热后会出现凝固变性现象，在50 ℃左右时开始浑浊，在57 ℃时黏度增加，在62 ℃以上时失去流动性，70 ℃以上凝固为块状，失去起泡性。蛋黄则在65 ℃时开始变黏，成为凝胶状；70 ℃以上失去流动性并凝结。

**3）蛋在面点中的作用**

面点制作中添加蛋品有以下几种主要作用：

①提高制品的营养价值。蛋品中含有丰富的蛋白质及人体必需的各种氨基酸，在人体内的消化率高达98%，生理价值达94%，是天然食物中的优质蛋白质。此外，蛋品中还含有维生素、磷脂和丰富的无机盐。

②能改进面团的组织状态，提高疏松度和柔软性。蛋黄能起乳化作用，促进脂肪的乳化，使脂肪充分分散在面坯中；蛋白具有发泡性，有利于形成蜂窝结构，增大制品体积。

③改善面点的色、香、味。在面点的表面涂上蛋液，经烘烤后呈现金黄发亮的光泽，这是由于羰氨反应引起的褐变作用即美拉德反应，使制品具有特殊的蛋香味。

### 2.3.4　乳品

乳品是面点制作中重要的辅料之一。乳品不但具有很高的营养价值，而且对面坯的工艺性能起着重要的作用。乳品常被用于制作馅心或调制胚皮，如奶黄馅、奶味馒头等。

**1）面点中常用的乳品**

面点中常用的乳品有牛乳、炼乳、奶粉等。

**（1）鲜乳**

正常的鲜乳呈乳白色或白中略带微黄色，有清淡的奶香味。鲜乳组织均匀，营养丰富，使用方便，可直接用于调制面团或制作各种乳白色冻糕，如雪白棉花杯、可可奶层糕、杏仁奶豆腐等。鲜乳还常用于甜馅的调制，以增加馅心的奶香味和食用价值。

（2）奶粉

奶粉是以牛、羊鲜乳为原料经浓缩后喷雾干燥制成的，包括全脂奶粉和脱脂奶粉两大类。由于奶粉含水量低，便于保存，使用方便，因此奶粉广泛用于面点的制作中。在面点制作中要考虑奶粉的溶解度、吸湿性、甜度和滋味，使用时先用少许水调匀，才能调入面团中，防止出现结块现象。

（3）炼乳

炼乳是鲜奶加蔗糖，经杀菌、浓缩、均质而成的。炼乳分为甜炼乳（加糖炼乳）和淡炼乳（无糖炼乳）两种。炼乳色泽淡黄，呈均匀稠流状态，有浓郁的乳香味。

2）乳品在面点中的作用

（1）提高制品的营养价值

乳品中的蛋白质属于完全蛋白质，含有人体全部必需氨基酸，由于乳脂肪作用，易被人体吸收利用，同时还含有乳糖、多种维生素等。乳品加入面点中，不仅能提高制品的营养价值，而且能使制品颜色洁白，滋味香醇，促进食欲。

（2）改进面团的工艺性能

乳中含有磷脂，是一种很好的乳化剂。乳还具有起泡性。因此，乳加入面坯中可以促进面坯中油与水的乳化，改进面坯的胶体性能，同时也能调节面筋的胀润度，使面坯不易收缩，促进面坯结构疏松柔软和形态完整。

（3）改善面点的色、香、味

乳中含有微量的叶黄素、乳黄素和胡萝卜素等有色物质，使乳品带有淡黄色。烘烤出来的面点常呈现有光泽的诱人的乳黄色，同时还具有乳的特殊芳香气味。

### 2.3.5　食盐

调制馅心要用盐调味，调制面坯亦需用适量的盐。

1）食盐的类别和化学成分

我国的食盐根据来源不同，可分为海盐、矿盐、井盐和湖盐等。其中以海盐产量最多，占总产量的 75% ~ 80%。海盐按其加工方法不同，可分为原盐（又称粗盐或大粒盐）、洗涤盐（又称加工盐）、精制盐（又称再制盐）。

食盐的主要成分是氯化钠。除此之外，还含有水分、氯化镁、硫酸钠、硫酸钙、氯化钙、氯化铁等。精盐含有 90% 以上的氯化钠，质量较纯；粗盐中因含硫酸盐多，使食盐味道发苦、发涩，并且对发酵不利。因此，制作面点时使用精盐为佳。

2）食盐在面点制作中的作用

食盐在面点制作中有以下作用：

（1）改善面坯的工艺性能及色泽

改善面坯的工艺性能，是指面粉中掺以食盐能改善面筋的物理性质。面坯中加入 1% ~ 1.5% 的食盐，使面筋网络的性能得到改良，使之易于扩展。同时，能对面筋产生相互吸附的作用，增加面筋的弹性，从而使整个面坯在延伸或膨胀时不易断裂。但是，如果食盐加入过量，会导致面坯持水性增强而被稀释，其弹性或延伸性就会降低。

食盐影响面筋的性质，主要机理是盐所起的渗透压作用，即面粉中蛋白质的一部分水渗出，产生沉淀凝固变性，从而使其质地变密而增加弹力。面坯掺盐后，因内部产生较细密的组织，光线照射制品时，投射的暗影较小，故显得洁白。因此，食盐虽无直接漂白的功效，但有改善制品色泽的作用。

（2）调节发酵面坯的发速率及抑制有害细菌

面坯的发酵是由酵母的生命活动完成的。酵母在生长和繁殖过程中，需要一些无机盐作为它的营养剂。食盐（氯化钠）就是最常用的一种。添加适量的食盐，对酵母的生长和繁殖有促进作用。但是，食盐有很高的渗透压力，对酵母也有抑制作用。因此，如果减少盐的用量，就可增加其发酵的速度；倘若食盐的分量增加，发酵就会变慢。这个变化的理论依据：食盐能使面筋充分成熟，又能促使酶活跃，从而变淀粉为糖分。而如果食盐用量增多，食盐的渗透压增大，酵母细胞的水分脱出可造成酵母细胞的萎缩，降低酵母的发酵力，影响发酵速度。

食盐还能抑制有害杂菌，这是因为醋酸菌和乳酸菌对食盐的抵抗力一般都很低。盐的渗透压力，已足够抑制其生长，甚至有时还可杀灭其生命。食盐对其他杂菌也有较强的抑制作用。一般杂菌在5%的食盐浓度下，病原菌在7%～10%的食盐浓度下就停止繁殖，但酵母菌却能耐20%左右的高盐浓度而不受影响。因此，食盐也起到了抑制有害细菌的作用。

（3）提高成品的风味

面点制品中加入适量的盐，能进一步改善制品的口味，这是因为食盐能刺激人的味觉神经。如油炸馓子中放入适量盐，会使制品咸香适口、香而不腻。

[任务评价]

| 学生本人 | 量化标准（20分） | 自评得分 |
|---|---|---|
| 成果 | 学习目标达成,侧重于"应知""应会"<br>优秀:16～20分;良好:12～15分 | |
| 学生个人 | 量化标准（30分） | 互评得分 |
| 成果 | 协助组长开展活动,合作完成任务,代表小组汇报 | |
| 学习小组 | 量化标准（50分） | 师评得分 |
| 成果 | 完成任务的质量,成果展示的内容与表达<br>优秀:40～50分,良好:30～39分 | |
| 总分 | | |

[任务拓展]

### 学做虾饺

虾饺是采用澄粉团包馅蒸熟的面点制品，它具有晶莹透亮、皮薄味鲜、细腻柔软、口感嫩滑、玲珑精致的特点。

一、实训食材

（一）坯料：澄面175 g，生粉75 g，精盐5 g，沸水700 g，猪油25 g。

（二）馅料：鲜虾肉500 g，猪肥肉100 g，熟笋丝200 g，胡椒粉1.5 g，味精12.5 g，芝

麻油 7 g，白糖 10 g，精盐 20 g，食粉 3 g，猪油 75 g。

二、制作过程

（一）面坯的调制

澄粉过筛，加入精盐 5 g 一同装入盆中，冲入沸水 700 g 搅匀，稍凉加入生粉 75 g 揉匀，最后加入 25 g 猪油搓至润滑，盖上干净的湿布待用。

（二）制馅

（1）鲜虾肉加精盐 10 g、食粉 3 g 拌匀腌渍 20 min 后，用清水冲漂至不粘手，捞起用洁净干纱布吸干水分。

（2）猪肥肉切成薄片，烫熟，切成粒状；熟笋挤干水分，加入 75 g 猪油拌和待用。

（3）鲜虾肉与少许生粉混合放在馅盆中，加入精盐 10 g、白糖 10 g、味精 12.5 g、芝麻油 7 g、胡椒粉 1.5 g、肥肉粒 100 g、笋丝 200 g 拌匀成鲜虾馅冷藏待用。

（三）成形

将面坯搓条，切成 80 个剂子，用拍皮刀压成直径约 7 cm 的圆形皮子，左手托皮，包入馅心，右手推捏成"弯梳"形即可。

（四）成熟

把包好的生坯放入刷过油的小笼内，用旺火沸水蒸制 4 ~ 5 min 至成熟，取出装盘。

[ 练习实践 ]

1. 用途最广泛的食糖是（　　）。

A. 白砂糖　　　　B. 饴糖　　　　C. 红糖　　　　D. 冰糖

2. 从动物乳中分离出来的脂肪和其他成分的混合物是（　　）。

A. 牛油　　　　B. 羊油　　　　C. 鸡油　　　　D. 黄油

3. 鸡蛋通过加热变成熟鸡蛋属于（　　）。

A. 起泡性　　　　B. 乳化性　　　　C. 凝固性　　　　D. 发泡性

4.（　　）是以牛、羊鲜乳为原料经浓缩后喷雾干燥制成的。

A. 鲜乳　　　　B. 奶粉　　　　C. 炼乳　　　　D. 酸奶

5. 面点制作中如何选择油脂？

6. 简述食盐对面点制作的作用。

任务4　膨松剂

[ 任务目标 ]

1. 理解各种膨松剂的特性。

2. 掌握各种膨松剂的使用方法。

[任务描述]

膨松剂又称疏松剂，主要用来使制品产生体积膨胀、结构疏松的特性。使用膨松剂可以提高面点制品的感观质量，有利于食品的消化吸收，是制作包子、馒头、油条等面食的重要添加剂。膨松剂按照其来源不同分为生物膨松剂和化学膨松剂两大类。

本任务中要求同学们掌握不同膨松剂的特性，学会使用它。

[任务实施]

### 2.4.1　膨松剂的种类

#### 1）生物膨松剂

生物膨松剂主要是指以各种形态存在的品质优良的酵母。它们在自然界中广泛存在，使用历史悠久，无毒害，培养方便，廉价易得，使用特性好，主要制作馒头、包子、发酵饼干等。

#### 2）化学膨松剂

化学膨松剂是指在调制面坯时添加的化学物质，其受热后会分解产生气体，使制品形成均匀致密的多孔组织，具有膨松、酥脆的一类化学物质。

化学膨松剂一般是碳酸盐、磷酸盐、铵盐和矾类及其复合物，它们都能产生气体，在溶液中有一定的酸碱性。化学膨松剂又可分为碱性膨松剂和复合性膨松剂两种。化学膨松剂主要用于油酥点心等多糖多油的制品中，如麻花、油条等。

### 2.4.2　酵母

#### 1）常使用的酵母种类

中式发酵面坯常使用的酵母有两种，即鲜酵母和干酵母。其中这两种酵母都是酵母厂生产的商品性酵母。

（1）鲜酵母

鲜酵母又称压榨酵母，是具有强壮生命活力的酵母细胞所组成的有发酵力的干菌体，是经过一定时间，酵母数量达到一定标准的酵母液经沉淀分离，再压缩成块状的酵母。

鲜酵母呈淡黄色或乳白色，无其他杂质，并且有酵母固有的特殊味道。水分含量在72%以下为宜。1 g鲜酵母中含细胞100亿个左右。发酵力要求在650 mL以上。鲜酵母有大块、小块和散装3种，大块约重500 g，小块约重12.5 g。

鲜酵母使用方便，只需按配方规定的用量加入所需要的酵母，加入少量20 ~ 30 ℃的水，用手捏成稀薄的泥浆状，不使结块，稍经活化后倒入面粉中即可。它的优点是价格便宜、耐糖、耐冻性好，发酵力旺盛，水溶性好，对阻碍发酵物质的抵抗力强，酶活力高。其缺点是不易保存，宜在0 ~ 4 ℃的低温下保存；若温度超过这个幅度，酵母容易自溶和腐败。

（2）高活性干酵母

高活性干酵母又称即发活性干酵母，是具有强壮生命力的压榨酵母经低温脱水后制得的有高发酵力的干菌体，含水量为5.0% ~ 6.0%。它的优点是活性特别高，发酵力高达

1 300 ~ 1 400 mL，用量少，活性特别稳定。采用复合铝箔真空密封充氮包装，贮藏期可达2年多，保质期不低于12个月，使用量很稳定；发酵速度快，特别适合于快速发酵工艺，使用方便，不需活化，不需低温贮藏，只要贮藏于20 ℃以下阴凉干燥处即可。缺点是价格高。

（3）新鲜酵母和活性干酵母的用量换算

目前，我国市场上销售的酵母品种很多，有进口的也有国产的，在众多的酵母中发酵特性也各不相同。同时也要注意酵母的适应性，有的酵母适合低糖配方产品，有的酵母适合高糖配方，有的酵母适合冷冻面团等，要注意正确的使用方法和用量。其中新鲜酵母和活性干酵母的用量换算为鲜∶高活 =1 ∶ 0.3。

2）影响酵母活性的因素

（1）温度

酵母生长的最适宜温度为28 ~ 32 ℃，最高不能超过38 ℃，并且在面团前发酵阶段应控制发酵室温在30 ℃以下，使酵母大量繁殖。在面团醒发时要控制在35 ~ 38 ℃，温度太高，酵母衰老快，也易产生杂菌。

（2）pH 值

酵母适宜在pH 值为4 ~ 5 的酸性条件下生长。因此，面团的pH 值控制在4 ~ 6 最好，pH 值高于8 或低于4，酵母活性都将大大受到抑制。

（3）水

水是酵母生长繁殖的必需物质。调粉时若加水量较多，则面团较软，发酵速度较快。

（4）渗透压

酵母细胞的细胞膜是半透性膜。因此，外界浓度的高低会影响酵母细胞的活动。面团中含有的糖、盐等成分均会产生渗透压。在面团中，若糖含量（面粉计）超过6%，盐用量（面粉计）超过1% 均会产生较高渗透压，对酵母活性产生明显的抑制作用，影响发酵速度。

3）酵母在发酵面坯中的作用

酵母可促进面坯发酵，增加制品营养，提高制品风味。酵母除能产生大量二氧化碳外，还能产生醇、醛、酮以及酸等物质，这些物质可使面点制品形成人们喜好的特殊风味。

### 2.4.3　酵种

1）老面

老面也称面肥、种头，是将经发酵制作后形成的发酵主坯，留下成化（老化），待需要时再做酵种使用。取之容易，保存和使用也较为方便，可以反复延续使用。但是酵种内含有杂菌较多，特别是醋酸菌，因此酵种带有酸味，制作品种时必须加碱，使主坯除去酸味，促进膨松。陈面酵种的质量好坏与发酵主坯的质量关系很大，一般陈种以隔天为好，存放时间越长，质量越差。

2）酵种的培养方法

①当天剩下的酵面团加水调散，再加入少量的面粉调匀，放入盆中进行发酵，到第二天便成了酵种。

②白酒培养法：掺入 1/5 量的白酒，再加 1/2 量的水拌匀，经过 5 ～ 10 h 的发酵即为酵种。

③酒酿培养法：在 100 g 面粉中掺入 20 g 酒酿，再加 1/2 量的水拌匀，经过 5 ～ 10 h 的发酵即为酵种。

④果汁培养法：在面粉中掺入 1/5 量的果汁（如苹果汁、橙汁、橘子汁等酸性的果汁），再加 1/2 量的水拌匀，经过 5 ～ 10 h 的发酵即为酵种。

3）加碱技术

面团在发酵过程中，在杂菌大量繁殖分泌的氧化酶的作用下生成有机酸（如醋酸、乳酸）等，严重影响了其制品的口味和形态。因此在面团发酵成熟时需进行加碱。利用酸碱中和的原理改变面团的 pH 值。一般使用食碱或小苏打中和去酸。

（1）加碱概念

加碱又称对碱、下碱、吃碱、扎碱等，是酵种发酵面团调制的关键技术。加碱的目的一是去酸，二是使面坯进一步松发，起到辅助发酵的作用。

（2）加碱的技术关键

加碱量要正确掌握。加碱多少主要根据面团发酵的程度、气温高低、操作时间等具体情况灵活掌握。以 1 000 g 大酵面团为例，添加小苏打的量：春秋季为 10 g 左右，夏季为 14 g 左右，冬季为 8 g 左右。加碱量的正确与否，对成品质量有决定性作用。碱量适中，制品色泽洁白、松泡；若碱量多，则制品色黄、味苦涩；若碱量少，则制品味酸、发硬不松。面团发酵程度受温度影响很大。温度高，面团发酵快且产酸多；温度低，面团发酵缓慢且产酸速度也缓慢。加碱后的面团，在高温下易"跑碱"，在低温下变化小。所谓"跑碱"，是指加碱后的面团继续发酵产酸，使面团酸性大于碱性，犹如加进面团中的碱"跑"了，使面团又呈酸性。温度越高，"跑碱"越快。因此在气温高时，发酵面团加碱量要稍多，并且面团"跑碱"后要及时补碱。

（3）验碱方法

验碱是对加碱的面团中碱量多少的检验。饮食行业通常采用感官验碱的方法有看酵法、听酵法、闻酵法、尝酵法、抓酵法、蒸酵法、烙酵法、烤酵法等，这些验碱方法需要从业人员有很强的实践经验才能掌握。另外使用 pH 试纸进行科学测定，只要面团的 pH 值在 6.3 左右，对碱成功。

### 2.4.4　碱性膨松剂

目前我国面点行业中普遍使用的碱性膨松剂是碳酸氢钠和碳酸氢铵。

1）碳酸氢钠

碳酸氢钠（$NaHCO_3$）又名食用小苏打，为白色结晶性粉末，无臭，无味，易溶于水，水溶液呈碱性。当温度达到 60 ℃时，受热产气，而使制品膨松。在产气的同时产生碳酸钠，使成品呈碱性，影响口味。使用不当则会使成品表面呈黄色斑点。

2）碳酸氢铵

碳酸氢铵（$NH_4HCO_3$）俗称食臭粉、臭粉，为白色粉状结晶，有氨臭，在空气中易风化。固体在 58 ℃、水溶液在 70 ℃下分解产生氨和二氧化碳，易溶于水。

碳酸氢铵分解后产生气体的量比碳酸氢钠产生的多，起发力大，但容易造成成品过松，使成品内部或表面出现大的空洞。此外，碳酸氢铵加热时易产生带强烈刺激性的氨气，虽然它很容易挥发，但仍可残留于成品中，从而带来令人不快的味道，所以要适当控制其用量。如将它与碳酸氢钠混合使用，则可以减弱各自的缺点，获得满意的结果。

3）碱性膨松剂的特点和使用量

碱性膨松剂尽管有些缺点，但有价格低廉、易保存、稳定性高等优点，所以仍是目前面点生产中广泛使用的膨松剂。

我国规定，碳酸氢钠和碳酸氢铵可在各类食品中按正常生产需要使用，面点制作中碳酸氢钠的一般用量为 0.5% ~ 1.5%，碳酸氢铵为 1%。

### 2.4.5　复合膨松剂

1）复合膨松剂的构成

复合膨松剂一般由碳酸盐类、酸类（或酸性物质）和淀粉等三部分物质组成，主要成分是碳酸盐类，常用的是碳酸氢钠，其用量占 20% ~ 40%，作用是与酸反应产生二氧化碳。另一重要成分是酸或酸性物质，它与碳酸氢盐发生中和反应或复分解反应产生气体，并降低成品的碱性，其用量占 35% ~ 50%，常用的主要有柠檬酸、酒石酸、乳酸、酸性磷酸盐和明矾类（包括钾明矾和铵明矾）等。

复合膨松剂还需要淀粉、脂肪酸等成分，其用量占 10% ~ 40%。这些成分的作用在于增加膨松剂的保存性，防止吸潮结块和失效，也有调节气体产生的速度或使产生气孔均匀等作用。复合膨松剂的作用在于避免碱性膨松剂的缺点。市场上常用的复合膨松剂有泡打粉、发粉等。

2）复合膨松剂的疏松原理

在熟制过程中碱剂与酸剂发生中和反应，放出二氧化碳气体，使制品中不残留碱性物质，从而提高制品质量。复合膨松剂品种繁多，市售的发酵粉就是其中之一。目前常用的是小苏打与酒石酸氢钾配合，或小苏打与磷酸钙配合，或小苏打与明矾等配合的发粉。

3）复合膨松剂的用量和注意事项

复合膨松剂一般用量为 3%。因其在冷水中即可分解并产生二氧化碳，因此在使用时应尽量避免与水过早接触，以保障正常的发酵力。

## [任务拓展]

#### 学做桃酥

桃酥是化学膨松面团的典型制品，采用小苏打、臭粉、泡打粉等化学膨松剂调制面团。生坯在烘烤过程中体积膨松，成品具有色泽金黄、酥松香甜的特点。

一、实训食材

（1）坯料：面粉 500 g，白糖 200 g，猪油 250 g，鸡蛋 100 g，小苏打 8 g 或（臭粉 5 g 或泡打粉 12 g）。

（2）配料：熟核桃仁 50 g，鸡蛋 30 g。

二、实训器具

（1）工具：台秤、面盆、面杖、刮刀、蛋刷子、尺子板、屉布及餐盘。

（2）设备：烤箱、案台。

三、工艺流程

调制化学膨松面→下剂成形→烤制→桃酥装盘。

四、制作过程

（一）调制化学膨松面坯

面粉与臭粉一起过筛，放在案上开成窝形，将白糖、蛋液、猪油、小苏打放入窝内搓匀搓透。随即将面粉拨入拌匀，用叠的方法将面团和匀待用。

（二）下剂成形

（1）将面坯搓条，下剂（约70个）。

（2）再逐个揉成小圆球，放入烤盘中心用手指按一小坑，表面刷一层蛋液，嵌上桃仁。

（三）熟制和装盆

（1）将生坯放入炉温140 ℃的烤炉内，烤至开始摊裂时，马上升高炉温至180 ℃，表面呈金黄色成熟即可出炉。

（2）待出炉的桃酥晾透后，用刮刀铲下，摆放入餐盘冷食。

五、操作关键

（1）面坯调制时采用叠的方式，不能揉面，以免上劲不酥。

（2）掌握好烤炉温度。生坯初入烤炉时，烤炉温度不可过高，否则成品不膨松；烤炉温度也不可过低，否则成品自然流散，不成形。

（3）必须等桃酥晾透，才可从烤盘中取出，否则成品易碎。

六、成品风味特色

桃酥是一款基本的混酥制品，具有色泽金黄、酥松香甜的风味特色，添加腰果、杏仁、核桃形成不同风味的核桃酥。

[ 练习实践 ]

1. 学做无铝油条

配方：中筋粉300 g、干酵母3 g、小苏打2 g、鸡蛋1个、温牛奶160 g、盐5 g、色拉油20 g调制成面团后，醒面成形。

成形：将醒好的面坯拉长擀一下，擀成宽8 cm、厚2 cm的长条坯皮，然后用刀切出2 cm宽的坯条，取两条合在一起，用筷子在中间压一凹槽，双手压住两头，拉至25 cm左右，并将两头的边缘去掉待用。

成熟：用1 000 g的色拉油油炸成熟。

2. 简述酵母的特性对面点制作的作用有哪些？

# 任务5　色素和香精剂

[任务目标]

1. 理解面点中色素和香精的用途与性质。
2. 掌握面点制作中色素和香精的用法。

[任务描述]

在日常生活中，我们吃到彩色的面条，通常是采用火龙果榨汁、菠菜榨汁等和面粉调制成坯制作而成，在面点制作过程中，除了需要主要原料和调辅料之外，还有一些在不影响食品营养价值的基础上，为了增强食品的感官性状，提高或保持食品的质量，在食品生产中加入适量化学合成或天然的色素和香精，这些香精或色素对面制品的色、香、味起到一定的作用，有些还能提高制品的营养价值。在中式面点制作中常用的色素为天然色素和天然香精。

[任务实施]

## 2.5.1　食用色素

食用色素又称着色剂，是使食品着色的食品添加剂。其目的在于美化制品，使其具有鲜艳的色彩，以增进人的食欲，促进消费。食用色素按其来源可分为人工合成色素和天然色素两大类。

### 1）天然色素

天然色素主要是从动物、植物及微生物中提取的色素。其色调自然，无毒性，有些还具有营养价值或药理作用，但有时带有异味，性质不够稳定。由于人们对食品卫生安全性的要求越来越高，使用天然色素已受到人们的普遍关注。"天然、营养、多功能"是食用天然色素的发展方向。我国目前批准使用的可用于面制品的天然色素有红曲米、辣椒红、高粱红、姜黄、焦糖色、栀子黄等，其用量按生产需要适量使用。

（1）红曲色素

红曲色素也称红曲米，是将红曲霉接种于蒸熟的大米，经培育制得的产品为红曲米，然后可用酒精提取红曲红色素。红曲红色素不溶于水，色调为橙红色，与其他天然色素相比，pH 值稳定，耐热、耐光，常用于调制红色糕团中使用。

（2）自然取色

面点制作中，民间常常利用植物性原料固有的色素，如用菠菜或南瓜叶将其捣烂榨出绿色汁水，再加少许石灰水，使其澄清得到青翠色素，南瓜煮烂掺入面粉中得到橙黄色或黄色。红心火龙果榨汁过滤后可以得到紫红色。胡萝卜榨汁可以得到橙黄色。黄红彩椒经过榨汁过滤后可以得到黄色或红色，咖啡加水可以得到褐色，墨鱼汁可以得到黑色等。

2）食用合成色素

食用合成色素主要指用人工化学合成方法所制得的有机色素。合成色素具有色泽鲜艳、着色力强、可任意调配、性质稳定、成本低廉、均溶于水、使用方便等优点，因此应用较广。但它们本身无营养价值，大多数对人体有害，因此，其用量应严格控制。目前我国已批准并用在面制品上的食用合成色素有苋菜红、胭脂红，其最大用量均为 0.05 g/kg。柠檬黄、日落黄、靛蓝，其最大用量均为 0.1 g/kg。

3）使用着色剂应注意的事项

①要尽量选用对人体安全性高的天然色素。

②使用化学合成色素时要控制用量，不得超过国家允许的标准。

③要选择着色力强，耐热、耐酸碱的水溶性色素，避免在人体内沉积。

④应尽量用原材料的自然颜色来体现面点的色彩，使用色素是为弥补原材料颜色的不足，尽量少用色素为好。

⑤老百姓的主食，如馒头、包子等制品不得使用食用合成色素，对一些观赏性的面制品，如象形船点等，可按照国家规定的标准使用食用合成色素。

## 2.5.2　食品香料

食品香料又称赋香剂或香味剂，是以改善、增加和模仿食品香气和香味为主要目的的食品添加剂，由多种挥发性物质组成。食品中使用的香料按其来源分为天然香料和人工合成香料两大类。

1）食品用香料

（1）天然香料

天然香料可分为植物性香料和动物性香料，在面点制作中主要使用前者。我国的天然香料很多，如茴香、八角、肉豆蔻、花椒、桂花、桂皮、薄荷、玫瑰等。一般将天然香料制成精油和精制品使用，不仅产品利用率高，产品香味丰富、柔和，而且便于贮运。在面点制作中，常用玫瑰、桂花、洋葱汁以及各种香料油，如橘子油、柠檬油作香味剂。

（2）合成香料

合成香料又称人造香料，是指采用人工方法单离、合成制取的香料，包括单离香料和合成香料。单离香料是从天然香料中分离出来的各种单体化合物。合成香料分两类：一种是天然等同香料，用化学方法合成，其结构与天然成分一样；另一种是在天然香料中还未发现的成分，但它的香味与天然物相似，或者在调香过程中有特殊作用的化合物。

2）食用香精

在食品加香中，香料一般不单独使用，通常是用数种乃至数十种香料调和起来，才能适合应用上的需要。这种经配制而成的香料称香精。香精按制造方法分为水溶性香精和油溶性香精，其中油溶性香精耐热性好，适合烘烤制品使用。如香草香精等，采用蒸、煮、烙等成熟的中式面制品几乎不使用合成香精。

3）使用注意事项

①由于香精浓淡的差异，在使用时要适量。

②香精都有一定的挥发性，使用时应尽量避免高温，以免挥发失去作用。

③香精使用后，要及时密封、避光，以免挥发。

④必须使用国家规定标准检验合格的产品，不得随意滥用未经检验的香料。

### 2.5.3　调味剂

凡能提高面点的滋味，调节口味，消除异味的可食性物质都可称为调味剂。调味剂的种类很多，按口味不同可分为：酸味剂，如醋酸、乳酸、柠檬酸等；甜味剂，如食糖、饴糖、糖精、甜菊糖等；咸味剂，如食盐、酱油；鲜味剂，如味精、鸡精等。

1）柠檬酸

天然的柠檬酸存在于柠檬、柑橘之中，现多为利用糖质原料发酵制成。柠檬酸是无色透明结晶或结晶性粉末，无臭，味极酸，易溶于水。柠檬酸在面点制作中常用于糖浆的熬煮，防止糖浆出现返砂现象。

2）糖精

糖精为无色结晶或稍带白色的结晶性粉末，为化学合成甜味剂。糖精本身为苦味，易溶于水，溶于水稀释后才具甜味。糖精的甜度是蔗糖的 300 ~ 500 倍。糖精在人体中不产生热量，无营养价值，只起到增加甜味的作用。

### [ 任务评价 ]

| 学生本人 | 量化标准（20 分） | 自评得分 |
|---|---|---|
| 成果 | 学习目标达成，侧重于"应知""应会"<br>优秀：16 ~ 20 分；良好：12 ~ 15 分 | |
| 学生个人 | 量化标准（30 分） | 互评得分 |
| 成果 | 协助组长开展活动，合作完成任务，代表小组汇报 | |
| 学习小组 | 量化标准（50 分） | 师评得分 |
| 成果 | 完成任务的质量，成果展示的内容与表达<br>优秀：40 ~ 50 分，良好：30 ~ 39 分 | |
| 总分 | | |

### [ 任务拓展 ]

#### 学习制作小圆松糕

小圆松是运用镶粉（粳米粉和糯米粉按比例混合）通过添加红曲粉调色、夹馅蒸制成熟的一种松糕。它具有质感松软、造型美观、色泽艳丽、松软芳香的特点，从而得到人们的喜爱。

一、实训食材

（1）坯料：细粳米粉 540 g，细糯米粉 360 g，绵白糖 200 g，玫瑰酱 50 g（也可用薄荷、桂花、芝麻或蛋黄），红曲米粉 5 g。

（2）馅料：干豆沙 350 g，松子仁 20 g，甜板油丁 200 g。

二、制作过程

（一）糕粉团的调制

将细糯、粳米粉（4∶6）置案板上拌匀，中间扒一塘坑，加入绵白糖和清水300g拌和，再加入玫瑰酱、红曲米粉抄拌均匀，静置（春秋两季3～4h），放入筛子中筛成糕粉。

（二）成形

将圆松糕花板图案面朝上，放上糕模，每个糕模孔中放入熟松子仁，再放入糕粉至模孔一半，另将适量干豆沙、板油丁放入，续加糕粉至满，略按。将糕模面上余粉刮去，覆盖上湿白糕布，再将铝糕板放在糕布上面，翻身，去掉花板及糕模板即成生坯。

（三）成熟

将铝糕板放入蒸箱中，用旺火足气蒸15 min左右，至糕底无白痕成熟即可。

三、成品风味特点

外形美观、色泽艳丽、滋味香甜、质感松软，是一道易于消化的米粉制品。

[练习实践]

1.查找生活中的食物，做成天然色素。

2.思考青团子、南瓜团子、艾草团子、薄荷糕的色泽是怎样形成的。

# 单元3

# 面点加工设备工具

[单元目标]

1. 认识面点加工器具和设备的工作原理。
2. 掌握面点加工器具和设备的使用方法。

[单元介绍]

　　面点加工器具与设备是实现面点工艺过程生产的重要条件。面点器具及设备在实现工艺要求、改良品质、丰富品种、提高工效和促进面点技术发展中有重要地位和作用。面点加工器具与设备包括传统手工操作器具和现代机械设备两大类，前者受我国面点传统流派和区域特征的影响，种类纷繁；后者根据企业生产规模和工业化控制的要求而异，类型多种多样，目前已形成各大系列的食品工业生产设备及自控流程。依据教学要求，本单元对传统中式面点生产中的常用器具和一些主要设备做简要介绍。

## 任务1 面点器具

[任务目标]

1. 理解面点常用手工操作工具的特性。
2. 掌握面点常用手工操作工具的使用知识。

[任务描述]

面点器具是指案台、擀具、刀具、模具等传统手工操作工具。这些器具是面点手工生产实现传统工艺和产品质量要求的必需工具，它们在传统面点的制作中发挥重要的作用。为适应以手工操作为主的餐饮业和面点作坊的零散式市场经营需求，手工器具有很大的灵活性和实用性。即使是机械化和自动化程度很高的面点生产企业，为了满足产品的某些需要和充分发挥传统技艺的作用，手工器具仍是重要的补充。因此，面点器具在目前和以后的面点生产中都占有相当重要的地位。

同学们只有真正掌握了各种设备、工具的使用技术，才能使面点产品更加规范化，从而提高面点产品的质量和产量。

[任务实施]

### 3.1.1 主要用具

1）案台

案台是制作面点的工作台。因制作内容的不同，需配备不同的操作台。通常有3种不同用途的案台。

（1）木板案台

木板案台又称案板、面板，以优质木材制成，用于调制面坯、成形等。一般用10 cm厚的木板制成，其尺寸、大小按生产规模需要而定。案台表面要求平整、光滑，拼接无缝隙，便于操作及洗刷。

木制案台有搁板式和桌台式两种。搁板式案台的特点是拆卸比较方便、灵活，多用于小型饮食店。桌台式案台是利用下部空间做成橱柜或抽屉，可以用来存放各种工具等用品，大中型饭店厨房都使用桌台式案台。

（2）石板案台

石板案台又称石案、石台板，用大理石制成，表面光滑、平整，是糖制工艺和制作用糖粘裹的某些特色品种的必需设备，大小按需要而定。

（3）金属板案台

金属板案台有不锈钢板案台（图3.1.1）和合金铝板案台等，可代替石板案台使用，但一般不宜代替木板案台使用。

图 3.1.1　不锈钢板案台

（4）案台的保养

案台使用前必须清洗干净，防止有尘土和其他异物沾染；使用中不得乱放其他与生产无关的用品；木板案台要尽量避免被其他工具碰撞，切忌当砧板使用；用后必须清洗，待晾干后用专用布罩盖上防尘，如果案板上有较难清除的黏着物，切忌用刀使劲铲，最好用水将其泡软后，再用较钝的工具将其铲掉；必须定期用沸水或药物进行彻底消毒。

2）锅、蒸笼和烘盘

（1）水锅

水锅有生铁制、熟铁制两类，规格不一。蒸制一般都用宽沿生铁锅；煮制一般采用熟铁制无沿锅，适合于煮饺子、面条，捞米饭及炒制半成品，如豆沙馅、枣泥馅、芝麻等，还可用于糖浆的熬制等。

（2）高沿平锅

高沿平锅又称高沿铛，锅底平坦，常以生铁铸成，用于制作锅贴、水煎包、烙烧饼、烙饼、摊春卷皮等。

（3）平锅

平锅又称饼铛，多以生铁铸成，用于制作大饼、家常饼以及推春卷皮、摊煎饼等。

（4）蒸笼

蒸笼又称笼屉，专用于蒸制面点制品。一般都为圆形，直径小至 15 cm 左右，大至 80 cm 以上。材料以竹（图 3.1.2）为主，也有用铝或不锈钢（图 3.1.3）的。蒸笼屉底衬有屉布或纸、席、草垫，以防止制品粘屉及米粒散落；底格备有水圈，防止沸水浸及制品；中间可重叠若干圆形蒸屉；上面配有笼盖，以斜圆形顶的笼盖为宜，防止冷凝水溅落制品表面，影响制品质量。蒸笼以密封不走气者为佳。

图 3.1.2　竹蒸笼

图 3.1.3　不锈钢蒸笼

（5）烘盘

烘盘即烘炉中用的金属盘，用于烘烤时摆放面点制品。

## 3.1.2 一般工具

### 1）坯皮制作工具

（1）擀面杖

擀面杖（图3.1.4）又称擀面棍，是面点制皮时不可缺少的工具，要求结实耐用、表面光滑，以檀木或枣木为好。擀面杖呈圆形，因尺寸不同，有大、中、小之分，大的长100～120 cm，主要用以擀制面条、馄饨皮等；中等的约长55 cm，宜用于擀轧花卷、饼等；小的约长33 cm，用以擀饺子皮、包子皮及小包酥等。

图3.1.4 擀面杖

（2）通心槌

通心槌（图3.1.5）又称走槌，用细质木料制成，呈圆柱形或鼓形，中间空，供插入轴心，使用时来回推动。槌分大小两种，大走槌主要用于层酥面坯的开酥、制作花卷等，小走槌用以擀制烧卖皮等。

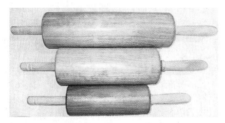

图3.1.5 通心槌

（3）橄榄杖

橄榄杖（图3.1.6）又称枣核杖、橄榄棍，中间粗、两头细，形如橄榄，长度15～20 cm，是用于擀制烧卖皮的专用工具。

图3.1.6 橄榄杖

（4）单手杖

单手杖又称小面杖，长25～35 cm，光滑笔直、粗细均匀，常用檀木、枣木或不易变形的细韧材料制成，是擀饺子皮的必备工具。

（5）双手杖

双手杖也是制皮的专用工具，大小均有，两头稍细，中间稍粗，双手杖比单手杖略细，擀皮时两根并用，双手同时配合进行。

2）成形工具

（1）印模

印模（图3.1.7）又称印板，为木质材料，其形状有方形、扁形、长形等，底部表面刻有各种花纹图案及文字图案，坯料通过印模成形，可形成具有图案的、规格一致的面点制品，如制作糕团、糕饼、定胜糕、各式月饼等。印模的图案、形态、式样很多，大小各异，可按照品种制作的特色需要选用。

图 3.1.7　印模

（2）套模

套模（图3.1.8）又称卡模、花戳子，是以金属材料制成的一种两面镂空、有立体模孔的模具，形状有圆形、梅花形、心形、方形等。使用时，将已经滚压成一定厚度的片状坯料铺在平铺的案板上，一手持套模的上端，用力向面皮压下，再提起，使其与整个面皮分离，就可得到一块具有套模内径形状的坯子。套模常用于制作酥皮类面点及小饼干等。

图 3.1.8　套模

（3）铜花钳

铜花钳（图3.1.9）长约12 cm，一头夹一圆波浪铜片，可滚动，用于滚切，使坯边带有锯齿状花纹。另一头方形似镊，方头内有齿纹，用于夹饺子边以形成波浪纹。

图 3.1.9　铜花钳

（4）小剪

小剪用于剪象形面点的鳞、尾、翅、嘴和花瓣。

（5）小木梳

小木梳用于制作鸟、鱼等象形面点品种的羽毛、鱼鳍等。

（6）小铜夹

小铜夹一套五把，专供夹制花瓣用。其中有大、中、小三把弧形夹，用于夹制月季花、睡莲花；另有一把平夹；还有一把为鸭嘴形的，可用于制作梅花包等花色品种。

（7）鹅毛管

鹅毛管用于象形面点戳鱼鳞、玉米粒、核桃花纹、印眼窝等。

（8）镊子

镊子用于花色面点配花、叶、梗及装点芝麻等饰物。

（9）面挑

面挑是由一头尖、一头呈菱形的金属片做成，尖头用于戳眼，菱形用于按花纹和鱼尾纹（图3.1.10）。

（10）小刀

小刀用于划鱼鳃和剖酥面，可用美工刀片代替。

（11）裱花嘴

裱花嘴（图3.1.11）又称挤花头、花嘴子，用铜片制成，有圆头、尖齿头、尖舌头、鸭嘴头等形状。运用花嘴的不同形态，可形成各种不同形状的图案花纹，一套数件，常用于大、小蛋糕挤花、挤图案、挤奶油小饼干等。

（12）印子

印子是刻有花纹、文字的木戳，在馒头及糕点表面盖印图案时用。

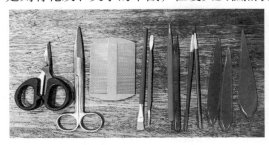 

图3.1.10　做船点的一套工具：剪刀、木梳、小　　　图3.1.11　裱花嘴
毛刷、面挑

3）案上清洁工具

（1）面刮板

面刮板用塑料（图3.1.12）、不锈钢（图3.1.13）、白铁皮或铜皮制作，用于铲粉、刮粉、分割面坯和清洁案板。

（2）小簸箕

小簸箕以白铁皮制成，供扫粉、盛粉用。

（3）粉帚

粉帚又称笤帚，用以清扫案板上的粉料。

图 3.1.12　塑料面刮板

图 3.1.13　不锈钢面刮板

4）炉灶工具

（1）勺

勺以铁或不锈钢制成，用于制馅、加料等。

（2）漏勺

漏勺（图 3.1.14）以铁或不锈钢制成，中间均匀布有孔洞，有长柄，用于在水、油中捞取制品。

（3）筷子

筷子有铁制和竹制两种，长短按需要而定，炸制面点时用来翻动或夹取制品。

（4）锅铲

锅铲以金属板制成，有柄，用于煎烙、烘烤制品的铲取、翻动。

（5）火钳

火钳用于从烘烤的明火中钳取制品，如烧饼钳等。

（6）笊篱

笊篱（图 3.1.15）用铁丝编制（或铝铁丝制），带有长柄，用于捞水饼或捞米饭。

图 3.1.14　漏勺

图 3.1.15　笊篱

5）制馅和调料工具

（1）切刀

切刀为铁制或不锈钢制，用于切肉、切菜。

（2）刨刀

刨刀为金属制，用于刨制萝卜丝馅等。

（3）砧板

砧板又称切菜墩，用塑料、木质等材料制成，其中木质的以银杏树、橄榄树和红柳木为好，用作切刀操作时的衬垫工具。

（4）馅盆

馅盆有铝制、不锈钢或瓷制的，容量不一，用于拌和馅心或盛放馅心。

（5）馅挑

馅挑又称馅心刮板、尺板，以竹片制成，是上馅的工具，如图3.1.16所示。

图3.1.16 竹制馅挑

（6）打蛋帚

打蛋帚（图3.1.17）又称蛋甩，用不锈钢丝制成，形似灯泡，上端有圆筒铁柄，用于打搅蛋液和蛋白糖膏、奶油等。

图3.1.17 打蛋帚

6）缸盆工具

（1）面缸

面缸又称面盆，口敞、深度浅，容量较大，一般用于和面和拌粉料。

（2）米缸

浸米用，一般用大缸或半截缸。

（3）发面盆

根据需要备置一个或几个大小不等的缸盆，也可用水桶，用作发酵保温。

7）着色、抹油工具

（1）毛笔

选用新的毛笔，供着色、刷油用。

（2）牙刷

选用新的牙刷，用于喷涂着色。

（3）毛刷

选用新的毛刷，用于刷油抹油（图3.1.18）。

图 3.1.18　毛刷

**8）称量及其他工具**

**（1）秤**

秤用以称料和成品的质量，常用盘秤、杆秤、电子秤（图 3.1.19）和小型磅秤。以电子秤为例，在使用时首先放置在平坦的桌面上，称量前注意检查"归零"或"去皮"，及时对电子秤进行充电，保持电子秤的干净。

图 3.1.19　电子秤

**（2）量杯**

量杯（图 3.1.20）是杯壁上有标示容量的杯子，可用来量取液体材料，如水、油等，用来取用和称量液体原料及液体食物的容量。量杯材质有 PP 塑料、玻璃、不锈钢，容量有250 mL、500 mL 等。使用量杯或量筒测液体体积，读数时量杯或量筒都要放在水平桌面上，视线与液面在同一水平面。使用完毕后保持量杯的干净和干燥。

图 3.1.20　量杯

**（3）面筛**

面筛又称罗筛、粉筛（图 3.1.21、图 3.1.22），是筛滤原料、辅料中的杂物或结块物的工具。粉筛的帮有木质和不锈钢的。粉筛底一般用由金属丝（不锈钢或铜）、棕丝、绢、竹丝、马尾毛、尼龙等材料做成。粉筛因用途不同，其大小、形状也不同。直径有 15 cm、20 cm、25 cm、30 cm、35 cm 等型号。规格以粉筛网眼加以区分，统称"目"。网眼的疏密度用目表示，目数越大，表示网眼越细，按品种制作或生产需要选用。

图 3.1.21　米粉粉筛

图 3.1.22　小号粉筛

[任务拓展]

### 学做虾仁鲜肉烧卖

烧卖，又称烧麦、稍麦等，烧卖外形如"杨柳腰、花瓶口、秤砣底"，虾仁鲜肉烧卖是中式面点中一道宴席点心。采用水调面坯包生咸馅，用拢馅法蒸制而成，成品具有外形饱满、皮薄馅多、咸香适口的特点。

一、实训食材

（一）坯皮原料：中筋面粉 250 g，沸水 90 mL，冷水 35 mL。

（二）馅心原料：猪前夹心肉酱 350 g、生姜末 10 g、黄酒 20 mL、酱油 20 mL、精盐10 g、白糖 20 g、鸡粉 8 g、清水 50 mL、河虾仁 250 g。

二、实训器具

（一）工具

物料盆、橄榄杖、馅挑、蒸笼、搅拌机。

（二）设备

蒸箱。

三、工艺流程

调制水调面坯➡虾仁鲜肉馅的制作➡擀皮➡上馅、成形➡熟制。

四、制作过程

（一）调制面坯

1.将面粉放在案板上，中间扒个窝，加入沸水，用工具调和拌成雪花状。

2.摊开面团，散尽热气，洒上冷水，揉成团，静置饧面待用。

（二）制馅

1.将虾仁浆好待用。

2.肉酱和各种调味料混合，放入搅拌机里搅拌上劲后再放入虾仁。

（三）制皮

将饧好的面团搓成条，下剂子约 20 g 一只，按扁，用橄榄杖从坯皮边沿擀，先左手用力下压再右手用力下压向前推动，使坯皮按顺时针方向转动，最后擀成直径为 10 cm、中间厚周边薄，俗称"金钱底、荷叶边"的烧卖皮。

（四）上馅成形

一手托住坯皮，一手用馅挑将馅心加入坯皮，然后用单手或者双手将烧卖皮四周向中

间合拢，拢成石榴状。

（五）熟制

上笼，置旺火蒸汽锅上蒸 8 min 即可。

五、操作关键

1. 面坯的调制需要把握好用水量。

2. 掌握好烧卖皮的厚度，做到中间厚、四边薄。

3. 上馅的同时成形，收拢的同时需要用力适当，最后成石榴形。

4. 控制成熟时间，蒸制过程中可以在烧卖生坯上喷适量水。

六、成品风味特点

石榴形，皮色白透明，皮软馅足，肉香虾鲜，卤汁盈口。

[ 练习实践 ]

1. 寻找当地特有的面点手工工具，拍图并写出它的用途。

2. 写出各种款的称量工具，并学会称量 300 g 面粉，精确到 0.01 g。

3. 学会用通心槌擀烧卖皮。

4. 学会用双手擀面杖擀饺子皮。

## 任务2　面点机械与设备

[ 任务目标 ]

1. 了解常用的面点机械与设备的操作要求。

2. 掌握常用的面点机械与设备的操作要点。

[ 任务描述 ]

面点生产从制料、和面、调团、压皮、制馅到成形、熟制等各个工艺环节，目前都可以实现机械化或自动化操作。相比手工工具制作，机械化操作极大地提高了面点的生产效率和产品质量。目前市场上出现的面点设备种类繁多、功能各异，质量层次多种多样，新材料、新功能的自动化和智能设备化不断出现，面点的工业化生产领域不断扩大，传统面点生产的科技含量不断提升，有力地促进了我国传统面点的发展。

面点设备根据生产工艺特点分为原料处理设备、成形设备、加热与熟制设备和包装设备四大类别。根据教学要求，本任务主要从常用面点原料处理设备、加热与熟制设备的操作要求做简要介绍。

[ 任务实施 ]

### 3.2.1 原料处理设备

原料处理设备是指用于完成面点原料的制粉、磨浆、混合、搅拌、压面、制馅等工艺过程操作的机械设施与装备。以和面机、绞肉机、打蛋机、磨粉机、饺子机、压面机等使用得最为普遍。

1）和面机

和面机（图3.2.1）又称拌粉机，是利用机械运动将粉料和水或其他配料拌和成面坯，可用于制作馒头、面条、包子和饺子等面点，有立式和面机和卧式和面机两种。

（1）和面机的构成

它主要由电动机、传动装置、面箱搅拌器、控制开关等部件组成，工作效率比手工操作高5 ~ 10倍。

（2）使用方法

先将粉料和其他辅料倒入面缸内，打开电源开关，启动搅拌器，在搅拌器拌粉的同时加入适量的水，待面坯调制均匀后，关闭开关，将面坯取出。

（3）使用注意事项

①必须注意安全，严格遵守操作规程。

②和面后应将面桶、搅拌器等部件清洗干净；轴承等部位应定期加油保养，使其润滑，减少磨损。

③电机要保持干燥。

图3.2.1 和面机

2）绞肉机

绞肉机（图3.2.2）又称绞馅机，主要用于搅制肉馅。绞肉机是利用刀具将肉去骨分割成小块，有手动和电动两种。

（1）绞肉机的构造

它的构造较为简单，由机筒、推进器、刀具等部件构成。

（2）使用方法

启动开关，用专用的木棒或塑料棒将肉送入机桶内，随绞随放，可根据品种要求调换刀具，肉馅绞完后要先关闭电源，再将零件取下。

（3）常规保养

使用后及时将各部件内外清洗干净，以避免刀具生锈。

图 3.2.2　绞肉机

3）打蛋机

打蛋机（图 3.2.3）是面点制作工艺中常用的一种机具，由电动机、传动装置、搅拌器、蛋桶等部件构成，一般配有球形蛋抽子、柄状和钩形的搅拌头。

（1）用途

它常用来搅拌蛋液，利用搅拌器的机械运动将蛋液搅打起泡，也可用来搅拌少量面团，打制春卷皮面糊等。

（2）使用方法

将蛋液倒入蛋桶内，加入其他辅料，将蛋桶固定在打蛋机上。启动开关，根据要求调节搅拌器的转速，蛋液抽打达到要求后关闭开关，将蛋桶取下，将蛋糊倒入其他容器内。

（3）使用注意事项

有些打蛋机同时具备搅拌功能，在使用蛋抽子时严禁搅拌其他物品，以防止蛋抽子断裂。如需搅拌面糊或调料时必须换专用搅拌头。

（4）常规保养

蛋桶和搅拌头在使用前后一定要清洗干净并定期消毒。

图 3.2.3　打蛋机

4）磨粉机

磨粉机（图3.2.4）主要用于大米、糯米等粉料的加工，有人工和电动两种。

（1）工作原理

它是利用传动装置带动石磨或以钢铁制成的磨盘转动，将大米或糯米等磨成粉料的一种机械。电磨的效率较高，磨出的粉质细，以水磨粉为最佳。

（2）使用方法

启动开关，将水和米同时倒入孔内，边下米边倒水，将磨出的粉浆倒入专用的布袋内。

（3）常规保养

使用后及时切断电源，须将机器的各个部件及周围环境清理干净。

图 3.2.4 磨粉机

5）饺子机

饺子机（图3.2.5）是用机械滚压成形，包制饺子的一种炊事机械，可包多种馅料的饺子，它工作效率高但质量不如手工水饺。

（1）使用方法

将调好的面坯和馅心倒入机筒内，启动开关，根据要求调节饺子的大小、皮的厚薄及馅量的多少。

（2）常规保养

使用后，及时切断电源，要将其内外清洗干净。

图 3.2.5 饺子机

6）压面机

压面机指面坯制皮或成形前调整面皮厚度和柔顺度的一种辅助成形设备，有立式压面机和卧式压面机之分，其中立式压面机有手动式和电动式两种。它的主要功能是将调制好的面团通过压辊之间的间隙，压成所需厚度的皮料。反复压制面团，有助于面团面筋的扩展，理顺面筋纹理，改善面团结构，降低劳动强度，提高产品质量。立式压面机在中式面点制作中通常用于改善面团的延伸性，如压面条、压馄饨皮等，卧式压面机通常用作层酥类点心的开酥。

### 3.2.2　加热与熟制设备

1）蒸煮设备

适用于蒸、煮等熟制方法的蒸煮设备主要有蒸汽型蒸煮灶和燃烧型蒸煮灶两种。

（1）蒸汽型蒸煮灶

蒸汽型蒸煮灶是目前厨房中广泛使用的一种加热设备，一般分为蒸箱和蒸汽压力锅两种。

①蒸箱。

蒸箱（图 3.2.6）是利用蒸汽传导热能，将食品直接蒸熟的一种设备。蒸箱的规格大小不一，有单门、双门和三门蒸箱，可根据生产量不同购买不同型号的蒸箱。它与传统煤火蒸笼加热方法相比较，具有操作方便、使用安全、劳动强度低、清洁卫生、热效率高等特点。

使用时将生坯等原料摆屉后推入箱内，将门关闭，拧紧安全阀后，打开蒸箱气阀门。根据熟制原料及成品质量的要求，通过蒸汽阀门调节蒸汽大小。制品成熟后，先关闭蒸汽阀门，待箱内外压力一致时，打开箱门取出屉。蒸箱使用后，要将箱内外打扫干净。

图 3.2.6　蒸箱

图 3.2.7　蒸汽夹层锅

②蒸汽压力锅。

它又称蒸汽夹层锅（图 3.2.7），是利用热蒸汽通过入锅夹层与锅内的水交换热能，使水沸腾，从而达到加热食品的目的。它克服了明火加热易改变食品色泽和风味甚至焦化的缺点，在面点工艺中，常用来做糖浆、浓缩果酱及炒制豆沙馅、莲蓉馅和枣泥馅。

使用时先在锅内倒入适量的水，将蒸汽阀门打开，待水沸腾后加入原料或生坯加热。加热结束后，先将热蒸汽阀门关闭，搅动手轮或按开关将锅体倾斜，倒出锅内的水和残渣，将锅洗净，复位。

③蒸汽型蒸煮灶的安全使用与保养。

使用高温高压设备必须遵守操作规程。在使用蒸汽加热设备时应注意：

第一，进汽压力不超过使用加热设备的额定压力。对安装在设备上的压力表、安全阀及密封装置应经常检查其准确性、灵敏性和完好性，防止因失灵或疏忽而发生意外事故。

第二，不随意敲打、碰撞蒸汽管道，发现设备或管道有跑、冒、漏、滴现象时要及时修理。

第三，经常清除设备和输汽管道内的污垢和沉淀物，防止因堵塞而影响蒸汽传导。

（2）燃烧型蒸煮灶

燃烧型蒸煮灶即传统明火蒸煮灶。它是以煤火、煤气、柴油等燃烧提供热源而产生热量，将锅内水烧开，利用水的对流传热作用或蒸汽的作用使制品成熟的一种设备。

①煤气燃烧型蒸煮灶的特点。

它大大优于使用煤炭的各种炉具，由煤气厂统一供气。它具有结构合理、安全方便、清洁卫生、可自由调节火力、热效率高等优点，适用于大批量蒸制食品，又可作为食品的保温器具，如图3.2.8所示。但制品在蒸制时易淋上水珠，影响外观。

②煤气燃烧型蒸煮灶的保养方法。

a.经常检查燃烧头的清洁卫生，以免油污和杂物堵塞燃烧孔，影响燃烧效果。

b.当污物堵塞喷嘴孔时，燃烧头会出现小火或无火现象，此时可用细铁丝通喷嘴数次，以便畅通。

c.如发生漏气现象，应查找根源，经维修后再使用。

d.半年至一年进行一次维修保养，以保证燃烧效果。

图 3.2.8　煤气燃烧型蒸煮灶

2）烤制设备

烤制设备简称电烤箱或烤炉，是利用热能对面点生胚进行加热，使面点生胚发生一系列的物理和化学变化，形成色、香、味俱佳的熟品的设备。烤箱（图3.2.9）的种类很多。按烤箱的热源分类，可分为煤气烤炉、液化石油气烤炉、管道天然气烤炉和电热丝烤炉等。其中使用最为广泛的是电热丝烤炉，通常称为电烤箱。

（1）电热烘烤炉（箱）

目前国内各宾馆酒店使用的通常有单层、双层和三层组合式电烤箱。这种烤箱每一层都是一个独立的工作单元，分上火和下火两部分，由外壳电热丝（远红外线管）、热能控制开关、炉膛温度指示器、耐热玻璃观察窗、耐热灯管等构件组成。功能多的电烤箱还附加喷水蒸汽设备、定时器报警器等。与普通电烤炉相比，它具有结构紧凑、操作方便、生产效率高、加热快、节约能源、焙烤质量好等优点。

①电烤箱的工作原理。

主要是通过电能的红外线辐射热、炉膛内热空气的对流以及炉膛内钢板的热能传导3种热传递方式将食品烘烤成熟上色。在烘烤食品时，一般要将烤炉上、下火同时打开预热到炉内温度适宜时，再将成形的食物放入烘烤。

②电烤箱的使用。

a. 使用前要检查电路连接是否可靠，电压是否正常。

b. 烘烤前应使烤箱预热，根据制品的要求将调温旋钮调至合适的温度上进行预热，预热时间不宜过长，只要达到所需的烘烤温度，就应立刻将食物放入烘烤，因为干烤时对烤箱的损害最大。

c. 烘烤时，在炉门附近的烤盘由于散热的影响，在烘烤过程中可能会使制品受热不匀，可灵活调整烤盘方向，以使制品受热均匀。

d. 烤箱在使用过程中或刚用完后，外表温度较高，切勿触摸。

e. 清洁烤炉时，必须关闭电源，并严禁使用喷水管清洁。

（2）热风旋转炉

热风旋转炉是（图3.2.10）一种利用多种不同的能源加热燃烧室，通过热交换器和风机将热风送入炉膛，进而把炉内食品烤熟的中型烘烤设备。因为其通过热风加热，故称热风旋转炉。热风旋转炉适用于较大量产品的生产，可以用来烘干和烤制各种点心，如广式月饼、苏式月饼等。

热风旋转炉分为电热式、燃气式和燃油式三大类，按产量的大小分有16盘、18盘、32盘、64盘或台车旋转炉和双台车旋转炉。待烤食品可以用入炉台车整车入炉烘烤。其特点是烘烤范围广、产量大、出产快、色泽均匀，并且烘烤过程中水分流失少，便于提高烘焙质量。

图3.2.9　烤箱

图3.2.10　热风旋转炉

3）其他成熟设备

（1）万用蒸烤箱

万用蒸烤箱（图3.2.11）是集蒸、烤等烹饪方法为一体的一种厨房设备，在欧洲已经流行多年，能自动控制烹饪时间、温度，通过预设烹调模式和自主预设菜单，能烹制出品质稳定的菜点，适合蒸、烤、焗等面点制品。它的工作原理是通过360°热风循环的加热方式，产生大量热气，经由循环风扇将热量均匀分布到烤箱内，加热过程中设置向加热源适当喷水，提高烤箱内部湿度，在密闭的加热空间里，蒸和热空气的组合防止食物干燥，最大限度地减少了食物重量的损失，保证了制品的品质，替代了厨房的人力。

图 3.2.11　万用蒸烤箱

图 3.2.12　微波炉

（2）微波炉

微波炉（图 3.2.12）是以电为能源，利用微波通过物体时介电损耗所产生的热能对原料进行加热的新型炉具。其主要构件有产生微波的磁控管、变压器、高压电容器及由整流器组成的电源和波导管等元件。磁控管发生的微波是一种电磁波，目前使用的只有 9.5 MHz 和 2 450 MHz 两种，食物中的水分子是极性分子。在微波电场的作用下，水分子的极性随微波的改变而变化，从而导致介电损耗，产生热能。微波炉正是利用这一原理烹制食物的。

用微波炉烹制食物时，一般先将原料码放好后装入盛器，然后送入炉中加热。因微波遇到金属会被反射，所以用铝、铁、不锈钢等材料制作的盛器不能放入炉腔，而要用玻璃器皿（高温、耐热玻璃）、陶瓷器皿（带有金银饰线的或内壁涂有色彩的陶瓷器皿除外）等非金属制品作盛器。用微波炉烹制食物可保持食物原有的色、香、味和营养价值，而且省时、方便、卫生、节能，耗电量约为同功率普通电炉的 16%，而烹调速度比一般炉灶快 4 ~ 10 倍。微波对人体有危害，加热过程中微波炉必须密闭。

（3）电磁灶

电磁灶（图 3.2.13）是利用电磁感应加热烹制食物的一种新型炉具，其外形像一个方盒，表面是放锅的顶板，顶板内侧设有与锅相应的圆盘状感应线圈。当感应线圈通过 25 ~ 30 kHz 的交频电流时，便形成一个不断变化的交变磁场，磁力线穿过锅底产生感应电流，电流在克服锅体的内阻时使金属锅底发热，温度迅速升高，产生烹调所需的热能。

电磁灶在加热过程中没有明火，其热能只产生于锅的底部，加热时即使在顶板与锅体之间放一张纸也不会燃烧。电磁灶热效率高，控温准确，无明火，因而安全性能高，清洁卫生，使用方便。电磁灶使用的锅具必须用铁或不锈钢制成，并且应为平底，以增加与顶板的接触面而吸收更多的热能。

图 3.2.13　电磁灶

### 3.2.3 恒温设备

**1）发酵箱**

发酵箱又称醒发箱，是用来完成面坯发酵、醒发工作的设备。醒发箱型号大小不一，通常按能放入醒发箱内的烤盘数量的多少分为大、中、小3种类型。

（1）醒发箱的结构

醒发箱的整体大多是由不锈钢制成的，一般高为2 m左右，宽度不一，有放单排烤盘和双排烤盘之分，深度一般不足1 m，其结构由密封外框活动门［单门和双门（图3.2.14）］、不锈钢托架、电源控制开关、水槽温度控制器等组成。

（2）醒发箱的工作原理

醒发箱是靠电炉丝将水槽内的水加热蒸发，使面坯在一定的温度和湿度下充分发酵、膨胀。高级的发酵箱是中式面点生物膨松面团制品制作工艺中不可缺少的使用方便的设备，是生产包子、花卷等发酵制品的理想设备。

（3）醒发箱的日常保养

醒发箱要经常保持内外清洁，否则适宜的温度会使细菌滋生，不利于卫生。水槽要经常用除垢剂进行清洗。工作中如需加水要加热水。

图 3.2.14　双门发酵箱

**2）冰箱**

冰箱分为冷藏冰箱和冷冻冰箱两种。

（1）冰箱的使用要点

①冰箱内不可存放过量物品，一般来说，每10 L容积负担的食物质量不可超过1.5 kg，食物间要有10 cm以上的间隙，以利于箱内冷气对流。

②放入冰箱的食物应分类，并应经常清理，蔬菜、水果等在清洗后一定要将水分晾干或擦干才能放进冰箱。

③为了节省电力，热食物在放入冰箱前应在箱外自然冷却到室温，再放入冰箱。

④用玻璃瓶装的液体应放在箱门下层的瓶框内，切不可放入冷冻室，以免将瓶冻裂。

（2）冰箱的日常维护

①冰箱的日常维护比较简单，可用软布沾温水或中性洗净剂擦净箱体外壳和内壁，外壳还可以上一层上光蜡。

②内外表面严禁用热开水或苯、汽油、烯料等有机溶剂擦拭，也不可用水直接冲洗。

③对裸露在冰箱后部的机件，尤其是冷凝器和压缩机表面，应经常打扫和去尘。

④门封处要经常检查是否洁净，有无脏污，以免影响密封性。

⑤如短期内不使用冰箱，不必拔下电源插头，只要将温度控制器旋钮拨到"停"或"0"即可。

⑥临时停机时，需要等 3 ~ 5 min 后才可使机器运行；如长期放置不用，应拔下电源插头，化霜，清洗内胆，擦干后将门稍稍打开，避免留有气味。

（3）冷冻柜

冷冻柜是一种带有小型制冷装置的冷藏设备，不过不像电冰箱那样只有一个小的冷冻室，而是整个空间温度都可以调至冰点以下，柜内的容积比电冰箱大得多。冷冻柜有立式和卧式两种，一般为多门结构，有二门、四门和六门数种，通常用来存放馅心、酥皮和面点成品等。

## [ 任务拓展 ]

### 学会使用电饼铛做菜肉锅贴

菜肉锅贴是一道家常面点制品，它采用热水面团制皮包馅成形，通过煎的方式成熟，在成熟时可以选用电饼铛或煤气饼铛。电饼铛使用方便，便于掌握火候和时间；煤气饼铛成本低，需要操作人员具有丰富的操作经验判断成熟度。

一、实训器具及原料

（一）器具

小擀面杖、电饼或平底锅、大碗、刮板、馅匙子、铲子等。

（二）原料

（1）坯料：面粉 250 g，热水 125 g。

（2）馅料：猪肉 125 g，青菜 125 g，葱花 50 g，姜末 5 g，花椒面 1 g，酱油 25 g，猪油 30 g，精盐 2 g，味精 2 g，芝麻油 25 g，豆油或色拉油 15 g。

二、制作过程

（一）面坯的调制

面粉放在案板上，倒入热水烫匀，洒少许冷水揉成团，再摊晾，晾凉后揉匀稍醒。

（二）制馅

猪肉绞碎。青菜择洗干净切碎，挤干水分。猪肉馅中加入酱油、猪油、姜末、花椒面拌匀喂口，再加入清水顺一个方向搅拌至肉馅呈黏稠状，加入精盐、味精、葱花、芝麻油、青菜末拌匀成馅。

（三）成形

将面坯搓成长条，下成 25 个剂子，按扁，擀成圆皮，左手拿皮，右手抹馅，再用右手拇指和食指对折捏成有褶的月牙形饺子生坯。

（四）成熟

将饼铛预热或平底锅烧热，刷一层油后摆入生坯稍煎，待底部成黄色时，洒上水盖上锅盖稍焖，待水烧干时可再洒一次水，水将要干时，淋上少许油，火靠一会儿，熟时铲出，

底部朝上码入盘内即可。

[练习实践]

　　1. 练习使用蒸箱，掌握蒸箱的操作要点。
　　2. 用烤箱制作核桃酥，说明在用烤箱烤制时的注意事项。
　　3. 运用微波炉制作一道面点品种，写出制作过程和注意事项。
　　4. 学会整理冰箱。

# 任务3　设备和工具的保管与维护

[任务目标]

　　1. 理解设备和工具的保管和维护的基本原则。
　　2. 掌握面点实操室的安全操作常识。

[任务描述]

　　面点常用设备和工用具的种类较为复杂，要搞好各种机械、炉具及零星用具的保管。首先要重视维护，维即维修，护即护理。维护是行为，保管是目的。发现问题及时反映、上报并迅速解决，才能使生产（工作）正常运转。本任务主要阐述了面点常用设备和工具在使用过程中的注意点，以增强安全意识。

[任务实施]

### 3.3.1　面点设备、工具的使用与保养

　　1）设备用具要登记造册，分工负责，专人保管

　　常用的工用具、零星小件最容易散失和损坏，必须建立定期盘点和进、销、存制度，遇有损坏但能修理的要及时修理，不能修理的应及时增添补充。炉灶上和案台上的一切工具要做到定点放置、分类储放，同时必须在用完之后放回原处，不得乱丢乱放。

　　2）必须熟悉各种设备和工用具的性能、用途及操作要点

　　"一个不懂得操作的人亦是最容易损坏机械、炉具和用具的人。"因此上岗人员，应先学会和熟悉本岗的器械、炉灶、用具的使用和操作方法，并逐步达到熟练。没有懂得使用之前，不应盲目操作，以免发生事故或损坏机件，懂得操作的人要掌握操作规程，集中精神，做好工作。

　　3）检修、补充经常化

　　必须随时注意各种机械、炉具的状态。注意经常加油润滑，偶遇零件跌落，要妥善存

放，不要遗失，以便及时重装。损坏时要及时修理。不要无限时地开动机械，要间歇性进行机械保养。工作完成后要搞好清洁卫生，加上机罩，以防污染。使用机械之前，必须检视各部位的机件是否运转正常，然后才启用。各种零星用具，用完要清洁干净后才放回原处。不清洁的用具，到手总觉得油腻、粘连、有异味，这样最容易导致食品变质、变味，甚至会发生细菌传染，引发疾病和食品中毒。

4）建立、健全责任制

各种设备、用具的性质、结构不同，保管方法便各有差别。如切肉机、绞肉机、磨浆机、压面机等，用完后若清洁不彻底，碎屑、肉汁、浆尾等残留在机腔、拌桨、机刀缝隙，停留一夜便会产生细菌并且细菌会迅速繁殖，翌日如再生产（工作），这些细菌就会粘附在新加工的物料上，因此，常常发现新鲜加工的肉料、米浆、面团在短短的 2～3 h 内，便会出现发酸、发嗖、发霉等异象。不少制品人员，对此并不在意，甚至看成是小问题，追查食物品质变坏的原因时，也查不到这个小关节上。

刀具，特别是用于切剁肉类、蔬果的刀具，下班前应逐一将它清洗、磨擦一遍（用刀石磨擦），磨至刀刃锋利时，抹干水分并在刀身薄薄地上一层生油，然后放回刀架。灶头的用具也是如此，交班、下班前，应将所用过的工、用具逐一洗洁。

总之，维护、保管一切设备、工用具，必须按责任制严格执行，这样才能使生产正常运转、提高效率、减少损耗。

## 3.3.2　面点操作安全规程认知

1）用电安全

①要学习和熟练掌握各种机械设备的使用方法与操作标准，使用各种机械设备时应严格按操作规程进行操作，不得随意更改操作规程，严禁违章操作，设备一旦开始作业运转，操作人员不准随便离开现场。对电气设备高温作业的岗位，作业中应随时注意机器运转和油温的变化情况，发现意外及时停止作业，及时上报负责人，遇到故障不准随意拆卸设备，应及时报修，由专业人员进行维修。

②禁止使用湿抹布擦拭电源开关，严禁私自接电源，不准使用带故障的设备。

③操作室的带电设备设施如灶台、抽油烟机及管罩、电烤箱、搅拌机等，要定期进行清理，在清洗厨房时，不要将水喷洒到电开关处，以防止电器短路引起火灾。

2）消防安全

①掌握厨房内消防设施和灭火器材的安放位置与使用方法，经常对电源线路进行仔细检查，发现超负荷用电及电线老化现象要及时报修，并向企业汇报。

②一旦发生火灾，应迅速拨打火警电话并简要说明起火位置，尽量设法灭火，并根据火情组织引导员工安全撤离现场。

③使用燃气灶时要用点火棒点火，禁止先打开燃气自然火开关后点火。

④使用热油炸点心时，注意控制油温，防止油锅着火。

⑤在正常工作期间，操作室各出口的门不得上锁，保持畅通。

[ 任务拓展 ]

学做鸳鸯馅饺子

这是一道常用在喜宴上的面点制品，用冷水面坯分别包鲜猪肉馅和牛肉馅，用煮的方式成熟，馅心鲜嫩，饱含汤汁，味香醇厚，在制作中学会使用擀面杖制皮，做好案台的保洁工作；学会使用蒸煮灶等设备。

一、实训食材

富强粉 500 g，鲜猪肉 250 g，鲜牛肉 250 g，葱花 15 g，姜末 5 g，花生油 10 g，香油 5 g，面酱 5 g，味精 5 g，酱油 50 g，猪骨汤 350 ~ 400 g，花椒、大料、水、精盐各适量；醋、辣椒油、蒜泥、味精各适量。

二、制作过程

（1）馅心制作

鲜猪肉、鲜牛肉分别剔去筋膜，洗净，均剁成末放入盆中，逐渐地向肉末中加入猪骨汤和花椒、大料、水，边加边顺着一个方向搅成黏稠状、上劲，再加面酱、葱花、姜末、酱油、味精、精盐、香油，搅拌均匀，即成馅料。

（2）面坯调制与成形

富强粉加入少许精盐和清水，拌匀和成面坯，反复搓揉，盖上湿布醒面片刻，在案板上再稍揉几下，搓成长条，揪成小面剂，再擀成中间稍厚的圆形面皮。将馅料放入面皮里，包捏成饺子生坯。

（3）熟制

锅置旺火上，水沸后下入饺子生坯，用漏勺沿着锅底轻轻推动饺坯上浮水面。水沸时点两次凉水，再烧沸即熟。

[ 练习实践 ]

1. 理解"一个不懂得操作的人亦是最容易损坏机械、炉具和用具的人"。

2. 举例说明如何做好面点常用工具的保养。

3. 试试制定厨房保养面点工具和设备的制度。

# 单元4

# 面坯调制工艺

[单元目标]

1. 熟悉面坯分类及其在面点制作中的重要作用。
2. 理解面坯形成和调制的基本原理。
3. 掌握常用面坯的调制工艺。

[单元介绍]

面坯的调制是面点工艺中科学技术含量最高的一个组成部分。行业中"点心入门先调面"指的就是制坯的加工技术。面坯调制工艺是指将主要原料与调辅料等配合,采用调制工艺使之适合于各式面点加工需要的面坯的过程。

面坯是指用各种粮食的粉料(有时也用粒料)或其他原料,用水或油、蛋液、糖浆、乳液等作介质,经过手工或机械的调制制作面点半成品或成品的坯料的总称,常见的形态有团状、糊状、浆状、粉状、粒状等。

因面点品种要求不同,食材性质不同,不同面坯所需调制工艺的内容也不相同,有的只需经一两次基本工艺操作就能完成,有的需三四次或更多次的工艺操作才能完成。面坯经过多次工序加工形成的即将进入熟制前的形态称为生坯。将整块或大块的面团按照品种制作的规格要求,分割成一定量大小的形态称为坯子。面坯成形过程中所需要的操作技能和技术,称为面坯调制工艺技术。

本单元结合教学和饮食业的实际需要,以水调面坯、膨松面坯、层酥面坯、米粉面坯及其他面坯为主线,介绍其具体的成团原理、调制工艺、调制要点。

# 任务1 水调面坯调制工艺

[任务目标]

1. 理解水调面坯形成和调制的基本原理。
2. 掌握常用水调面坯的调制工艺。

[任务描述]

水调面坯俗称水调面团或死面、呆面，它是指不经过发酵而用水与面粉直接拌和、揉搓而成的面坯。根据面坯调制时所用水温不同，水调性面坯又可分为3种：冷水面坯25 ℃左右、温水面坯60 ℃左右、热水面坯90 ℃左右。都是用清水和面粉调制而成的，但3种面团的特性不同，这主要是由于在不同水温的作用下，面粉中的蛋白质、淀粉发生了不同的物理化学变化所致。本任务从水调面坯的成团原理和调制工艺展开学习。

[任务实施]

## 4.1.1 水调面坯性质形成的基本原理

1）淀粉的物理性质及其变化过程

面粉中的淀粉有直链淀粉和支链淀粉，它们不溶于冷水，但能与水结合，支链淀粉有明显的受热糊化、颗粒膨胀的性质。

实验表明，淀粉颗粒在常温下基本无变化，吸水率低，不溶于水，大体保持硬粒状态。淀粉颗粒在水温30 ℃时可结合30%的水，颗粒不膨胀，大体上仍保持硬粒状态。

淀粉颗粒在水温50 ℃左右时，吸水和膨胀率仍然很低，黏度变动不大。在53 ℃以上的水温时，淀粉出现溶于水的膨胀糊化。当水温在60 ℃以上时，淀粉粒比常温下大好几倍，吸水率增大，黏性增强，部分溶于水，进入糊化阶段。当水温为67.5 ~ 80 ℃时，淀粉大量溶于水，此时的直链淀粉扩散成为有黏性的溶胶体，而支链淀粉仍以淀粉残留形式保留在水中。当水温进一步升高达100 ℃并加以搅拌时，支链淀粉可形成稳定的黏稠胶体溶液。淀粉的这种在高温下溶胀、形成溶胶的特性，称为淀粉的糊化。

由此可见，面坯的黏性由淀粉决定，淀粉的黏性是随着水温的升高而逐渐增加的。

2）蛋白质的物理性质及其变化过程

面粉中的蛋白质是麦胶蛋白和麦谷蛋白。它们遇水膨胀形成面筋，具有受热变性、使结合水的能力下降的性质。

实验表明，面筋蛋白质具有在常温下不发生热变性、吸水率高的特性。水温30 ℃时可结合水分150%左右，经揉搓可形成柔软而有弹性的面筋；当水温在60 ~ 70 ℃时，面筋蛋白质开始热变性，并逐渐凝固，筋力下降，弹性和延伸性减退。这种热变性随水温的升高而加快。

由此可见，蛋白质决定面坯的弹性、韧性和延伸性。蛋白质的热变性是随着水温的升高而增加的。

综上所述，淀粉和蛋白质在水温作用下发生变化的性质是水调面坯性质变化的理论依据。在冷水面坯中，主要是蛋白质的性质起作用；在热水面坯中，主要是淀粉的性质起作用；而在温水面坯中，蛋白质和淀粉的性质同时起作用。

### 4.1.2　冷水面坯调制工艺

冷水面坯指用面粉和 30 ℃以下的水调制而成的面团。冷水面坯的特点：色白，筋力足，拉力大，富有弹性、韧性和延伸性；熟制后质感硬实，吃口爽滑，有咬劲（俗称筋道），食后耐饥。根据面坯中加水量的不同，冷水面坯又可分为硬面坯、软面坯、糊浆面坯 3 种，其物理性质略有区别，用途也各不相同（图 4.1.1）。

图 4.1.1　冷水坯制品——手擀面

1）配方及用途

冷水面坯配方见表 4.1.1。

表 4.1.1　冷水面坯配方　　　　　　　　　　　　　　单位：g

| 面坯 | 面粉 | 水 | 用途 |
| --- | --- | --- | --- |
| 硬面坯 | 500 | 175 ~ 225 | 手擀面、水饺、馄饨等 |
| 软面坯 | 500 | 250 ~ 300 | 抻面、馅饼等 |
| 糊浆面坯 | 500 | 350 ~ 450 | 春卷皮、拨鱼面等 |

注：根据具体品种的需要也可适量添加鸡蛋、盐、碱等（如加蛋液则要适当减少水的用量）。

2）工艺流程

面粉、辅料、冷水→和面→醒面→调面→醒面→成团

3）调制方法

（1）硬面坯和软面坯的调制方法

采用调和法的和面方法，将面粉放于案板上，中间挖一坑形，掺入适量的水等辅料后将粉和水调拌成雪花片状，再添加少量的水调匀，盖上湿布，适当醒面后，用揉、捣等调面方法反复调制，并继续适当醒面而成。

（2）糊浆面坯的调制方法

采用拌和法的和面方法，将面粉放于盆中，加入适量的水等辅料后将粉和水调拌均匀，适当醒面后，边逐步加水边用摔、捣等调面方法反复调制，并继续适当醒面而成。

4）调制工艺要点

（1）控制水温

温度的不同能影响面筋的生成量。一般地说，30 ℃时最利于面筋蛋白质吸水形成面筋。因此在冬季气温低时可用微温的水（40 ℃以下）；在夏季如气温过高，可适量掺入冰水来降低水温，还可适当掺入少量的盐，因为食盐能增强面筋的强度弹力，并促进面坯组织致密。

（2）掌握加水量

加水的量要根据成品需要而定，同时要考虑面粉质量、气温、湿度等因素灵活掌握。如面粉加水调制成团后发现其软硬不符，此时再进行掺粉或掺水不仅会影响面团的质量，还会浪费时间和人力。因此，调制时可根据品种的配方要求进行称量加水，正确掌握掺水的比例，以确保面团的软硬适度。

（3）分次掺水

为防止和面加水时因粉料一次吸不进而出现外溢的现象，也便于面团中面筋蛋白质的形成，一般需要分 2 ~ 3 次加水，第一次掺水量占总水量的 70% ~ 80%，第二次占总水量的 20% ~ 30%。

（4）反复调匀

使劲揉搓是调制冷水面坯的一个重要关键。通过采用揉、捣、揣、摔等调面方法，可使各种原料混合均匀，加速面粉中的蛋白质与水的结合而形成致密的面筋网络，成为光滑、有筋性的面坯，使面筋组织扩展。如调面时间短，没有扩展的面筋由于蛋白质结构不规则，使面坯缺乏弹性。而经过反复充分的调面，由于蛋白质结构得到规则伸展，面坯具有良好的弹性、韧性和延伸性。但调面的时间也不是越长越好，时间过长可使面筋衰竭、老化，弹性和韧性降低。调面开始时，因水分没有全部吸收，用力要轻一些；待水分被吸收、面筋胀润联结时，用力就要加重。同时，要顺着一个方向，不能随意改变，否则面坯内形成的面筋网络就被破坏。

（5）静置醒面

面坯在调制过程中和调制好后，应将其放于案板上或盆中，并盖上洁净的湿布静置一段时间。醒面是保证冷水面坯质量的一个重要环节。醒面不但能使面团内未吸足水分的粉粒有一个充分吸收水分的时间，而且使没有伸展的面筋得到进一步有规则的伸展，能更好地生成面筋网络组织，提高弹性和光滑度，还能使处于紧张状态的面筋组织得到松弛缓和，增加其延伸性。醒面时间视面团的要求而定，长短要恰到好处，过长过短都会影响面团的质量。醒面时必须加盖湿布，以免风吹后发生结皮现象。

## 4.1.3 温水面坯调制工艺

温水面坯，指用面粉和 50 ~ 60 ℃的水调制而成的面团（图 4.1.2）。温水面坯的特点：颜色较白，面筋组织较丰富，柔中有劲，筋性适中，有一定的韧性和延伸性，可塑性较好，成品容易成形，熟制后不易走样等。根据品种的要求不同，实际工作中也有的是先各自调制一块冷水面坯和一块热水面坯，再将两块面坯进行复合，最终成为一块面坯，这就是行业上说的"二生面""三生面""四生面"等。三生面是指将三成面粉用冷水调制成团，再将七成面粉用热水调制成团，最后再将这两块面团复合调匀而成。

图 4.1.2　温水面坯——四喜蒸饺

1）配方及用途

温水面坯的配方见表 4.1.2。

表 4.1.2　温水面坯配方　　　　　　　　　　　　　　　　　单位：g

| 面坯 | 面粉 | | 水 | | 用途 |
|---|---|---|---|---|---|
| 温水面坯 | 500 | | 225～300 | | 四喜蒸饺、小笼、饼类等 |
| 三生面 | 150 | 350 | 冷水 75 | 热水 200 | 春饼等 |
| 四生面 | 200 | 300 | 冷水 100 | 热水 160 | 锅贴等 |

2）工艺流程

面粉、温水➡和面➡散热、醒面➡调面➡醒面➡成坯

或：

面粉、冷水➡和面➡醒面➡调面 ⎫
面粉、热水➡和面➡散热➡调面 ⎭ ➡掺和➡调面➡醒面➡成坯

3）调制方法

（1）全温水调制法

将面粉放于案板上，中间挖一坑形，掺入适量的温水迅速调拌成雪花片状，再添加少量的水调匀，适当散热（将和好后的面团分成小块摊开并晾凉）并醒面后，用揉的调面方法反复调制，并继续适当醒面而成。

（2）半烫面法

一半面粉用沸水烫面，另一半用冷水和面，然后将两者掺和在一起揉成面坯。

4）调制工艺要点

（1）水温要准确

水温不能过高或过低。水温过高会引起淀粉大量糊化及蛋白质的明显变性，造成面团筋性太弱、黏性过强的现象，达不到温水面团的性质要求；水温过低则淀粉不膨胀、不糊化，蛋白质不变性，面团筋性过强，也达不到温水面团的性质要求。具体水温的掌握要根据品种的不同要求，以及气温、粉温的影响来灵活控制。如同样是温水面坯，小笼包面坯的水温比花式蒸饺面坯的稍低一些，目的是确保在小笼包的提捏成形时坯皮的花纹清晰不破。

（2）水量要准确

加水量的多少要根据品种的要求而定，同时要考虑水温、气温等因素的影响，使调制后的面坯软硬合适。一般来说，同样软硬的面坯，水温升高时由于面粉的吸水量增大，添

加的水量应适当多些，反之则减少。

（3）和面的速度要快

特别在冬季，气温低，水温下降快，为使调制的面坯符合要求，操作时的动作要迅速。

（4）必须散去面坯内的热气

因为用温水调成的面坯中会有一定的热度，如热气郁集在面坯内时间过长，会使淀粉继续膨胀、糊化，面坯会逐渐变软、变稀，甚至粘手，成品在成形后表面粗糙、易结壳。因此，面坯和好后，应将其摊开或切成小块后晾凉，使面坯中的热气散去，淀粉不再继续糊化，待基本冷却后再揉和成坯。

（5）适当醒面

为使面坯中未变性的蛋白质充分吸水形成面筋，便于面坯调制达到光滑的要求，温水面坯也应适当醒面，并盖上湿布。

### 4.1.4 热水面坯调制工艺

热水面坯，又称烫面、开水坯，指用面粉和90 ℃以上的热水调制而成的面坯（图4.1.3）。热水面坯的特点：面坯色泽较暗，柔软，筋力小，韧性差，黏度大，可塑性较强，熟制后成品呈半透明状，吃口柔糯、细腻。根据成品的要求不同，水温的高低及面团受热的程度也有所不同。

图 4.1.3 热水面坯——烧卖

1）配方及用途

热水面坯的配方见表4.1.3。

表 4.1.3 热水面坯配方　　　　单位：g

| 面坯 | 面粉 | 水 | 用途 |
|---|---|---|---|
| 热水面坯（烫面） | 500 | 300 ~ 400 | 烧卖、烫面饺等 |
| 热水面坯（焯面） | 500 | 450 ~ 600 | 炸糕等 |

根据品种的需要，在调制面团时，有的需要加入少量的油、糖等辅料，这样可使调制好的面坯更加细腻、滋润，能更好地体现热水面坯制品的口感特色。

2）工艺流程

辅料↓　　}→烫面→散热（洒冷水）→调面→成坯
面粉、热水

或面粉、开水→焯面→散热（洒冷水）→调面→成坯

3）调制方法

采用搅和法的和面方法。一般可分为两种情况：一种是将面粉放于盆中，中间挖一坑形，边掺适量的热水边迅速调拌均匀，行业上称"烫面"；另一种是将面粉倒入烧开水的锅中，边加热边调拌均匀，行业上称"焊面"。将和好后的面团分成小块摊开并晾凉，最后洒上少许冷水，采用擦和揉的调面方法调制成坯。一般要求调匀即可，并盖上湿布即成。

4）调制工艺要点

（1）加水量要准确

因淀粉受热粉糊化会大量吸水，故热水面坯中的加水量一般比冷水、温水面坯的量多。同时，为保证面坯质量，在调制过程中应一次性将水加完、加足，不能在成团后调整。因为成团后如发现面坯太硬，补加热水就很难将水加入揉匀；如发现太软，重新掺粉就会造成粉料"生熟不匀"，影响面坯的性质与口感。

（2）热水要浇匀

调制面坯时，应边加水边搅拌或边加粉边搅拌。做到水浇完，面和起；粉调匀，面成团。这样可使面粉中的淀粉均匀地吸水膨胀、糊化，蛋白质也能充分地变性。特别在冬季，搅拌动作要快，才能使面坯均匀烫熟。同时，面粉应预先过筛，避免面坯中夹杂生粉粒。

（3）洒上冷水成坯

热水面坯在调面过程中，应在揉、擦的同时均匀洒上少许冷水，采用"扎面"方法成坯。这样的面坯制成成品后糯性更好，爽口而不粘牙。但应注意，一般的热水面坯只要揉匀即可，不可反复调制，防止增劲，影响烫面的特点。

（4）散去面坯中的热气

一般的热水面坯调制时，要将面坯摊开或切块散发热气，经晾透后才能进行揉团，这样可防止成品表皮干裂及吃口粘牙。

## [ 任务评价 ]

| 学生本人 | 量化标准（20分） | 自评得分 |
|---|---|---|
| 成果 | 学习目标达成，侧重于"应知""应会"<br>优秀：16～20分；良好：12～15分 | |
| 学生个人 | 量化标准（30分） | 互评得分 |
| 成果 | 协助组长开展活动，合作完成任务，代表小组汇报 | |
| 学习小组 | 量化标准（50分） | 师评得分 |
| 成果 | 完成任务的质量，成果展示的内容与表达<br>优秀：40～50分，良好：30～39分 | |
| 总分 | | |

## [ 任务拓展 ]

运用冷水面团、温水面团、热水面团制作面食。

1.学做刀削面

刀削面的面团属于水调硬面团，是山西面食中的常见面条制品。清代《素食说略》中

就指出其技术要领："削面，面和硬，须多揉，愈揉愈佳。"

（1）原料

面粉 500 g，水 175 g。

（2）制作方法

将面粉加水（冬天可加温水，夏季可加适量的盐）和成面团，反复搓揉成表面光滑、细腻、硬实的面团，稍醒。将面团揉成前端较小、尾部较大的长圆柱形，左手与胳膊端平托住面团，右手持特制的削面用的弯形钢刀，顺着面团平面快速将面团削成长形面片，直接飞入沸水锅中煮熟，捞起调味或配上浇头或打卤食用。

（3）品质要求

面片厚薄、大小基本一致，口感坚韧有筋力。

2. 学做糯米烧卖

糯米烧卖是长江下游地区的常食面点，采用烫面皮包糯米馅蒸熟而成，具有皮薄馅足的特点。

（1）原料

上白面粉 100 g，糯米馅心 350 g。

（2）制作方法

糯米淘洗干净，浸泡透，沥干水分，上笼蒸熟，然后用猪油或素油拌和，加入精盐、味精和适量酱油及细葱姜末调好味，拌匀即成糯米馅心。上白面粉 100 g，用沸水 30 mL 烫成雪花状面块，再加冷水 10 mL 揉匀成面团。面团揉条，分成 10 个剂子，逐一擀成中间厚、边缘薄的荷叶形坯皮（直径约 8 cm）。在每张坯皮上挑入馅心 35 g，收拢成形。烧卖生坯置笼屉中，在沸水足汽的水锅上蒸制 5 min 成熟即可。

（3）品质要求

皮薄馅足，咸鲜滋润。

3. 学做虾肉冠顶蒸饺

虾肉冠顶蒸饺采用温水面团制皮，包入虾肉馅成冠顶状，蒸制而成。成品具有色泽洁白、花纹清晰、口味咸鲜的特点。

（1）原料

面粉 500 g、温水 280 g、虾肉馅 300 g。

（2）制作方法

将面粉放入盆内，加 60 ℃温水，用面杖搅和均匀。案子表面刷油，将温水面置于案子上，揉和成团，将面团撕成小块，散尽热气，再揉匀成面坯，表面刷油，静置饧面。将面坯搓成长条，下成等大的剂子 50 个。将剂子按扁，用面杖擀成边薄中间厚、直径约 9 cm 的圆皮备用。将圆皮折起三面，叠捏成三角形，翻过来，用馅尺把虾肉馅心 10 g 放在三角的中心，然后用手提起三个角，相邻两边捏住成为立体三角形，再把压在下面的三个边向外、向上翻平即成冠顶蒸饺生坯。用花镊子将边钳出花边，进行装饰。笼屉刷油，将生坯摆入笼屉内，大火蒸 7 min 即熟。

（3）品质要求

色泽净白，口味咸鲜，钳花清晰，呈立体三角形。

[ 练习实践 ]

1. 理解三生面的含义，并试着在 10 min 内调制一块 500 g 的三生面，要求面团软硬适中，比较三生面和冷水面团的色泽、韧性差别。

2. 行业上的"焊面"是采用将面粉倒入烧开水的锅中，边加热边调拌均匀的一种调面方法。查找采用"焊面"可以制作哪些点心，和西点的泡芙面团有何不同。

3. 参考鲜虾冠顶蒸饺的制作方法试做一品饺、知了饺、桃饺等花色蒸饺。

# 任务2 膨松面坯调制工艺

[ 任务目标 ]

1. 理解膨松面坯形成和调制的基本原理。
2. 掌握不同种类的膨松面坯的调制工艺。

[ 任务描述 ]

中式面点的膨松面坯俗称膨松性面团，从膨松机理上可以分为生物膨松、化学膨松和物理膨松三大类。生物膨松即平常所说的发酵，因面坯内含有酵母，利用酵母菌的繁殖发酵产生气体，使面坯膨松。这种工艺方法称为酵母膨松法。这一类面坯的主料大多为小麦面粉，另外富含直链淀粉的籼米粉也可以调制发酵面坯。

化学膨松是指在面坯调制中加入某些受热时易分解产生气体的化学物质，在熟制阶段因焙烤或油炸，这些化学物质分解产生气体，使面坯起发、体积胀大，制品内部形成均匀致密的海绵状多孔构造，因而具有酥脆、疏（酥）松或柔软等特征口感。

物理膨松法，又叫机械力胀发法，俗称调搅法。面坯原料具有胶体性质，经过物理搅拌可以裹进大量的气体，使面坯膨松。如利用鸡蛋或油脂作调搅介质，通过高速搅拌，然后加入面粉搅成蛋糊形成蛋糊面团，使其制品成熟时形成蓬松柔软特性的方法。

[ 任务实施 ]

## 4.2.1 生物膨松面坯概述

### 1）生物膨松面坯的种类

生物膨松面坯按酵母菌的来源不同，可分酵母发酵面坯和酵种发酵面坯。酵母发酵面坯是面粉与纯酵母菌（干酵母或鲜酵母）、水及其他辅料等调制而成的面团，因其不含杂菌，调制相对方便。酵种发酵面坯是面粉与酵种（也称老面、面肥）、水等调制而成的面坯，因其含有多种杂菌，故发酵后的面团有酸味，需用碱中和去酸，调制相对较复杂，为我国传统的发酵工艺。生物膨松面坯具有体积膨松、富有弹性、有轻微酒香味、营养丰富、制作成品口感暄软、风味独特等特点（图 4.2.1）。

图 4.2.1　生物膨松制品——土豆包

发酵面坯根据面团的调制方法及发酵程度的不同，可分为大酵面、嫩酵面、戗酵面、碰酵面、开花酵面等。

（1）大酵面

大酵面也称全酵面，指成团后一次发足了的面团，即发酵成熟的面团。这种面团用途广泛，制作的成品膨松程度好、柔软、易消化，适合制作馒头、花卷、大包等。采用酵母发酵法或酵种发酵法均可调制。

（2）嫩酵面

嫩酵面也称小酵面，指没有发足的面团，发酵时间相对较短，约为大酵面的 1/2 或 1/3，面团仍带有一些韧性，弹性较好。适宜制作带汤汁的软馅品种，如生煎馒头、小笼包等。采用酵母发酵法或酵种发酵法均可调制。

（3）戗酵面

它是在对好碱的大酵面的基础上戗入一定量的干面粉（占 30% ~ 40%）调制成的面团。制作的成品洁白、松软、有层次、口感绵韧，适合制作千层馒头、高桩馒头等。一般采用酵种发酵法调制。

（4）碰酵面

它的性质与大酵面相同，是大酵面的一种快速调制法，采用较多的酵种和面粉、水、碱等混合而成的面团，一般不需要发酵，面团调制好后可直接成形、熟制。采用酵种发酵法调制。

（5）开花酵面

调制面团时酵种用量较多，掺入一定量的面粉后发酵时间略长（发酵稍有过头），酸碱中和时加入适量白糖、饴糖和猪油调匀而成。熟制后制品表面自然开花，如开花馒头、叉烧包等。采用酵种发酵法调制。

2）面坯膨松必须具备的条件

面坯膨松必须具备两个最基本的条件：一个是产生气体的能力——产气性；另一个是保持气体的能力，面坯内的蛋白质必须是吸水后可以形成面筋质的蛋白质，利用面筋网络的延伸性包住面坯内产生的气体，使之不易散失，从而使面坯体积增大、膨松。

3）生物膨松面坯性质形成的原理

生物膨松面坯性质的形成，实际上是酵母、淀粉、蛋白质在适当温度、湿度条件下共同作用的结果。

（1）发酵中淀粉的变化

酵母在发酵中只能利用单糖。在面坯中单糖的来源有两个：一个是淀粉经一系列水解成为葡萄糖；另一个是在调粉时加入的蔗糖，经转化酶水解成为转化糖。

在面坯发酵中，由淀粉经一系列酶分解成单糖供酵母利用的过程是经过两个步骤完成的。淀粉先在淀粉酶的作用下水解成麦芽糖（双糖），再在麦芽糖酶的作用下水解成葡萄糖（单糖）。这一系列过程的化学反应式如下：

$$(C_6H_{10}O_5)_n \ + \ nH_2O \ \rightarrow \ nC_{12}H_{22}O_{11}$$
淀粉　　　　　水　　　　麦芽糖

$$C_{12}H_{22}O_{11} \ + \ H_2O \ \rightarrow \ C_6H_{12}O_6$$
双糖　　　　水　　　单糖

单糖是酵母菌繁殖所需要的养分。

调粉时加入的蔗糖，在酵母中的转化酶和麦芽糖酶的作用下，也水解成单糖，它有利于面坯的发酵。

面坯发酵中所积累的气体也有两个来源：一是酵母的呼吸作用；另一个是酒精发酵。面坯发酵初期，在养分和氧气供应充足的条件下，酵母的生命活动旺盛，进行着有氧呼吸。这一过程的化学反应式如下：

$$C_6H_{12}O_6 \ + \ O_2 \ \rightarrow \ CO_2 \ + \ H_2O \ + \ Q$$
单糖　　氧气　　二氧化碳　水　　热

呼吸热是酵母所需热能的主要来源。随着呼吸作用的进行，二氧化碳逐渐增多，面坯体积逐渐膨大，氧气逐渐稀薄。在氧气减少的情况下，酵母的有氧呼吸逐渐变为无氧呼吸，即酒精发酵。这是使面坯膨胀所需气体的另一来源。酒精发酵过程的化学反应式如下：

$$C_6H_{12}O_6 \ \rightarrow \ C_2H_5OH \ + \ CO_2 \ + \ Q$$
单糖　　　　酒精　　二氧化碳　热

酒精发酵是面坯发酵的主要过程，特别是在发酵后期这个过程进行得十分旺盛。由于单糖完全氧化，因此放出的 $CO_2$ 和热量都比无氧呼吸多得多，因此面团的孔隙率增大、温度升高，产生的水分也使发酵后的面团变软。从理论上讲，面粉发酵过程中，有氧呼吸和无氧呼吸的途径是不同的。但实际上，两种呼吸往往同时存在，不过在不同的发酵阶段所起的作用不同。

（2）发酵中面坯酸度的变化

随着发酵作用的进行，面坯也会发生其他的生化过程，如乳酸菌、醋酸菌发酵，使面坯的酸度增高。这一系列过程的化学反应式如下：

$$C_6H_{12}O_6 \ \rightarrow \ C_3H_6O_3 \ + \ Q$$
单糖　　　乳酸　　热

$$C_2H_5OH \ + \ O_2 \ \rightarrow \ CH_3COOH \ + \ H_2O \ + \ Q$$
酒精　　氧气　　　醋酸　　水　　热

乳酸发酵在面坯发酵中经常产生。面坯中酸度60%的来源是乳酸，其次是醋酸。乳酸的积累虽然增加了面坯的酸度，但它与发酵中产生的酒精发生酯化反应，使面坯带有酒香味和酯香味。醋酸发酵会给面坯带来刺激性酸味和恶臭味，使面坯质量下降。

面肥是含有酵母菌的面头，除了含有酵母菌以外，还含有醋酸菌和乳酸菌等杂菌，酵母菌在发酵的同时，面肥中的杂菌也在发酵，所以面肥发酵与酵母发酵最大的不同是杂菌的繁殖与气体产生同时进行。当面坯产生大量的气体时，杂菌也大量繁殖，并分泌氧化酶，氧化酶将单糖产生的一些稀薄酒精变为醋酸，因此面坯产生了较多的酸味。面坯发酵的时间越长，酸味也就越浓。所以采用面肥发酵面坯，必须兑碱去酸。

（3）兑碱去酸

发酵面团在发酵过程中酸度逐渐增加，通常面团在发酵前的 pH 值为 6.0 左右，发酵成熟后下降到 5.0 左右，低于 5.0 便是发酵过度。酸度增加的原因一为醋酸发酵生成醋酸，二为乳酸发酵生成乳酸。醇和酸之间的酯化反应生成酯类；某些不饱和化合物在脂肪酶和氧气的作用下生成醛、酮等羰基化合物。小分子的醇、酸、酯、醛、酮等都具有挥发性，从而使发酵制品产生特殊的风味。

面坯中强烈的酸味，一般采用兑碱的方法去除。碱（$Na_2CO_3$）是食品工业常用的食用碱——碳酸钠，它与面坯中杂菌产生的酸中和，生成醋酸钠、二氧化碳和水。这一系列过程的化学反应式如下：

$$CH_3COOH + Na_2CO_3 \rightarrow CH_3COONa + H_2O + CO_2$$
醋酸　　　　碳酸钠　　　　醋酸钠　　　水　　二氧化碳

（4）发酵中面筋蛋白质的变化

面团调制时，由于面筋网络的形成，糖类物质发酵所产生的 $CO_2$ 气体便充斥在面筋网络中，随着气体的增加，面筋组织便受到拉伸。如果发酵时间合适，面团发酵的程度也就正好合适；倘若发酵过度，气体太多，面筋就可能被胀断，网络结构受到破坏，从而影响制品质量。另外，蛋白质在酶的作用下也能产生氨基酸，进一步增强风味。

面粉中的蛋白质在面坯形成中逐渐吸收水分形成面筋。随着面坯饧发时间的延长，面筋的筋力也逐渐加强。与此同时，面坯在有氧呼吸和无氧呼吸中产生的大量气体聚积在面坯组织内部，充满面坯组织并被面筋所包裹。随着二氧化碳的不断增多，面筋包裹着 $CO_2$ 气体使面坯的体积也越来越大，面坯形成疏松、多孔、膨大的海绵状组织结构。这就是生物膨松面坯性质形成的基本原理。

4）影响生物膨松面坯质量的因素

（1）温度的影响

温度是影响酵母菌活动的主要因素。酵母在面坯发酵过程中最适合的温度一般为 25 ~ 30 ℃。这是因为酵母菌在 0 ℃ 以下丧失活动能力，15 ℃ 以下繁殖缓慢，在 30 ℃ 左右繁殖最好，发酵速度也最快，温度超过 60 ℃ 时酵母菌死亡，面坯发酵也将停止。可见面坯发酵的温度过高、过低都不利于面坯的发酵，掌握面坯的发酵温度，一般是根据气温的变化和发酵所需的温度加以控制。四季气候不同，调面时水的温度也可适当调节，如夏季用冷水，春秋季用温水，冬季用温热水，但要注意，不能用 60 ℃ 以上的热水，更不能用沸水。在冬季较冷时，可将面坯放在 28 ~ 30 ℃ 的醒发箱中发酵，以保证面坯的发酵质量。

（2）酵母的影响

①酵母发酵力。在面坯发酵时，酵母发酵力的高低对面坯发酵的质量有很大影响。如果使用发酵力低的酵母，将会引起面坯发酵迟缓，从而造成面坯发酵度不足，成品膨松度不够。

②酵母的用量。在一般情况下，增加酵母用量可以促进面坯发酵速度；反之，减少酵母

用量，面坯发酵速度就会显著减慢。但是，加入酵母的数量过多时，它们的繁殖率反而下降，因此，调制发酵面坯添加酵母的数量，应根据需用酵面时间的长短、酵母的性质、气候的冷暖、制品的特点、要求等灵活掌握。一般情况下，用量以 1% ~ 2% 为宜。面肥用量一般都凭实践经验掌握。

（3）面粉的影响

面粉的影响主要是面筋和酶对面坯质量的影响。

①面筋的影响。面筋是决定面坯保持气体能力的重要因素。在面坯发酵时，用含有强力面筋的面粉调制成的面坯能保持大量的气体而不逸出，使面坯膨胀而成为海绵状结构；如果使用的面粉含有弱力面筋时，在面坯发酵时所生成的大量气体不能保持而逸出，容易造成制品塌陷，影响成品质量。但筋力过大，对气体的产生起着抑制作用，影响面坯的发酵力。

因此说，调制酵母发酵面坯所选用的粉料，含有面筋蛋白质的数量多或少都不适用，应以面筋蛋白质含量适中，调出的面坯筋力柔顺，既易被气体胀大，又能充分达到保持气体存在的粉料为佳。

②糖类及淀粉酶的影响。调制发酵面坯所选用的粉料，必须同时含有足量糖淀粉和活性较高的淀粉酶，因为在面坯发酵过程中，酵母所需的养料是糖，更多的糖是通过糖淀粉分解得来的。而面坯内的糖淀粉必须在淀粉酶的作用下才能进行分解而生成糖。天然存在的淀粉酶首先为酵母提供发酵的糖源，其次增加了面粉的吸水率，使面团松软，有利于酵母生长繁殖和面团发酵。

如果面粉变质或经高温处理，都将使淀粉酶受到损失，降低面粉的糖化能力，就不能迅速提供酵母所需糖源而影响面坯的正常发酵。

（4）加水量的影响

发酵面坯含水量的多少，也影响其发酵力，在一定范围内，面坯中加入的水量越多，酵母的芽孢增长率越快，反之，则越慢。在正常情况下，含水量大的面坯，酵母增长率高，同时因面坯较软，容易因二氧化碳而膨胀，从而加快了面坯的发酵速度，发酵时间短，但产生的气体容易散失；含水量小的面坯，酵母增长率低，同时面坯较硬，对气体的抵抗能力较强，从而抑制了面坯的发酵速度，但能防止二氧化碳的散失。由于加水量的大小直接影响面坯的发酵速度，因此和面时要根据面粉性质、颗粒大小、制作要求和气温来恰当掌握加水量。

①面粉中蛋白质含量不同，面粉的吸水能力也不同，面粉的吸水率一般在 60% ~ 70% 为宜，国产面粉吸水率为 50.2% ~ 70.5%。具体情况见表 4.2.1。

表 4.2.1　不同种类的面粉吸水率

| 面粉种类 | 蛋白质含量 /% | 吸水率 /% |
|---|---|---|
| 软质小麦面粉 | 11.00 | 47.8 |
| 硬质小麦面粉 | 18.15 | 51.8 |

一般硬质小麦磨出的面粉吸水率高，软质小麦磨出的面粉吸水率低。从表 4.2.1 中可以

看出，面粉中蛋白质含量高的吸水能力强，反之，其吸水能力就弱。所以在调制面坯时，一般可根据测定面粉中面筋的含量来决定水的加入量。

②面粉的颗粒大小对吸水速度也有影响。颗粒大的面粉其表面积小，与水接触的总表面积也小，在单位时间内的吸水量小；反之，颗粒小的面粉其总面积大，和水接触的面积也大，在单位时间内的吸水量大。

③一般新麦磨的面粉含水量大，吸水力差，应少掺些水；陈粉比较干，可多掺些水；冬天干燥，掺水量要多一些；夏季潮湿，掺水量应减少。因面坯中所含的糖、油等成分会限制面粉中的蛋白质胀润，降低面粉的吸水能力，因此这种面坯的加水量就要小一些。

（5）发酵时间的影响

在其他因素确定以后，发酵时间对面坯的发酵影响极大，发酵时间过长，发酵过度，面坯质量差，酸味大，弹性也差，制成品带有"老面味"，呈瘫软塌陷状态。发酵时间过短，发酵不足，则不胀发，色暗质差，也影响成品的质量。因此，准确地掌握发酵时间是十分重要的。一般来说，时间的掌握，要先看面肥的数量和质量，再参照气温、水温，夏天时间短一些，冬天时间长一些。

需要指出的是，对于那些加入乳品的发酵面团，尽管含有乳糖，酵母却不能利用它，不过乳糖对烘焙制品的着色起着良好的作用。

以上因素，不是孤立存在的，而是相互联系，又相互制约的，所以要在实践中了解和掌握这些因素的性质及它们之间的辩证关系，是调制发酵面坯技术的核心。

## 4.2.2　生物膨松面坯调制工艺

1）酵母发酵面团调制工艺

（1）配方及用途

酵母发酵面团的配方见表4.2.2。

表 4.2.2　酵母发酵面团的配方 　　　　　　　　　　　　　　　　　　　　单位：g

| 面团 | 面粉 | 水 | 干酵母 | 白糖 | 用途 |
|---|---|---|---|---|---|
| 普通酵面 | 500 | 225 ~ 250 | 5 ~ 10 | 25 ~ 50 | 包子、馒头等 |

根据制品的制作需要，普通面团在调制时，有的可加入适量的泡打粉（发酵粉）以有助于面团的膨松。

（2）工艺流程

普通酵面：面粉、水、酵母、白糖和面→醒面→调面→发酵→成团。

（3）调制方法

用调和法或拌和法的和面方法。将面粉放于案板上或盆中，中间挖一坑形，加入水及辅料调拌均匀，稍醒面后，采用揉、摔等的调面方法调制至面团均匀、光滑，再盖上湿布醒发。根据制品的不同，有的可直接将面团制成生坯后发酵；也可将面团醒发一定时间后再制成生坯。如生产量大，也可以采用和面机将面团搅打上劲，并需要将面坯置于温度为28 ~ 30 ℃，相对湿度为75%的醒发箱中发酵30 min制作包子、馒头。

酵母发酵面团根据制品的不同，醒发的方法也有所不同，可分为一次发酵法和二次发酵法。一次发酵法又称直接发酵法，是在和面时按配方一次投入全部原料调制面团进行发酵，一次发足。主要用于普通面团的调制，如包子、馒头、花卷等制品的面团。

（4）调制工艺要点

①严格要求原料质量。面粉和酵母的质量要符合要求。

②掌握辅料与掺水的用量。通常加水量为面粉总量的 45% ~ 55%，加酵母量通常为面粉总量的 0.5% ~ 1%。通常，新鲜酵母和干酵母的替换比例为 3∶1，如在面粉中添加 1 g 干酵母，替换成新鲜酵母为 3 g。

③控制水温。原则上调制好的面团内部温度在 28 ~ 30 ℃为宜。要根据气温、面粉的用量、保温条件、调制方式等因素来控制水温。一般来说，气温低，面粉用量少，保温条件差，调制时间短，则面团所加水的水温可适当高些；反之可以低些。

④面团要充分调匀。不论采用手工或是机械的调面方法，都应反复揉、摔或是反复搅拌，这样才有利于面筋的充分形成，使面团光洁滋润，具有良好的持气性，保证成品质地细腻、洁白有光泽、松软如海绵状。

⑤控制面团的醒发时间。一般视制品的起发度及口感质地而灵活掌握。

2）酵种发酵面团调制工艺

（1）配方及用途

酵种发酵面团的配方见表4.2.3。

表 4.2.3　酵种发酵面团的配方　　　　　　　　　　　　单位：g

| 面团 | 面粉 | 水 | 酵种 | 白糖 | 碱 | 用途 |
|---|---|---|---|---|---|---|
| 普通酵面 | 500 | 250 | 50 | | 适量 | 包子、馒头等 |
| 碰酵面 | 250 | 125 | 200 | | 适量 | 包子、馒头等 |
| 开花酵面 | 250 | | 500 | 75 | 适量 | 开花馒头等 |

（2）工艺流程

　　　　　　　　　　　　　　　　　　　碱
　　　　　　　　　　　　　　　　　　　↓
①普通酵面：面粉、水、酵种→和面→醒面→调面→发酵→成团

　　　　　　　　　　　　　　　　　　碱
　　　　　　　　　　　　　　　　　　↓
②碰酵面：面粉、水、酵种→和面→醒面→调面→成团

　　　　　　　　　　　　　　　　　碱、白糖
　　　　　　　　　　　　　　　　　　↓
③开花酵面：酵种、面粉→和面→醒面→调面→发酵→成团

（3）调制方法

将面粉放于案板上或盆中，中间挖一坑形，加入酵种（又称面肥、老面）和水等调拌均匀，稍醒面后，采用揉的调面方法调制成面团均匀光滑，再盖上湿布静置发酵（如大酵面需要 1 ~ 2 h，碰酵面则一般不需要发酵时间）。待发起后再加入适量的碱液，调匀即可。酵种发酵面团一般采用一次发酵法或快速发酵法。一次发酵法是将前一次用剩的酵种作为引子，加入面粉中再加水调匀，待发起后再加碱调制面团。快速发酵法则是酵种用量较大，

面团调制和发酵两个工序结合在一起，不需要单独再进行发酵，一般面团调好后即可使用。两种方法均用于包子、馒头、花卷等制品的制作。

3）面坯发酵成熟度的判断

面坯发酵成熟度主要采用感官判断法，具体有目视法、手触法、手拉鼻嗅法。

（1）目视法

目视法是用肉眼观察面团的表面，如面团表面已出现略向下塌陷的现象，则表明面团已发酵成熟；如果面团表面有裂纹或有很多气孔，说明面团已发酵过度。用刀切开发酵面团，剖面呈均匀的蜂窝眼网络状结构，即表明发酵成熟；若孔洞大小不匀，有长椭圆形大孔洞，则表明发酵过头；若孔洞细小，结构紧实，则表明面团发酵不足。

（2）手触法

手触法是用手指轻轻插入面团内部，待手指拔出后，观察面团的变化情况，如面团不再向凹处塌陷，被压凹的面团也不立即复原，仅在面团凹处四周略微下陷，表明面团发酵成熟；如果被手指压下的地方很快恢复原状，表明面团胀发不足；如果凹陷处面团随手指离开而很快塌陷，表明面团发酵过度。

（3）手拉鼻嗅法

手拉鼻嗅法是取一小块面团用手拉开，如果面团有适度的弹性和柔软的伸展性，气泡大小均匀，气泡膜薄，用鼻嗅之，有酒香和酸味，即为面团发酵成熟；如果面团拉开的伸展性不充分，气泡膜厚，拉裂时看到的气泡分布粗糙，用鼻嗅之，酒精味不足，酸味小，即为发酵不足；如果面团拉伸时易断裂，面团内部发脆，黏结性差，闻起来有强烈的酸臭味，便是发酵过度。

4）醒面

生坯成形后，静止一段时间，使生坯继续发酵膨胀，以达到更加松软的目的。实践中，人们往往重视面坯初步调制完成后的醒发，而忽视成形工艺后的醒发，因此造成制品成品坍陷、色暗，出现"死面"和制品萎缩的现象。

### 4.2.3　化学膨松面坯

图 4.2.2　化学膨松制品——开口笑

面粉中掺入化学膨松剂，利用化学膨松剂的产气性使其膨松的面坯，称为化学膨松面坯（图4.2.2）。在实际生产中，化学膨松剂面坯中往往添加一些辅料，如糖、油、蛋、乳等，增加制品的风味，形成特色。

1）化学膨松原理和化学膨松剂

（1）概念

化学膨松法，是把一些化学物质掺入面坯中，通过这些化学物质的化学特性，使熟制品具有膨松、酥脆特性的方法。这类化学物质称为化学膨松剂，又称为疏松剂、膨胀剂或面团调节剂。

（2）种类

化学膨松剂种类繁多，有碱性、酸性和复合型三大类。

①碱性膨松剂主要有碳酸氢钠、碳酸氢铵和轻质碳酸钙。

②酸性膨松剂主要有钾明矾、铵明矾、磷酸氢钙和酒石酸氢钾。

③复合膨松剂是指用多种组分配制的化学膨松剂，即日常所说的发酵粉、泡打粉之类。

（3）膨松原理

三类化学膨松剂的化学膨松原理都是相同的，即将化学膨松剂调入面团中，熟制时受热产生化学反应，产生大量的二氧化碳气体，使制品内部结构产生多孔性组织，达到膨大、疏松，这就是化学膨松的基本原理。

2）化学膨松面坯的调制

化学膨松面坯有两种形式：一是利用发粉类（泡打粉、臭粉、小苏打等）化学膨松剂调制的酥松面坯，酥松面坯所用的化学膨松剂多为碱性的小苏打、臭粉以及复合型的发酵粉类，这些膨松剂虽然也可以用于一般的水调面坯，但效果不如酵母，而对于重糖、重油以及用多种辅料的特殊面坯，酵母则无能为力，故而必须使用化学膨松剂，如开口笑、核桃酥等；另一种是利用矾、碱类化学膨松剂调制的面坯，典型制品就是油条。化学膨松面坯具有疏松多孔、质地酥脆的特点。

（1）发粉类膨松面坯

①配方及用途。

发粉类膨松面坯的配方见表4.2.4。

表 4.2.4　发粉类膨松面坯的配方　　　　　　　　　　　　　单位：g

| 面坯 | 面粉 | 白糖 | 鸡蛋 | 猪油（奶油） | 鲜乳 | 水 | 发粉 | 小苏打 | 臭粉 | 用途 |
|---|---|---|---|---|---|---|---|---|---|---|
| 桃酥面坯 | 500 | 225 | 100 | 225 | | 50 | | 4 | 2 | 桃酥 |
| 松酥面坯 | 500 | 200 | 200 | 200 | | | 10 | | | 松酥苹果塔 |
| 甘露酥面坯 | 500 | 275 | 100 | 250 | | | 10 | | 15 | 甘露酥 |
| 士干面坯 | 500 | 150 | 150 | 100 | 200 | | 20 | | 2.5 | 士干饼 |

②工艺流程。

面粉、膨松剂→混合
蛋、糖、油、乳、水→拌匀乳化 }→和面→调面→发粉类膨松面坯

③调制方法。

先将过筛后的面粉和膨松剂混合放在案板上开一个坑，同时将糖、油、蛋、乳、水等放一盛器内搅拌均匀，一起倒入面粉中后，采用调和法，一般不需醒面，直接采用叠的调

面方法将粉料与辅料调制均匀即成。

④调制工艺要点。

a. 按照配方正确投料。同时，面粉应选用面筋含量少的低筋粉较好，这样有利于制品的酥松。

b. 油、糖、水等原料要充分调匀（乳化）后再进粉和面。这样能更好地阻碍面粉吸水，使面筋有限度地胀润，减少面筋的生成，使制品口感酥松。

c. 面坯温度宜低。面坯温度以 22 ～ 30 ℃为宜。面坯用油量越大，面坯温度要求越低。温度高易引起面坯"走油"，使面粉粒间的黏结力减弱，面团变松散，影响成形。同时，面坯温度高也能使膨松剂自动分解而失效。

d. 调面时间不宜过长。面坯调制一般调匀即可，以叠的调面方法为主，否则面坯大量生筋，会影响酥松效果。此外，面坯调制好后不宜久放，一般都是随调随用。

发粉膨松面坯按面团的性质不同，可分为糖酥面坯、混酥面坯、浆皮面坯等几种。

糖酥面坯主要由油和面粉、糖粉、化学膨松剂及少量的水或蛋液等组成。成品一般不带馅，坯料较酥松，甜度高，如小桃酥、甘露酥等坯料。

浆皮面坯主要是在面粉中加入糖浆（将砂糖 5 000 g、清水 2 500 g 放入干净的锅中煮制一段时间后，再加入菠萝水 500 g，柠檬酸少许，小火煮至浓稠，静置两周后使用）、油及化学膨松剂等原料。成品一般都包有馅，坯料较柔软，膨松剂的量少，膨松程度小，以广式月饼的坯料为代表。

混酥面坯是指原料组成和坯料特点都介于糖酥面团与浆皮面团之间的一类面团，但一般添加的化学膨松剂的量较多，如士干饼、橘子塔、开口笑等坯料。

由此可见，使用油、糖、蛋较多的面团膨松一般都采用化学膨松法。因为虽然生物膨松面团的风味优于化学膨松面团，但多糖、多油会影响到酵母菌的生存。糖多，形成渗透压，使酵母的细胞质壁分离而失去活性；油多，使酵母表面形成油膜，酵母菌因吸收不到养料而死亡。在这种情况下，用化学膨松物质就可以弥补酵母发酵的不足。

（2）矾碱类膨松面坯

矾碱类膨松面坯是指用一定数量的矾、碱、盐用水溶解后加入面粉，经过揣、拌、叠等技法调制而成的面团。油条为其典型制品。过量食用含铝的食物有害人体健康，特别容易引起老年性痴呆症。矾碱类膨松面坯中存在一定量的铝，世界卫生组织已将其定为对人体有害的元素，而且是人体不需要的元素，铝进入人体的主要途径是含铝的食品添加剂，矾碱面坯膨松的方法正在被逐渐淘汰，故不做重点介绍。随着面点制作工艺的不断优化，油条的配方无须矾、碱，只要通过添加酵母、牛奶、小苏打等辅料调制面坯，油条成品一样可以达到酥、脆的特点。

## 4.2.4　物理膨松面坯

### 1）物理膨松面坯的概念

物理膨松面坯是指面坯中使用具有胶体性质的蛋清做介质，利用高速调搅的物理运动使蛋液裹进空气，并通过空气受热膨胀的性质使其膨松的面坯，行业中称为蛋泡面坯。物理膨松按照工艺的不同分为蛋糊面坯和面糊面坯。物理膨松面坯制品代表品种为古早蛋糕

（图4.2.3）和气鼓，在广式面点中广泛使用。物理膨松制品的特点是成品色泽美观，胀发力较大，营养丰富，口味松软香甜，具有特殊风味。

图 4.2.3　物理膨松制品——古早蛋糕

### 2）面坯膨松的原理

#### （1）蛋糊面坯膨松原理

蛋糊面坯是用鸡蛋、糖搅打，再与面粉混合制成的膨松制品。其膨松性主要是靠蛋白搅打的起泡作用而形成的。因为蛋白是黏稠性的胶体，具有起泡性，当蛋液受到快速而连续的搅拌时，空气充入蛋液内部，并形成细小的气泡，这些气泡均匀地填充在蛋液内，当制品受热，起泡膨胀时，凭借蛋液胶体物质的韧性使其不至于破裂，直至产品内部气泡膨胀到产品凝固为止，烘烤中的产品体积因此而膨大。蛋白保持气体的最佳状态是在呈现最大体积之前产生的，因此，过分地搅打蛋液会破坏蛋白胶体物质的韧性，使蛋液保持气体的能力下降。蛋黄虽然不含有蛋白中的胶体物质，无法保留住空气，无法搅打胀发，但蛋黄与糖和蛋白一起搅拌易使蛋白形成黏稠的乳状液，有助于保存搅打时充入的气体，使成品体积膨大而疏松。

#### （2）面糊面坯起发原理

面糊面坯是以面粉为主要原料，经过油脂与水同时煮沸，烫熟面粉晾凉再加入鸡蛋搅拌（或用搅拌机调拌，转速 200～400 r/min），使面糊内充满空气，经加热产生气泡，从而使面坯膨松、膨胀。

### 3）蛋糊制作方法

根据蛋液的使用情况不同，蛋糊调制法有全蛋搅拌法（海绵蛋糕法）、分蛋搅拌法（戚风蛋糕法）和使用乳化剂的搅拌法等多种方法。

#### （1）全蛋搅拌法

全蛋搅拌法是将糖与全蛋液在搅拌容器内一起抽打，待蛋液体积膨胀到原体积3倍左右并成为乳白色稠糊状时，加入过筛的面粉再调拌均匀。

#### （2）分蛋搅拌法

分蛋搅拌法是将蛋清、蛋黄分别置于两个搅拌容器中，分别搅打胀发，当蛋清颜色洁白挺拔、蛋黄光亮黏稠时，将蛋清和蛋黄调在一起，加入过筛面粉再调拌均匀。

#### （3）使用乳化剂的搅拌方法

这种方式是将鸡蛋、砂糖、面粉、乳化剂（蛋糕油或塔塔粉）和水一次放入搅拌容器中，快速抽打至浓稠光亮。此方法是一种方便快捷的新方法，产品品质稳定可靠，而且节约时间。

（4）调制蛋糊面坯注意事项

①选用蛋品必须新鲜。蛋越新鲜，蛋清越稠浓，越易搅打胀发，保持气体的能力越强，制品膨松的效果也就越好。

②选用低筋粉。最好使用湿面筋值含量24%以下的低筋面粉，如蛋糕专用粉。可以将中筋面粉蒸熟，破坏其筋力，经过晾透、过筛后可以使用。

③适当抄拌均匀。面粉加入蛋泡糊中，要适当抄拌均匀，不可搅拌时间过长，否则会破坏蛋糊中的气泡，影响蛋糕质量。

④保证容器干净，做到无水、无油。

4）面糊面坯调制工艺

（1）烫面

将水、油、盐等原料放入厚底锅中，上火煮沸后倒入过筛的面粉，用搅拌器（或面杖）快速搅拌，直至面坯烫熟、烫透，撤离火位。

（2）搅糊

待烫熟的面坯稍冷却后，分次将鸡蛋液加入烫透的面坯内搅拌，每一次加入蛋液均应与面糊全部搅拌均匀，然后加入新的蛋液，继续搅拌均匀，直至全部蛋液加完，面坯成为淡黄色的面糊为止。

（3）调制面糊面坯注意事项

首先面粉要过筛；其次面坯要烫熟、烫透；再次每次加入鸡蛋后，面糊必须重新搅拌均匀；最后面糊的稠稀要适当，否则影响制品的起发度及外形美。

[ 任务评价 ]

| 学生本人 | 量化标准（20分） | 自评得分 |
|---|---|---|
| 成果 | 学习目标达成，侧重于"应知""应会"<br>优秀：16～20分；良好：12～15分 | |
| 学生个人 | 量化标准（30分） | 互评得分 |
| 成果 | 协助组长开展活动，合作完成任务，代表小组汇报 | |
| 学习小组 | 量化标准（50分） | 师评得分 |
| 成果 | 完成任务的质量，成果展示的内容与表达<br>优秀：40～50分，良好：30～39分 | |
| 总分 | | |

[ 任务拓展 ]

学做开花馒头、开口笑、黄油蛋糕，理解生物膨松法、化学膨松法、物理膨松法的不同膨松原理，掌握不同制品的风味特点。

一、学做开花馒头

开花馒头是历史悠久的面点，据说西晋大官僚何曾不吃没有坼十字的蒸饼，并说："每天花 1 万铸，还觉得没有下箸的地方。"由此可见，在魏晋时期，开花馒头还是属于奢侈的食品。开花馒头是采用面肥发酵的制品，成品具有色泽洁白、松软香甜、顶部开花、形似棉桃的特点。

（1）原料

精白面粉 500 g，面肥 200 g，白糖 200 g，青红丝 25 g，食碱适量。

（2）制作方法

将精白面粉 400 g 加温水揉成面团时，加入面肥 200 g 揉匀，待其发酵成较老的面团时，再加入余下的 100 g 精白面粉揉成较硬的面团，让它第二次发酵成老酵面团，然后用碱中和，并加入白糖 200 g，揉匀揉透。醒面 20 min 使糖完全溶化在面团中。将面团搓条，并揪成 10个剂子，搓圆后剂口朝上，撒上青红丝，然后放入蒸笼中蒸 20 min 即成。

二、学做开口笑

开口笑是采用化学膨松法调制面坯，通过炸制成熟。制品具有色泽金黄、大小均匀、表面开裂成 3 ~ 4 瓣、香酥可口的特点。

（1）原料

低筋面粉 500 g，白糖 150 g，鸡蛋 1 个，小苏打 3 g 或泡打粉 5 g，猪油 50 g，去皮白芝麻 200 g，清水 130 g。

（2）制作方法

①将白糖、猪油、鸡蛋搅匀成蛋糖液。

②低筋面粉过筛，放入小苏打（泡打粉）拌匀，中间扒一个窝加入蛋糖液搅拌，再加水揉成面团（水可按面团的柔软程度添加）。盖上湿布饧 30 min。

③将面团搓条，下成大小相等的小剂子，将剂子揉搓成球状，将其表面沾少量水后滚上芝麻。

④锅中烧油至 130 ℃热时将生坯放入锅中，慢火炸，待生坯浮起、自然开裂时，逐步升高油温炸至金黄色时捞出。

（3）制作要点

①揉好的面团成团即可，不要过度揉，以免起筋影响成品口感和外观。

②圆剂表面沾些水，再滚芝麻，滚好后再搓圆，这样芝麻粘得更牢。

③炸制时要注意油温不能过高，否则会外焦内生。

三、学做黄油纸杯蛋糕

黄油纸杯蛋糕是采用物理膨松法和化学膨松法相结合的制品，成品质量标准为，蛋糕杯表面呈馒头状，棕红色，不塌陷，有裂纹，内部呈淡黄色，气孔细密均匀，口味香甜松软，细腻滋润，有黄油香味。

（1）原料

黄油 500 g、糖粉 450 g、鸡蛋 10 个，低筋粉 450 g、泡打粉 5 g、奶粉 5 g。

（2）制作方法

①将低筋粉、泡打粉、奶粉过筛于油纸上。搅拌桶用热水清洗干净。鸡蛋打出放在小盆中。耐高温纸杯码放到烤盘中。烤箱预热，底火 180 ℃，面火 175 ℃。

②黄油、糖粉倒入搅拌机中，搅至膨松。鸡蛋分次加入搅拌后的料中，继续搅拌至膨

松、细腻为止。加入过筛的低筋粉、泡打粉、奶粉，搅拌均匀即成黄油蛋糕糊。

③用刮铲将调好的面糊盛入硅胶挤袋中，挤入耐高温的纸杯中，挤入量为杯子体积的2/3。此配方可以出小号耐高温纸杯约计25杯。

④将挤好糊的烤盘推入烤箱，关闭烤箱门，底火180℃，面火175℃，烤28 min左右。烘烤至表面棕红色，一般制品质量越大、面积越大、越厚，需要的温度越低，时间越长。

[练习实践]

1. 观察馒头发酵和面包发酵的现象，写出差异。

2. 采用物理膨松法，试着制作黄油蛋糕和戚风海绵蛋糕，写出黄油蛋糕和海绵蛋糕内部组织的差异。

3. 查找泡泡油糕的制作方法，比较泡泡油糕和泡芙制作工艺的不同。

# 任务3　层酥面坯调制工艺

[任务目标]

1. 掌握油酥面坯的分类。
2. 熟悉层酥面坯水面与油面的比例关系。
3. 理解层酥面坯的分层起酥原理。
4. 能根据产品要求制作典型品种。
5. 掌握不同层酥面坯的开酥方法。

[任务描述]

油酥面坯是起酥类制品所用面坯的总称。油酥制品根据品种特点可分为混（单）酥面坯和层酥面坯两大类。油酥面坯主要原料用面粉和油脂调制而成，由于完全用油，面团过于松散，难以加工成形，熟制时又要散开，所以调制中要配合一些水、辅料（如鸡蛋、白糖、化学膨松剂等）等加以调制。混酥类又称单酥，是用面粉、油、糖、化学膨松剂、水等原料一起调制而成。成品具有酥性，但不分层，如核桃酥、曲奇、酥性饼干等；层酥一般由两块面坯组成，一块干油酥，一块酥皮有水油酥皮、酵面酥皮、蛋面皮之分。

由于混酥做法和化学膨松面坯相同，其性质又属于化学膨松面坯，因此在本任务中主要以介绍层酥类中的酥皮面坯为重点。

[任务实施]

### 4.3.1 概述

层酥面坯是指由干油酥和水油面的面坯组成，经过包、擀、叠、卷等方法进行起酥工艺，成为具有层次结构的面坯。层酥制品指层酥面坯通过制皮后成形或包馅后成形，经过烘烤或油炸而成的面点制品。其具有松酥香脆、层次分明、外形饱满、色泽美观等特色。

1）层酥面坯的分类

按用料及调制方法的不同，层酥面坯可分为水油面皮酥、酵面皮酥和水面皮酥（擘酥皮）三类。

（1）水油面皮酥

水油面皮酥是以水油面为皮，干油酥为心，经开酥工艺制成的层酥，它是中式面点工艺中最常见的一类层酥。其特性是层次多样，可塑性强，有一定的弹性、韧性，口味松化酥香。水油面皮酥代表品种主要是各种花色酥点，如麻花酥（图4.3.1）、兰花酥、荷花酥等。

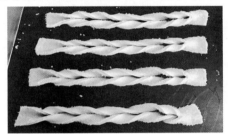

图 4.3.1 水油面皮酥——麻花酥生坯

（2）酵面皮酥

酵面皮酥是以发酵面或烫酵面为皮，干油酥、糖油酥或咸油酥为心，经开酥或抹酥工艺制成的层酥，它在我国各地的面点小吃中比较常见。其特性是体积疏松，有一定的韧性和弹性，可塑性较差，面坯有层次且具有发酵面的特性。酵面皮酥代表品种主要有苏式面点的黄桥烧饼、蟹壳黄（图4.3.2），京式面点的乐亭烧饼、芝麻酱糖火烧等。

图 4.3.2 酵面皮酥——蟹壳黄

（3）擘酥皮酥（水面皮酥）

擘酥皮酥是以黄油酥为皮，蛋水面为心，经开酥工艺制成的层酥。它是广式面点中最常使用的一类层酥。其特性是层次清晰，可塑性较差，营养丰富，口感松化、浓香、酥脆。擘酥皮酥的代表品种主要有中点西做的蝴蝶酥、叉烧酥等（图4.3.3）。

图 4.3.3　擘酥皮酥——叉烧酥

2）层酥面坯起酥分层原理

层酥面坯起酥方法采用包酥，即水油面包干油酥，形成油酥面团。水油酥皮、酵面酥皮、蛋（水）面皮这 3 种层酥，无论在面坯的口感、质地上有什么差别，其起层起酥的原理是基本相同的。

（1）起酥原理

油酥面坯起酥原理是由于油脂和面粉结合成的干油酥具有松散，缺乏韧性和弹性的特点。干油酥没有水分，蛋白质不能形成面筋网络结构，淀粉也不能胀润糊化增加黏度，因此，面坯遇热后，油脂流散，面粉颗粒膨胀，使制品内部结构破裂成很多孔隙而成片状或椭圆形的多孔结构，从而形成面坯的酥性结构，使制品食用时酥松。

（2）起层原理

干油酥面坯具有润滑性、柔顺性、良好的酥性，但缺乏筋性和韧性。水油面有筋力、韧性，可加工成形，又能加热不散，但酥性较差。油酥面坯利用干油酥的酥性做心，水油面酥中有韧性的特性做皮，经过多次擀、卷、叠使得干油酥和水油面层层相间隔，在成熟时，皮层中水分在烘烤时气化，使层次中有一定空隙，利用油膜使面筋不发生粘连，起分层作用，这就是油酥面坯制作酥皮点心时的起层原理。

3）水油面与干油酥的比例关系

（1）水油面配方的变化

水油面主要用于包制干油酥，起组织分层作用，由于含有水分，因而具有良好的造型和包裹性能。

通常，水油面以面粉 250 g、猪油 45 g、水 135 g 的比例，将原料调和均匀，经搓擦、推揉成柔软而有筋力、光滑而不粘手的面团即成，行业俗称"水油皮"或"酥皮"。在面点工艺实践中，行业师傅常常根据成品质感特征，结合原材料特点、当地居民的口味要求等因素，适当调整面粉、油脂、水分的比例。如当成品要求突出酥性，适当增加油脂的数量而减少水分；如需突出成品的造型，就适当减少油脂比例。

（2）干油酥配方的变化

干油酥是用于水油面包制的油面，有分层起酥的作用。由于它既无韧性、弹性，又无延伸性，因而不能单独使用。

干油酥通常是以面粉 250 g、猪油 125 ~ 135 g 的比例，将面粉与猪油搓擦至均匀、光滑即成，行业俗称"酥心"。

干油酥调制中还可以使用植物油、牛羊油和黄油等油脂，由于油脂的种类不同，其熔点、凝固点有所差异，因而面粉与油脂的比例会有一些变化，如以植物油调制干油酥，油脂的比例应该减少，否则工艺难以进行。

（3）水油面与干油酥的配比关系

水油酥皮与干油酥的配比通常是 6 ∶ 4，这是行业内最经典的水油皮比例。但是在工艺实践中，有经验的师傅常根据自身技术能力、制品特征、环境条件等因素调整酥皮与酥心的比例。如需突显制品造型，则适当增加酥皮的比例，以增加面坯中的水分，减少油脂的数量，多生成面筋蛋白质，提高面坯的弹性、韧性和延展性，方便成形。此时酥皮与酥心的配比可以达到 7 ∶ 3，即 7 份酥皮包裹 3 份酥心；如制品需突显酥化的质感，就适当增加酥心的比例，以减少水分的含量，避免生成较多的面筋蛋白质，降低面坯的韧性，达到入口酥化的目的。此时酥皮与酥心的配比可以达到 5 ∶ 5，即 5 份酥皮包裹 5 份酥心。当然，不同的酥点对油酥与面皮的配比按照地方特色会有一定的调整，还需灵活掌握。

层酥面坯中的擘酥和酵面层酥在皮面与酥心的配比上，原理与水油皮基本一致。

4）层酥面团制品酥层的种类

为了适应不同层酥制品的特色要求，层酥面团可制成为明酥、暗酥和半明半暗酥 3 种类型。

（1）明酥

凡用刀切成的坯剂，刀口处呈现酥纹，制作的成品表面有明显酥层的统称为明酥制品。明酥可分为圆酥、直酥、剖酥 3 种。其中圆酥为擀卷起酥的面团横切竖放而成，面剂刀口呈螺旋形酥纹，典型品种如盒子酥、眉毛酥（图 4.3.4）、草帽酥等。直酥为擀卷起酥的面团直剖切段平放而成，面剂刀口为直线酥纹，直酥坯皮可以用卷的方法、叠的方法和卷叠混合的方法制作。典型品种如茄子酥（图 4.3.5）、蜜枣酥、葫芦酥、花瓶酥、酒坛酥、粽子酥、糖果酥等。剖酥为擀卷或擀叠起酥的面团直切平放包馅封口后，再在平整光滑的一面改刀开口露酥而成，典型品种如萝卜丝酥、宣化酥等。

图 4.3.4　圆酥——眉毛酥

图 4.3.5　直酥——茄子酥

（2）暗酥

凡制作的成品酥层在坯料的里面，表面看不到层次的统称为暗酥制品。其坯料为擀叠或擀卷起酥的面团直切平放包馅而成，适宜制作大众品种，如苏式月饼、双麻酥饼、黄桥烧饼、老婆饼等。

（3）半明半暗酥

半明半暗酥即制作的成品酥层一部分露在外面，一部分藏在里面。其坯料为擀卷起酥的面团横切后酥层向上 45° 斜放平按包馅而成，适宜制作果类的花色酥点，如苹果酥。由

于酥层效果较差，实际生产使用较少。

### 4.3.2　水油酥层酥面团调制工艺

水油酥层酥面团是以水油酥面团为酥皮，干油酥面团为酥心，经包酥、擀、叠、卷等技法复合而成的面团。这类面团所制作的面点品种丰富，是层酥面团中主要的内容。

1）配方及用途

水油酥层酥面团的配方见表4.3.1。

表4.3.1　水油酥层酥面团配方

单位：g

| 面团 | 面粉 | 水 | 猪油 | 用途 |
|---|---|---|---|---|
| 水油酥面团 | 500 | 225～275 | 75～125 | 荷花酥、合子酥、兰花酥、元宝酥等 |
| 干油酥面团 | 500 | | 250～280 | |

根据制品的要求不同，有的水油酥面团中可加入适量的饴糖，如苏式月饼等。

2）工艺流程

面粉、水、油→和面→揉面→饧面→酥皮面团 ⎫<br>面粉、油→和面→调面→酥心面团 ⎭　包酥→起酥→成团

3）调制方法

（1）酥皮、酥心面团的调制

水油酥面团（酥皮面团）的调制，是将面粉放在案板上，在和面前先将油和水进行适当的搅拌，使其产生乳化现象后倒入粉中，采用调和法和面，将面粉、水、油调和在一起，稍醒面后，采用揉、摔等调面方法将面团调至光滑、细腻、均匀，最后盖上湿布静置。干油酥面团（酥心面团）的调制，是将面粉放在案板上加入油脂，采用调和法和面，不需醒面，再采用擦的调面方法将面团反复调匀。

（2）包酥过程

包酥即用水油酥面团包住干油酥面团的过程，其比例一般是3：2或1：1。根据制品的要求不同有两种方法。一种是大包酥：先将酥皮面团擀压成长方形的薄坯，然后将酥心面团放在薄坯中间的1/3处，并将薄坯两边折向中间包住酥心面团即可。大包酥用的面团较大，一次可做几十个坯剂，具有生产量大、速度快、效率高的特点，但起酥效果差，适用于对酥层要求不高，需要成批制作的品种。另一种是小包酥：先将水油酥面团按压成圆形的薄坯，然后将干油酥面团放在薄坯的正中间，再将薄坯四周收口包住干油酥面团。小包酥的酥层清晰均匀，但制作速度慢、效率低，适宜制作各种花色酥点。

（3）起酥过程

起酥又称开酥或"起层"，是指将包酥后的面团经擀、叠、卷等工艺手段，将水油面与干油酥制成层层间隔的层酥面坯的过程。根据成品的要求不同，一般有擀叠起酥和擀卷起酥两种方法。以叠、擀为主要手段制成层酥的工艺也称为擀叠酥工艺。以包、擀、卷为主要手段制成层酥的工艺也称为擀卷起酥。

擀叠起酥：将包酥后的面团按扁后，将其擀压成长方形的薄片，然后将两边1/3处叠向

中间，使之成为3层，继续擀成长方形薄片，再将两边1/3处叠向中间，使之成为9层，最后擀开对折成18层或将两边1/3处叠向中间，成为27层的层酥面团，成品代表有麻花酥、糖果酥、藕丝酥、兰花酥等。

擀卷起酥：将包酥后的面团按扁后，将其擀压成长方形的薄片，然后将两边1/3处叠向中间；或将其擀压成长方形的薄片后，从一边卷拢成圆柱形，然后再将其平擀成长方形薄片（稍薄一些），最后从一边（用刀切平）卷拢，成为圆柱形的层酥面团，成品代表有眉毛酥、盒子酥等。

**4）调制工艺要点**

（1）水油酥面团调制工艺要点

①水、油要充分搅匀。水、油混合越充分，乳化效果越好，油脂在面团中分布越均匀，这样的面团才细腻、光滑、柔韧，具有较好的筋性和良好的延伸性、可塑性。若水、油分别加入面粉中调面，会影响面粉与水和油的结合，造成面团筋性不一、酥性不匀。

②掌握粉、水、油三者的比例。粉、水、油三者的比例合适，可使面团既有较好的延伸性，又有一定的酥性。如果水量多油量少，成品就太硬实，酥性不够；如果油量多水量少，则面团因酥性太大而操作困难。

③水温、油温要适当。水、油温度的控制应根据成品要求而定。一般来说，成品要求酥性大的面团则水温可高些，如苏式月饼的水油酥面团可用开水调制；而要求成品起酥效果好的面团则水温可低些，可控制在30～40 ℃。水温过高，由于淀粉的糊化，面筋质降低，使面团黏性增加，操作就困难；水温过低会影响面筋的胀润度，使面团筋性过强，延伸性降低，造成起酥困难。

④面团要调匀，并盖上湿布。水油酥面团成团时要调匀、调透，并要醒面，保证面团有较好的延伸性，便于包酥、起酥。

（2）干油酥面团调制工艺要点

①要选用合适的油脂。不同的油脂调制成的油酥面团，其性质不同。一般以动物油脂为好，因动物油脂的熔点高，常温下为固态，凝结性好，润滑面积较大，结合的空气多，起酥性好。植物油脂在面团中多呈球状，润滑面积较小，结合空气量较少，故起酥性稍差。还要注意油温的控制，一般为冷油。

②控制粉、油的比例。干油酥面团的用油量较高，一般占面粉的50%左右，油量的多少直接影响制品的质量。用量过多，成品酥层易碎；用量过少，成品不酥松。

③面团要擦匀。因干油酥面团没有筋性且油脂的黏性较差，故为增加面团的润滑性和黏结性，能充分成团，只能采用擦的调面方法。

（3）包酥调制工艺要点

①水油酥面团和干油酥面团的比例要适当。酥皮和酥心的比例是否适当，直接影响成品的外形和口感。若干油酥面团过多，擀制就困难，而且易破酥、漏馅，成熟时易碎；水油酥面团过多，易造成酥层不清，成品不酥松，达不到成品的质量要求。

②水油酥面团和干油酥面团要软硬一致。如干油酥面团过硬，起酥时易破酥；如干油酥面团过软，则擀制时干油酥面团会向面团边缘堆积，造成酥层不匀，影响制品起酥效果。

③经包酥后，酥心面团应居中，酥皮面团的四周应厚薄均匀一致。

（4）起酥调制工艺要点

①擀制时用力要均匀，使酥皮厚薄一致。擀面时用力要轻而稳，不可用力太大，擀制不宜太薄、避免产生破酥、乱酥、并酥的现象。

②擀制时干粉要尽量少用。干粉用得过多，一方面会加速面团变硬，另一方面由于粘在面团表面，会影响成品层次的清晰度，使酥层变得粗糙，还会造成制品在熟制（油炸）过程中出现散架、破碎的现象。

③所擀制的薄坯厚薄要适当、均匀，卷、叠要紧，否则酥层之间黏结不牢，易造成酥皮分离，脱壳。

### 4.3.3　酵面层酥面团调制工艺

酵面层酥面团通常是以发酵面团为酥皮，干油酥面团为酥心，经包酥复合而成的面团。这类面团所制作的面点品种大多是烧饼一类的地方风味面食。其制品的总体要求是膨松、酥软、有层次。通常酵面皮是用温水面（或热水面）与酵面按照一定比例掺和揉搓而成的面坯。

1）配方及用途

酵面层酥面团的配方见表 4.3.2。

表 4.3.2　酵面层酥面团的配方　　　　　　　　　　单位：g

| 面团 | 面粉 | 水 | 猪油 | 酵种 | 食碱 | 用途 |
|---|---|---|---|---|---|---|
| 发酵面团 | 650 | 325 | | 50 | 适量 | 黄桥烧饼 |
| 干油酥面团 | 500 | | 250 | | | |
| 发酵面团 | 500 | 250 | | 100 | 适量 | 蟹壳黄 |
| 干油酥面团 | 500 | | 250 | | | |

根据制品要求不同，有的品种需要加入适量的白糖、盐、葱等辅料。

2）工艺流程

面粉、水、酵种→和面→醒面→调面→醒发→加碱→酥皮面团 ⎫
　　　　　　　　　　　　　　　　　　　　　　　　　　　⎬ 包酥→起酥→成团
面粉、油→和面→调面→酥心面团 ⎭

3）调制方法

（1）酥皮面团的调制

发酵面团（酥皮面团）的调制，是将面粉放在案板上，加入适量的水，采用调和法和面（为了提高制品的酥松性，一般采用热水或部分热水部分冷水，使面团韧性降低、部分淀粉糊化）。待面团冷却至常温时，再将酵种抓散混于面团中。稍醒面后，采用揉的调面方法将面团调至光滑，最后放入饧发箱醒发，达到发酵程度后，加碱中和去酸，调匀即可。

（2）酥心面团（干油酥面团）的调制

干油酥是酵面层酥的酥心，其特点及作用与水油皮中的干油酥相同，调制方法根据品种要求有多种。有的是将面粉放在案板上加入猪油，采用调和法和面，不需醒面，再采用擦的调面方法将面团反复调匀。也有的是用植物油调制，在实际过程中常常根据品种的口味要求，配以食盐、五香粉、花椒粉、咖喱粉、芝麻酱、红糖等调味料。还有的是将植物油加热至七八成热时，冲入面粉中调制成较稀软的油酥面，用抹酥的方法进行起酥。

（3）包酥过程

包酥即用发酵面团包住干油酥面团的过程，其比例一般是3∶2或2∶1。根据制品的要求不同，可用大包酥，也可用小包酥。

（4）起酥过程

起酥一般以擀卷起酥为主，故制品大多为暗酥。

4）调制工艺要点

（1）正确掌握酵面的比例

为了提高制品的酥松程度，酥皮可采用烫酵面的调制方法以破坏面团中的面筋质。制作质感柔软的制品可多加酵面，制作质感酥脆的成品可少加酵面。所以酵面的数量决定成品的质感。同时要掌握好发酵程度与加碱的数量。

（2）严格控制水的温度

水温过高，酵面难以胀发，成品质感柔软度差、膨松度小，失去酵面作用。

（3）采用适合的开酥方法

酵母层酥的外皮由于还有酵母，因而与水油皮相比延伸性和韧性稍欠，如果油酥面是固态，一般采用包酥的开酥方法。但如果油酥呈浆状、糊状，则适宜选用抹酥的开酥方法。

## 4.3.4 蛋（水）面层酥面团调制工艺

蛋（水）面层酥面团由西式面点中的清酥面团演变而来，有两种形式：一种是以蛋、水面团为酥皮，干油酥面团为酥心，经包酥复合而成的面团；另一种在广式面点中称擘酥。

擘酥又称为岭南酥、千层酥、多层酥，是广式面点借鉴西点中清酥面团的制法而制成的最常使用的一种层酥面团，典型品种有叉烧酥、蝴蝶酥等。它由两块面团组成：一块是用黄油或猪油掺面粉调制的油酥面，通常称为黄油酥；另一块是由面粉、水、鸡蛋等调制的面团，通常称为蛋水面；黄油面和蛋水面经过擀、叠等工艺手段制成的面团成为擘酥面团。

由于擘酥皮用油量较大，受热后起发膨松的程度比其他层酥皮大，各层的间隔纹理比其他层酥分明，同时蛋水面能够形成较多面筋蛋白质，因此擘酥面坯不仅有较强的韧性和延展性，还有松化酥脆的口感、较多明显的纹理层次。因这类面团中所含的油脂量较多，故调制时必须借助冷藏设备，所制作的面点一般以烘为主。

1）配方及用途

蛋（水）面层酥面团的配方见表4.3.3。

表 4.3.3  蛋（水）面层酥面团配方

单位：g

| 面团 | 面粉 | 水 | 猪油（奶油） | 鸡蛋 | 白糖 | 盐 | 用途 |
|---|---|---|---|---|---|---|---|
| 水调面团 | 500 | 300 | | | | 10 | 蝴蝶酥 |
| 干油酥面团 | 150 ~ 200 | | 500 | | | | |
| 水调面团 | 350 | 125 | | 75 | 25 | | 擘酥鸡粒角 |
| 干油酥面团 | 150 ~ 200 | | 500 | | | | |

2）工艺流程

面粉、水、盐→和面→醒面→调面→酥皮→冷藏　　　　}→包酥→起酥→成团
面粉、油→和面→调面→酥心→冷藏

或：

面粉、油→和面→调面→酥皮→冷藏　　　　　　　　　}→包酥→起酥→成团
面粉、蛋液、水、糖→和面→醒面→调面→酥心→冷藏

3）调制方法

（1）酥皮、酥心面团的调制

水调面团的调制，以350 g面粉、100 g鸡蛋、150 g清水混合，采用调和法和面，醒面后，采用揉、摔的调面方法将面团调至光滑上劲，放入冰箱冷冻。根据品种不同还可以在面团中添加白糖、食盐或以黄油替代水。干油酥面团的调制，是将面粉150 g放在案板上加入化成膏状的黄油500 g，采用调和法和面，不需醒面，再采用擦的调面方法将面团反复调匀。将调制好的酥皮和酥心面团分别放入大小一致的两方盒中，按实按平，放入冰箱内冷藏（4 ℃左右）4～6 h，使面团变硬，成为硬中带软的结实板块体，即成黄油酥。黄油酥也可以膏状猪油替代，再经用力搅拌、冷却、凝结、掺粉、搓揉、压板、冷冻工艺，成为硬中带软的结实板块体。

（2）包酥过程

包酥过程有两种形式：一种是将静置后的水调面团做酥皮，擀成长方形，再取出已冷藏变硬的干油酥面团做酥心，擀成酥皮一半的大小，并放在酥皮一半的上面；另一种是将已冷藏变硬的干油酥面团作酥皮，擀压成长方形，再将冷藏的水调面团作酥心，也擀成大小一样的长方形，最后将酥心叠在酥皮上。包酥比例为1∶1。

（3）起酥过程

起酥一般以擀叠起酥为主，故制品大多为平酥，受西式面点工艺影响，起酥有水皮包油酥（西式工艺）法和油酥包水皮（广式工艺）法两种。其中，水皮包油酥法是由西方传入我国的一种西式面点的起酥方法。油酥包水皮法在我国广式点心工艺中普遍采用。

水皮包油酥法是水调面团包住干油酥面团的坯料擀开后再一折3层，进冰箱冷藏一段时间；待变硬后取出，再擀开一折3层；再进冰箱冷藏，取出后再擀开一折3层，进冰箱冷藏。最后待发硬后取出擀开擀薄即成。油酥包水皮法是将冷藏后擀成大小一样的水调面团叠在干油酥面团上，用通心槌擀成长方形，把两端向中间折入，轻轻压平，再对折成4层，称为蝴蝶折。即放入冰箱中冷藏，待发硬时取出，再擀成薄的长方形，折叠成4层，如此折叠3次后，最后放入方盘中，盖上毛巾，放入冰箱冷藏0.5 h左右，使用时取出擀薄即可。

4）调制工艺要点

（1）选料要讲究

面粉一般为含筋量适中、筋性大的面粉；油脂为凝结的、有黏性的黄油或猪油（或其他起酥油）。油酥面要推擦起黏性，如奶油、凝结猪油。

（2）处理好面团

蛋水面在和制时要有一定的筋性和韧性，否则成熟后制品易松散、脱落。黄油酥面团要调匀、擦透，并放入冰箱冷藏，冻至软硬适中，两者的软硬度一致才可擀、叠起酥均匀。

（3）保证起酥效果

起酥时动作要快，落槌要轻，用力要均匀，否则会影响起发和层次分明。发现坯料变烂应马上冷藏，这样才能确保起酥均匀。

## [ 任务评价 ]

| 学生本人 | 量化标准（20分） | 自评得分 |
| --- | --- | --- |
| 成果 | 学习目标达成,侧重于"应知""应会"<br>优秀:16 ～ 20分;良好:12 ～ 15分 | |
| 学生个人 | 量化标准（30分） | 互评得分 |
| 成果 | 协助组长开展活动,合作完成任务,代表小组汇报 | |
| 学习小组 | 量化标准（50分） | 师评得分 |
| 成果 | 完成任务的质量,成果展示的内容与表达。<br>优秀:40 ～ 50分;良好:30 ～ 39分 | |
| 总分 | | |

## [ 任务拓展 ]

### 学做甜味蟹壳黄

蟹壳黄是上海及其周边的苏南、浙东北一带流行的名点，是一种用发酵面皮包油酥面团经过叠、擀，包馅成形后经过烘烤制成的酥饼，成品具有色泽金黄、外酥内软、香甜油润的特点。

一、实训食材

精白面粉 200 g，发酵面 75 g，食碱 2 g，猪板油 50 g，绵白糖 150 g，饴糖 5 g，生芝麻 100 g，熟猪油 75 g，花生油少许。

二、制作过程

（一）面团调制

（1）干油酥面团调制：取精白面粉 75 g，加熟猪油 75 g 搓擦成干油酥面团。

（2）发酵面团调制：取精白面粉 75 g，用 25 g 沸水烫成雪花状，再加入发酵面 75 g、清水 20 g 揉成光滑有劲的面团，醒发 1 h，待面团醒发好后，加入适量食碱揉匀揉透即可。

（二）馅心制作

将猪板油除尽筋膜，切成 0.3 cm 见方的小丁，与绵白糖擦匀，腌渍 3 天后即成糖油馅。

（三）制坯皮

将发酵面团置于案板上（案板和手上事先都要涂上少许花生油），擀成约 1 cm 厚的长方形面片；将干油酥面均匀地铺在发酵面片上（发酵面与干油酥面的比例为 4∶3），卷成筒状；再擀成长方形面片，一折三层；最后再擀平，卷成筒状，做成每只重 20 g 的剂子。

（四）成形

将每个剂子压成中间稍厚、边缘较薄的圆形面坯皮，包入糖油馅 10 g，收口后按成扁圆

形即可。

（五）熟制

生坯正面刷上饴糖水，沾上芝麻，底面蘸上少许冷水，贴于烘炉壁上烘烤 5 min 即可，注意炉火不宜过旺。

[ 练习实践 ]

1. 小包酥和大包酥的区别有哪些？

2. 莲藕酥采用了哪种起酥方法？

3. 查找常州麻糕的制作工艺，比较和苏式月饼的差异。

# 任务4　米及米粉面坯调制工艺

[ 任务目标 ]

1. 理解米粉制品的分类。

2. 熟悉各种糕团的工艺流程。

3. 掌握不同粉团的性质和特点。

4. 掌握不同粉团的制作工艺和技术关键。

5. 能够制作米粉面坯典型品种。

[ 任务描述 ]

米及米粉面坯是指用米或米粉与水（或其他辅料）调制而成。中式面点中的米制品包括原米类制品、米粉类制品和其他米类制品。其中，米粉类制品特指糕团制品，糕团是糕与团的总称，糕有松质糕和黏质糕，团有生粉团和熟粉团。

本任务重点介绍米粉团的制作工艺，通过本任务的学习，让学生懂得米及米粉面团制品制作的基本原理和技法。了解米及米粉面团制品制作的一般规律，使学生具备运用所学知识解决实际问题的能力。

[ 任务实施 ]

## 4.4.1　米及米粉面坯概述

1）米及米粉面坯分类

（1）原米类制品

原米类制品泛指用稻米、黄米或紫米等米类原料与水经熟制而成的米饭、粥品等一类主食制品。如各种豆饭、豆粥、八宝饭、八宝粥、炒饭、菜粥等。另外，各地的点心、小吃中，还常常将米饭与肉、鸡、腊肠等原料混合，做出著名的面点品种，如广东的瑶柱糯米鸡、荷叶饭等。

米类制品，其米的粒形基本完整并清晰可见，成品口味甜咸均可随食客习惯而定，质感随原料、辅料种类及烹饪方法而异，构成了我国稻米产区居民主食的主体。

（2）米粉类制品

米粉类制品是指用米粉与水混合制成的面点制品。米粉面坯按原料分类，有籼米粉面坯、粳米粉面坯、糯米粉面坯和混合米粉（镶粉）面坯。

（3）其他米类制品

其他米类制品特指用米和水混合蒸制成饭，再经搅拌、搓擦成为有黏性和一定韧性的饭坯，经过包馅、夹馅工艺制成的点心和小吃，又称饭皮类制品。饭皮类制品使用的米以糯米为主，同时也可以掺适量的粳米、紫米、糯性小米，如北京的艾窝窝、山西的大枣馏米、上海的糯米凉卷等。

饭皮类制品具有米本身特有的色泽，质感黏软粗糙，有一定的可塑性和韧性。成品口感软糯黏香，大多以甜口为主。

2）米及米粉面坯成团原理

（1）米及米粉面团的成团原理

糯米粉或籼米中的淀粉在沸水的作用（或蒸制或煮制的条件）下发生膨胀糊化产生黏性形成粉团。

（2）熟制成块（饭、粥）的原理

①熟制成块的原理。糯米粉或糯米中的淀粉在沸水的作用（或蒸制或煮制或炸制或煎制的条件）下发生膨胀糊化产生黏性形成一个整体。

②熟制成粥（糊）的原理。米（粉）在煮的条件下，淀粉发生膨胀糊化产生黏性形成有一定黏性的粥（糊）。

③熟制成饭的原理。米在蒸或煮的条件下，米中的蛋白质变性，淀粉膨胀糊化而形成饱满、爽滑、味香的米饭。

（3）挤压成形的原理

糯米粉与一定量的冷水结合形成粉粒，在外力的作用下，利用米粉之间微弱的黏性经过挤压形成一定的形态。

（4）滚粘成形的原理

糯米粉与一定量的冷水结合，经过滚粘，利用湿米粉之间微弱的黏性形成球形。

## 4.4.2 生粉团调制工艺

生粉团是采用烫粉（泡心法）或熟芡（煮芡法）的方法直接将米粉和水调制而成的面团。一般适用于先成形后熟制的制品，具有质地硬实、黏性差、可塑性好、成品吃口黏糯润滑的特点。

1）配方及用途

生粉团的配方见表4.4.1。

表 4.4.1　生粉团配方　　　　　　　　　　　　　　　　单位：g

| 面团 | 糯米粉 | 粳米粉 | 面粉 | 白糖 | 水 | 用途 |
|---|---|---|---|---|---|---|
| 汤圆面团 | 400 | 100 | | | 适量 | 麻心汤圆 |
| 麻球面团 | 350 | 100 | 50 | 50 | 适量 | 枣泥麻球 |

由于所采用的米粉干湿程度的不同，故添加的水量应根据实际情况而定。如采用的是干米粉，则加水量为粉量的 60% 左右，而某些现磨的水磨粉则可不加水。同时，根据制品的要求不同，有时还需添加一些辅料，如澄面（澄粉加开水烫熟的面团）、油等，但一般数量较少。

2）工艺流程

水、辅料

↓

米粉→掺粉→烫粉或熟芡→和面→调面→成团

3）调制方法

生粉团的调制有两种方法：一种为烫粉法，俗称泡粉心；另一种为熟芡法，俗称煮芡，这两种方法各适合于不同形式米粉的调制。

（1）烫粉法

将糯米粉和粳米粉按比例掺和后放入盆中，中间挖个凹坑，用适量的沸水冲入（约每500 g 干粉加沸水 125 g 左右），使中间部分的米粉糊化（称为熟粉心子），再加适量的冷水将四周其余的干粉与熟粉心子一起搓擦至光滑、细腻即成，并用湿毛巾盖上。主要适用于干磨粉和湿磨粉的调制。

（2）熟芡法

先取 1/3 的干米粉，用适量的冷水拌成粉团，塌成饼形；或直接将潮湿的水磨粉塌成饼形。投入沸水中煮熟成芡，或放入蒸笼中蒸熟。然后将其余 2/3 的米粉块搓碎，再将熟的芡拌入，边揉擦边加适量的冷水，将面团调至光滑、细洁、不粘手即成，并用湿毛巾盖上。适用于水磨米粉的调制。

4）调制工艺要点

（1）掌握好掺粉的比例

制品的要求不同，其口感特色也各有区别，同时由于米粉种类不同，其性质也不一样。因此，为体现成品的质感特色，调制时一定要正确掌握掺粉的比例。如制品要求糯性大的，则掺粉时糯米粉的比例可多一些，反之则少一些。

（2）水量控制准确

由于米粉的干湿程度及烫粉、煮芡的方法不同，调制时所添加的水量也有区别。相同软硬的面团，干磨粉的加水量稍多些，而水磨粉的加水量可少些。

（3）掌握烫粉或熟芡的量

烫粉时，沸水与冷水的掺入比例应准确。沸水多了，粉团黏性大，不易操作成形；沸水少了，则制品易开裂。熟芡在生粉团中主要是起黏结的作用，用芡量过多，会使粉团粘手，不易包捏成形；用芡量过少，则制品容易开裂。熟芡的投放比例也要根据气候冷热而定，一般热天易脱芡，熟芡量可多些。

（4）面团要趁热调匀

一般在煮芡、烫粉后应立即将面团揉、擦均匀，保证面团有良好的黏结性。

### 4.4.3　熟粉团调制工艺

熟粉团是指将掺和的米粉加适量的水后先进行拌粉或调成团，再将粉或团上笼蒸制成熟后调制而成的面团。一般适用于先熟制后成形的制品，具有软糯、黏性大，成品吃口滑糯、细腻的特点。典型制品有松花团子、炒肉馅团子等。

1）配方及用途

熟粉团的配方见表 4.4.2。

表 4.4.2　熟粉团的配方　　　　　　　　　　单位：g

| 品种 | 糯米粉 | 粳米粉 | 清水 |
| --- | --- | --- | --- |
| 双馅团子 | 300 | 200 | 250 |
| 炒肉馅团子 | 300 | 200 | 350 |

根据制品的制作要求，熟粉团选用的米粉一般为湿磨粉。

2）工艺流程

　　　　　　　　→调成团→
　　　　　　　↑　　　　↓
米粉→掺粉→拌粉——→蒸制→调面→成团
　　　　　　　↑
　　　　　水、辅料

3）调制方法

熟粉团的调制包括拌粉、熟制、调团等几道工序。其中拌粉过程是将糯米粉和粳米粉按一定比例掺和后，加入适量的水或其他的辅料进行拌制（稍稍静置）；或直接将掺和的米粉加适量冷水调拌成团。接下去将拌匀的米粉或调成的粉团放入笼屉中蒸制成熟，取出后趁热将其倒在铺有洁布的案板上，抓住布的四角将粉团揉匀捣透，或直接用搅拌机打匀打透，并用干净的湿毛巾盖上，即成熟粉团。

4）调制工艺要点

（1）掺粉的比例和掺水量要准确

根据成品的质感要求，调制时一定要掌握好掺粉的比例，并且加水量一般控制在米粉总量的 30% 左右，调制后的米粉要达到"拢则成团，散则似沙"。如太干，蒸制不熟；太湿，蒸制太烂，面团太软。

（2）使粉适当吸收水分

拌粉要匀并适当静置，使米粉颗粒能均匀吸收适量的水分。

（3）蒸制时用猛汽一次成熟

如蒸制时间过长，蒸汽就会积聚在面团中，造成面团太烂，影响质量。

（4）粉团要趁热调匀成团

这样可便于面团的调制，使面团达到光滑细腻的效果。

（5）讲究卫生

熟粉团一般都是先熟制后成形的制品，故在调制面团时，要特别讲究操作台面、工具及操作者等的卫生。

### 4.4.4　发酵米粉面团调制工艺

1）配方及用途

发酵米粉面团的配方见表4.4.3。

表4.4.3　发酵米粉面团配方

单位：g

| 面团 | 籼米粉 | 白糖 | 糕肥 | 泡打粉 | 水 | 枧水 | 用途 |
|---|---|---|---|---|---|---|---|
| 发酵米粉面团 | 500 | 200 | 50 | 6 | 200 | 适量 | 棉花糕 |
| | 500 | 350 | 150 | | 400 | 适量 | 伦教糕 |

先将籼米用清水浸泡3 h后磨成米浆，再装入布袋压干水分。枧水是将植物蒿秆、木柴烧灰后，淋水过滤提取而成，其化学性质与纯碱相似，其中碱性成分即为碳酸钠。如没有糕肥，也可用面肥。

2）工艺流程

↓米粉（8/10 ～ 9/10）、糕肥、水

米粉（1/10 ～ 2/10）、水→煮芡→晾凉→和面→调面→醒发→调面→成团

↑糖、枧水、泡打粉

3）调制方法

将籼米粉浆的1/10 ～ 2/10加适量水调成稀糊，放入盘中蒸熟，晾凉后与其余部分的籼米粉浆拌匀，再加入糕肥、水调拌成均匀的面团，并放于温暖处发酵。一般夏季为6 ～ 8 h，春秋季为8 ～ 10 h，冬季为10 ～ 12 h。待发酵后再加入白糖、枧水和泡打粉一起调拌均匀即成。

4）调制工艺要点

（1）糕肥用量应随气温变化来调整

夏天减少（最多减少一半），冬天增多，必须灵活掌握，同时要掌握发酵时间。

（2）处理好粉浆

控制粉浆的稀稠程度，并采用熟芡的方法。

（3）注意影响发酵的因素

发酵时应加盖；要确保发酵的环境温度；若用面粉的老面作酵种，使用前应调散成稀浆后再加入，并控制加碱量。

### 4.4.5　松质糕米粉面坯调制工艺

松质糕米粉面坯是由糯、粳米粉按照适当的比例掺和，加入适量的水或糖浆拌和而成的面坯。根据拌粉时添加清水或糖浆的区别分为两种。用清水拌和的称为白糕粉团，用糖浆拌和的称为糖糕粉团。用红糖浆拌和的糖糕粉团又称黄粉，而用白糖浆拌和的又称白粉。

1）配方及用途

松质糕米粉面团的配方见表 4.4.4。

表 4.4.4 松质糕米粉面团配方                                    单位：g

| 面团 | 糯米粉 | 粳米粉 | 细糖 | 水 | 玫瑰酱 | 红曲米 | 辅料 | 用途 |
|---|---|---|---|---|---|---|---|---|
| 松质糕米粉面团 | 500 | 350 | 375 | 150 | 100 | 5 | 适量 | 定胜糕 |
| | 500 | 500 | 250 | 250 | | | | 白松糕 |

所选用的糯米粉和粳米粉要求是粗磨粉，所用的辅料根据制品的要求而定，有豆沙馅、甜板油丁、松子仁等。为使糕粉能充分吸收到糖分，采用的糖要求为细粒的绵白糖，也可将糖加工成糖浆再进行拌粉。糖浆按糖 500 g、水 250 g 的比例，放入锅中用中小火煮，当糖浆泛大泡时离火用干净纱布过滤即成。

2）工艺流程

米粉 + 水（或糖浆）→拌粉→静置→筛粉→松质糕面坯

3）调制方法

松质糕米粉面团的调制有拌粉、静置、筛粉等工艺过程。其中拌粉是指将水或糖浆与掺和的米粉拌匀的过程。将掺和的米粉放于大盆中，按米粉和水为 1 : 0.3 左右的比例，采用拌和法调制。拌粉时，边拌边掺水（水要分次加），随掺随拌，抄拌均匀。将拌匀的米粉静置一定时间后（一般冬天 2 h，夏天 0.5 h，如采用糖浆拌粉的则静置时间更长些），再将粉团放入网筛（12 ~ 14 眼粗粉筛）中，对准屉、模或直接在案板上，边擦边筛，使粉粒自然飘落成形，并用竹尺刮平余粉，这一过程也称夹粉。最后将模具连同过筛后的粉粒一起对准笼屉，将生坯扣在上面，一气呵成，蒸制成熟即可。

4）调制工艺要点

（1）掌握粉料的掺和比例

粉料的掺和比例主要根据制品要求而定。一般情况下，糯米粉掺得多则吃口软糯，粳米粉掺得多则性硬而不糯。

（2）严格控制掺水量

水量要恰到好处，如掺水量少，粉粒太干，蒸制时糕粉会被蒸汽冲散，影响成形。如掺水量过多，则粉质烂而粘连，蒸时蒸汽不易上冒，成品会夹生且不松发。如果以糖浆拌粉，则一般不必再加水。

（3）粉要拌匀并适当静置

拌粉时边拌边搓，使所有粉粒都能均匀吸收水分和糖分。由于常温下淀粉吸水缓慢，加之有的添加糖浆后吸水更困难，故拌匀后糕粉还需静置一定的时间，但静置时间也不宜过长，否则糕粉会返潮结块，难以熟制。

（4）注意筛粉

筛粉时，先将糕粉进一步搓散，入筛后用力推擦，使粉料均匀自由落下，形成较松散的粉团，并保证过筛后的糕粉坯平整均匀。

### 4.4.6　黏质糕米粉面团调制工艺

黏质糕粉坯指用米粉与水等原料调制而成团状、粉状或厚糊状，经过蒸制成黏质糕粉团，再经过蘸凉水搓擦（或机器加凉开水搅拌）成的滋润光滑的粉坯。制品具有韧性大、黏性足、入口软糯等特点，典型品种有各色糖年糕、蜜糕等。

1）配方及用途

黏质糕米粉面团的配方见表4.4.5。

表 4.4.5　黏质糕米粉面团配方

单位：g

| 面团 | 糯米粉 | 粳米粉 | 细糖 | 水 | 玫瑰酱 | 红曲米 | 辅料 | 用途 |
|---|---|---|---|---|---|---|---|---|
| 黏质糕米粉面团 | 700 | 300 | 360 | 200 | 100 | 5 | 适量 | 玫瑰糖年糕 |
| | 700 | 300 | 500 | 300 | | | | 桂花糖年糕 |

所选用的糯米粉和粳米粉要求是湿磨粉，所用的辅料根据制品的要求而定，有甜板油丁、松子仁等。为使糕粉能充分吸收到糖分，采用的糖要求为细粒的绵白糖，也可将糖加工成糖浆再进行拌粉。糖浆按糖500 g、水250 g的比例，放入锅中用中小火煮，当糖浆泛大泡时离火用干净纱布过滤即成。

2）工艺流程

①米粉＋水（或糖浆）➡拌粉➡静置➡筛粉（夹粉）➡成熟➡揉透➡黏质糕面坯

②米粉＋水（或糖浆）➡粉糊➡静置➡成熟➡揉透➡黏质糕面坯

3）调制方法

黏质糕米粉面坯的粉料准备和松糕面坯相同，这种粉坯既可以先成形后成熟，也可以先成熟后成形。面坯可以切成块、条等形状，也可以叠卷夹馅做成豆面卷等。

4）调制工艺要点

（1）掌握粉料的掺和比例

粉料的掺和比例主要根据制品要求而定。一般情况下，糯米粉掺得多则吃口软糯不易成形；粳米粉掺得多则性硬而不糯。

（2）严格控制掺水量

水量要恰到好处，如掺水量少，粉粒太干，蒸制时糕粉会被蒸汽冲散，产生夹生现象；如掺水量过多，则粉质烂而粘连，影响后续成形。

（3）讲究卫生

黏质糕是先成熟后成形的制品，在调制面坯时要讲究案台、工具和操作者的操作卫生。

[任务拓展]

一、学做糖年糕

糖年糕通过配粉（镶粉）、拌粉、掺水、静置、夹粉、蒸制等工艺流程，先成熟后成形的米粉制品，属于黏质糕，成品具有柔软有劲、香甜可口的特点。

（一）实训食材

糯米粉400 g，粳米粉100 g，白糖25 g，芝麻油10 g，糖玫瑰少许。

（二）制作过程

（1）将糯米粉和粳米粉及白糖倒在一起，拌和均匀，并用清水反复拌和，不使结成僵块。

（2）将拌好的糕粉置于笼屉中，旺火沸水蒸至糕粉呈软玉色，离火。取一块干净的白布，用清水浸湿铺在案板上，将蒸熟的糕粉倒在上面，包好并不断地搓揉使糕粉成团，直至粉团表面光滑细腻、无颗粒为止。

（3）将揉好的糕粉团按平，搓成长条，抹上芝麻油，沾上糖玫瑰，切成长方块即成。

（三）成品风味特点

质感柔软有劲，香甜可口。

二、学做双馅团子

该点属于苏州糕团中的熟粉团制品。双馅团指一团中裹入两种馅心，此品种坯料采用4∶6配镶粉加清水揉拌、蒸熟后，先包干豆沙收口后再二次包芝麻酥收口而成，具有软糯润滑、一团双味、既甜且香的特点。以现制现售为特色，夏令上市，冷食。

（一）实训食材

1. 皮料：水磨糯米粉180 g，水磨粳米粉120 g，清水150 mL。

2. 馅料：干豆沙150 g，芝麻酥80 g（黑芝麻50 g、绵白糖30 g）。

3. 辅料：抹用素油15 g。

（二）制作过程

1. 制黑芝麻酥

将黑芝麻洗净小火炒熟，粉碎后，与绵白糖拌匀即可。

2. 制皮

将糯米粉、粳米粉拌匀，加入清水再拌匀，静置，过筛成糕粉，放入铺有笼布刷过油的笼中，上蒸锅蒸制20 min，取出趁热揉按成熟白粉团。

3. 成形

将熟白粉团摘成8个剂子，取1个按成中间厚、周边薄的皮子，放入干豆沙，用右手拇、食指将团皮四周边缘圈起捏拢收口，再按成中间厚、周边薄的坯皮，舀入芝麻酥，如上法捏拢收口，顶部略按平即成。

[练习实践]

1. 米粉面团有几种调制方法？并加以解释。

2. 列表说明面粉面团和米粉面团有哪些异同。

3. 为什么糯米和粳米的粉料不能蒸制馒头，籼米粉却可以？米粉馒头和面粉馒头会有相同的口感效果吗？为什么？

# 任务5　其他类面坯调制工艺

[任务目标]

　　1. 了解澄粉面坯、杂粮面坯、果蔬面坯等面坯的调制工艺。

　　2. 掌握澄粉面坯、杂粮面坯、果蔬面坯等面坯的调制要点。

[任务描述]

　　其他面坯是指小麦类、米粉类之外的其他原料调制的风味面坯，通常因原料配比的不同，形成不同的风味特色，本任务主要从各种面坯的调制工艺展开学习。

[任务实施]

## 4.5.1　澄粉面坯调制工艺

　　澄粉面坯，是将澄粉即小麦淀粉用沸水烫制而成的面坯，又称淀粉面坯。这类面坯采用的是纯淀粉，大致具有色泽洁白、成熟后透明或半透明、柔软细腻、口感滑爽的特点。适宜制作各种精细面点，如广式面点中的水晶类制品：虾饺、娥姐粉果、水晶饼等；苏式面点中的船点：象形瓜果、花草、动物等。

　　澄粉面坯是淀粉类面坯的基本面坯，在此基础上添加各种辅料，可以变化出很多皮料，如在熟澄粉面坯中添加熟蛋黄和黄油，可制成有特殊成熟效果的蛋黄饺皮制品，如蜂巢蛋黄角、金丝蛋黄角等；熟澄粉面坯也可作为黏结剂用于薯类、果蔬类面坯的调制，如山药饼、芋头糕等。澄粉又称澄面、澄粉、小麦淀粉，是用面粉加工洗去面筋，然后将洗过面筋的水粉再经过沉淀，滤干水分再晒干后研细的粉料。

图 4.5.1　澄粉面坯——虾饺

1）配方及用途

澄粉面坯的配方见表4.5.1。

表 4.5.1 澄粉面坯配方                                                                 单位：g

| 面坯 | 小麦淀粉 | 生粉 | 沸水 | 辅料 | 用途 |
|---|---|---|---|---|---|
| 澄粉面坯 | 450 | 50 | 650 ~ 750 | 适量 | 虾饺 |

澄粉面坯中所添加的辅料主要有白糖、盐、油等。

2）工艺流程

辅料<br>↓<br>澄粉、沸水→和面→焖制→调面→成团

3）调制方法

将澄粉和生粉混合放入盆中，水中放少量盐烧沸后冲入澄粉中，采用搅和法的和面方法，迅速用小面杖搅拌均匀，加盖焖放 5 min 后倒在案板上，加入少许油，采用擦、揉的调面方法将面团调至光滑、细腻，最后盖上湿布即可。

4）调制工艺要点

水必须烧开，并掌握掺水量；搅拌动作应敏捷迅速，不得夹生，并稍焖一下；揉、擦面团时必须添加少量油脂，成坯后制成品前要散去热气。

### 4.5.2 杂粮面坯调制工艺

杂粮面坯是指将小米、玉米、高粱、豆类等磨成粉后加水调制成面坯；或与面粉、米粉、淀粉等掺和加水调制成面坯。其制品种类也很多，可做成各种小食品和名点心。因杂粮品种不同，调制的面团种类很多，并且风味各异，具有浓厚的地方特色和风味。

图 4.5.2 杂粮面坯——土豆包

1）谷类杂粮面坯

谷类杂粮面坯是指将小米、玉米、高粱等磨成粉后，加入一定的辅料调制成的面坯。

（1）配方及用途

玉米面面坯的配方见表 4.5.2。

表 4.5.2 玉米面面坯配方                                                               单位：g

| 面坯 | 细玉米面 | 黄豆粉 | 温水 | 白糖 | 糖桂花 | 小苏打 | 用途 |
|---|---|---|---|---|---|---|---|
| 玉米面面坯 | 500 | 150 | 180 | 250 | 10 | 0.8 | 小窝头 |

（2）工艺流程

细玉米面、黄豆粉、白糖、小苏打、糖桂花、温水→和面→调面→成团

（3）调制方法

将细玉米面、黄豆粉、小苏打、糖桂花、白糖放于盆中拌匀，再分次加入温水，采用拌和法和面，稍醒面后，采用揉、擦的调面方法调匀调透即成。

（4）调制工艺要点

①玉米面要新鲜，成品才能松软味香。

②用料比例准确，面团软硬合适。不宜太软，以稍硬些为好。

③水温适当。面团不应过分黏稠或松散。

④要将面团揉、擦匀透，确保成品外表的光滑。

2）豆类面坯

豆类面坯是指将各种豆（豌豆、赤豆、绿豆、扁豆、芸豆等）加工成粉或泥，再经调制而成的面坯。

图 4.5.3　豆类面坯——绿豆糕

（1）配方及用途

豌豆泥面坯的配方见表 4.5.3。

表 4.5.3　豌豆泥面坯配方

单位：g

| 面团 | 白豌豆 | 白糖 | 水 | 食碱 | 红枣 | 用途 |
|---|---|---|---|---|---|---|
| 豌豆泥面坯 | 500 | 250 | 1 500 | 适量 | 适量 | 豌豆黄 |

（2）工艺流程

碱水

↓

白豌豆→去皮碾碎→烧煮→过筛→炒制→冷藏→成坯

（3）调制方法

先将白豌豆去皮，红枣洗净煮烂制成枣汁待用。另取一铝锅加入清水、豌豆泥、食碱，烧煮至稀糊状，过筛。再将铝锅放火上，加入豆泥、白糖、红枣汁一起炒至黏稠，最后倒入干净的盘中，并放入冰箱中冷藏即成。

（4）调制工艺要点

①投料要准确。应根据原料的特点和成品的要求灵活掌握所掺原料的比例。

②控制面团的软硬度和黏度。

③掌握好火候。火力要适中，防止煮、炒焦煳。

### 4.5.3 果蔬类面坯调制工艺

果蔬类面坯就是将各种不同的蔬菜的根类、茎类、果类原料（主要有莲子、菱角、栗子、土豆、山药、芋头等）经蒸、煮成熟后压成泥，再与澄粉、面粉、米粉、糖、油等拌和调制而成的面坯。制成的成品具有不同原料的风味特色。此类面团因原料的品种不同而种类繁多，但原料的选料标准及用料比例有一个相对一致的要求。如选用水分含量少、质地干爽的主料，则一般比例为熟净主料500 g，粉团（粉料加水调制的面团）100 ~ 150 g，油脂30 ~ 50 g，糖、盐等适量；如选用水分含量多、质地稀软的主料，则一般比例为熟净主料500 g，粉料1 000 g左右，油脂50 ~ 100 g，糖、盐适量。

1）马蹄粉面坯

马蹄粉面坯是用马蹄粉（又称荸荠）为主料，加入生马蹄、糖、奶粉、水等调制而成的面团，需经过边加热、边成团、边熟制的调制过程。

图 4.5.4 马蹄粉面坯——南瓜椰汁马蹄糕

（1）配方及用途

马蹄粉面坯的配方见表4.5.4。

表 4.5.4 马蹄粉面坯配方

单位：g

| 面团 | 马蹄粉 | 白糖 | 马蹄肉 | 水 | 生抽 | 用途 |
|---|---|---|---|---|---|---|
| 马蹄粉面坯 | 250 | 500 | 100 | 1 300 | 适量 | 马蹄糕 |

（2）工艺流程

马蹄粉、4/10 水→调匀→过筛→粉浆
糖、6/10 水→熬成糖水→过滤→稍冷却 ⎫ 拌匀分成相同的①②

①加热变稠→稍冷却→搅拌均匀→拌匀→倒入方盘→蒸制→成品
　　　　　　　　↑　　　　↑
　　　　　②马蹄肉小粒

（3）调制方法

先将马蹄肉切成小粒，另将马蹄粉放入盆中，加入清水（约500 g）搅匀并用细筛过滤成稀粉浆。再将剩余的清水（约800 g）放入锅中，加白糖煮沸化开并过滤成糖水。待糖水稍冷却后与稀粉浆一起混合，分成相同的两份。取一份放入锅中边加热边搅拌，煮至起小泡发稠时离火，待冷却至50 ~ 60 ℃时，再将另一份倒在一起拌匀，并放入碎马蹄肉。最后取方盘，抹少许油后，倒入马蹄浆，放入蒸笼蒸约20 min即成。

（4）调制工艺要点
①掌握粉浆的掺水量。
②控制糖水和粉浆结合的温度、比例。
③糖粉浆必须搅拌均匀。
2）芋角面坯

图 4.5.5　芋角面坯——香芋糕

（1）配方及用途
芋角面坯的配方见表 4.5.5。

表 4.5.5　芋角面坯配方　　　　　　　　　　　　　　单位：g

| 面坯 | 荔浦芋肉 | 澄粉 | 熟猪油 | 糖 | 辅料 | 用途 |
|---|---|---|---|---|---|---|
| 芋角面坯 | 500 | 80 | 50 | 15 | 适量 | 香芋角 |

常用的辅料有盐、味精、芝麻油、胡椒粉等。
（2）工艺流程
芋头肉→切片→蒸熟→塌泥
　　　→混合擦匀→面团
澄粉、沸水→调匀辅料↑
（3）调制方法
先将芋头肉切成片，放入笼内蒸熟，取出趁热塌成泥蓉；另将澄粉放入盆中，加入沸水搅匀成澄面；再将芋头泥和澄面一起混合擦拌，并加入辅料调匀即成。
（4）调制工艺要点
①原料选料要讲究。应选用质地细腻、组织松软、自然生长熟透、含水量少的根茎蔬菜及果实等。如莲子、芋头、板栗、菱角、土豆、红薯、南瓜等。
②原料熟制后应趁热塌成泥蓉状。
③掌握果蔬原料和粉料、粉团的混合比例，并揉透擦匀。

### 4.5.4　鱼、虾蓉面坯调制工艺

鱼、虾蓉面坯以广式面点中的制法最多，是用净鱼或净虾的肉经剁碎成蓉后与其他辅料一起调制而成的面坯。成品具有鲜香润滑的特殊风味。

图 4.5.6　鱼、虾蓉面坯——鱼皮馄饨

1）配方及用途

鱼蓉面坯的配方见表4.5.6。

表 4.5.6　鱼蓉面坯配方　　　　　　　　　　　　　　　　　　　　单位：g

| 面坯 | 净鱼肉 | 水 | 澄粉 | 盐 | 用途 |
|---|---|---|---|---|---|
| 鱼蓉面坯 | 200 | 50 | 180 | 8 | 鱼皮鸡粒角 |

选用的一般为无骨的、肉质坚实的鱼，如鲈鱼、鳜鱼、鳗鱼等。

2）工艺流程

生粉
↓
鱼肉蓉、盐、味精等→搅拌→调面→成坯

3）调制方法

将鱼肉剁成泥状，放入盆中，加入适量的清水和盐，搅打至鱼肉发黏上劲起胶，挤成每个重 10 ~ 12.5 g 的小球，放入干澄粉中，再用面杖连粉一起轻轻敲击成圆形的薄皮。

4）调制工艺要点

用料比例及投料顺序要严格掌握；鱼（虾）肉要新鲜，要剁烂成蓉，并注意卫生；搅打要顺一个方向，注意用力和速度。

### 4.5.5　冻类面坯调制工艺

冻类面坯指用果料、冻粉及糖、乳、色素、香料等为原料制成的各种具有特殊风味的美点和小食品。此类面坯种类也较多，各地均有不同的制作特色且具有时令性和季节性。如杏仁豆腐、西瓜酪、冻糕等，均为夏季品种，风味别致。具体品种因原料不同，用料及制法各有区别。现介绍杏仁豆腐（图4.5.7）的制作工艺。

图 4.5.7　杏仁豆腐

1）配方及用途

杏仁豆腐的配方见表 4.5.7。

表 4.5.7　杏仁豆腐配方 单位：g

| 面坯 | 琼脂 | 清水 | 牛乳 | 杏仁 | 糖浆 | 用途 |
|---|---|---|---|---|---|---|
| 冻类面坯 | 25 | 2 000 | 25 | 100 | 1 000 | 杏仁豆腐 |

2）工艺流程

牛乳、杏仁汁
↓

琼脂→涨发→煮化→稍冷却→调匀→装盘晾凉→进冰箱凝结→改刀成小块→加糖浆

3）调制方法

先将杏仁用开水浸泡，去掉仁衣，洗净后加冷开水一起磨成细浆后过滤得杏仁汁。另将琼脂洗净，用水略泡，待回软后放入锅中，加入清水煮至琼脂完全溶化，离火放置至稍冷（不能凝结）时，再放入牛乳、杏仁汁拌匀，倒入洁净的方形盘中，自然冷却后放入冰箱冷藏 2 h 后即成。食用时，改刀成小块放入碗中，再加入糖浆水即可。

4）调制工艺要点

杏仁必须出渣，投料比例要准确，琼脂要煮至完全溶化，否则豆腐会出现老嫩不一。

[任务评价]

| 学生本人 | 量化标准（20 分） | 自评得分 |
|---|---|---|
| 成果 | 学习目标达成，侧重于"应知""应会"。<br>优秀：16 ~ 20 分；良好：12 ~ 15 分。 | |
| 学生个人 | 量化标准（30 分） | 互评得分 |
| 成果 | 协助组长开展活动，合作完成任务，代表小组汇报。 | |
| 学习小组 | 量化标准（50 分） | 师评得分 |
| 成果 | 完成任务的质量，成果展示的内容与表达。<br>优秀：40 ~ 50 分；良好：30 ~ 39 分。 | |
| 总分 | | |

[任务拓展]

学做水晶饼

水晶饼因色泽透明晶亮而得名，其采用澄粉团包入奶黄馅，用压模成形，蒸熟至色泽透亮、味道香甜，可以随着模具和馅心的变化而变换出多种多样的水晶饼，例如"扇贝水晶饼""豆沙水晶饼""寿桃水晶饼"等。

一、实训原料

（一）皮料：澄粉 500 g，优质生粉 100 g，沸水 750 g，猪油 25 g，白糖 50 g。

（二）馅料：奶黄馅 500 g。

二、制作过程

1.将澄粉和生粉混合倒入盆内，倒入适量的热开水，用筷子拌匀（水要逐步加入，直到澄粉能和成团）。

2.把面团倒在擦干净的操作台上，趁热加入猪油、白糖，搓至粉、油、糖融合，至光滑、滋润、无生粉粒，用湿布盖上。

3.将面团搓成长条，揪成 25 g 左右的剂子，包入 10 g 奶黄馅，收严剂口，呈圆形，收口朝上，放入晶饼模子用手按平按实，磕出即成生坯。

4.将生坯码入刷油笼内，用旺火蒸 6 min 即熟。

[ 练习实践 ]

1.比较果蔬面团和鱼虾蓉面团质感的差异。

2.查找地方特色冻类点心，写出具体的制作过程和风味特点。

单元5

# 制馅工艺

[单元目标]

1. 熟知馅心的概念和作用；理解馅心的分类和包馅比例与要求；掌握馅心的制作要求。
2. 掌握咸馅、甜馅及其他类型馅心的制作工艺。
3. 会制作典型咸馅和甜馅。

[单元介绍]

制馅工艺是指以各种禽、畜、海产、果蔬及其制品为原料，根据面坯特性，适当掺入各类调味品，经过生拌或熟烹，使原料呈现鲜美味道的过程。制馅是面点制作中一套独立的、完整的工艺，制馅工艺也是中式面点制作的重要基础工艺之一。

制馅过程涉及多方面的知识和技能，不仅要熟悉选料知识，掌握原料的加工处理方法，而且要熟练掌握各种馅心的拌制和烹调技术。

本单元主要讨论馅心的定义、分类和包馅比例与要求，馅心的制作要求，常用典型甜馅和咸馅的制作工艺。

# 任务1　馅心的分类、作用及制作要求

[任务目标]

　　1. 正确理解馅心的概念和作用。
　　2. 掌握馅心的分类和制作要求。
　　3. 理解包馅比例与要求。

[任务描述]

　　馅心又称馅子，是指将各种制馅原料经过加工调制后包捏或镶嵌入米面等坯皮内的"心子"。它与主坯相对应，经过单独处理后再与坯皮组合成形，形成面点。馅心种类繁多，口味多样，是面点制品的重要组成部分，也是制作面点品种的一个重要工艺过程，馅心质量、口味的好坏直接影响面点品种的风味特色，通过对馅心的变换，可以更好地丰富面点的品种，并能反映出各地面点的特色。

[任务实施]

## 5.1.1　馅心的分类

　　馅心的种类随着馅料的变化而增加，种类繁多，花色不一，但大致可从口味、原料性质、制作方法3个方面来加以分类。

　　1）按馅心的口味分类

　　馅心可分为咸馅、甜馅、复合味馅3种。

　　①咸馅是以肉、菜为原料，使用油、盐等调味品烹制或拌制而成的。

　　②甜馅主要是以糖为基本原料，再辅以各种干果、蜜饯、果仁等原料制作而成的。

　　③复合味馅是在甜馅的基础上稍加食盐或其他原料（如香肠、火腿、烤鸭、腊肉、叉烧肉等）调制而成的。

　　2）按原料分类

　　馅心可分为荤馅、素馅和荤素馅3种。

　　①荤馅主要是用动物性原料调制而成的。

　　②素馅主要是用植物性原料调制而成的。

　　③荤素馅则是动物性原料与植物性原料的综合利用，或以荤料为主，或以素料为主，或荤素料各半。

　　3）按制作方法分类

　　馅心可分为生馅和熟馅。

　　①生馅是将原料经初加工处理后不经加热，直接加入调味料拌制而成的馅，如鲜肉馅、

菜肉馅。

②熟馅是馅料经过炒、煮、蒸、煨、焯、焖等烹调方法将原料加热成熟后制得的馅，如叉烧馅、三丁馅、豆沙馅等。

### 5.1.2　馅心的作用

制馅是制作面食制品的重要工艺过程之一。馅心的品质和种类不仅跟面点的品种有密切关系，而且对面点成品的色、香、味、形、质等方面有很大的影响。馅心对面点主要有以下作用。

1）改善面点的口味

含馅面点的口味主要由馅心来体现。其一，大多数包馅或夹馅面点的馅心在整个制品中占有很大的比重，通常是坯料占50%，馅心占50%，有的重馅品种如烧卖、锅贴、春卷、水饺等，馅料多于坯料，包馅多的可以达到面点总重的60%～80%；其二，在评判包馅或夹馅面点制品的好坏时，人们往往把馅心质量作为衡量的标准，许多点心就因面点制品的馅料讲究、做工精细、巧用调料，使制品具有"鲜、香、嫩、润、爽"等特点而大受食客的欢迎，这些都反映着馅心的口味。

2）影响面点的形态

馅心与制品的成形有密切的关系。馅心能美化成品的外形，如四喜蒸饺等花色蒸饺在生坯做好后，再在空洞内配以火腿、虾仁、青菜、蛋白、蛋黄、香菇末等馅心，使制品形态更加美观；在制作八宝饭、枣糕时，常用核桃、干果蜜饯等各种馅料在表皮做成各式花纹图案，使制品形态美观，富有艺术性。皮料包入馅心后有利于造型、入模，成熟后不走样、不塌陷，使外观花纹清晰美观，而这对馅心的软硬度、成熟度有一定要求，如苏式大方糕的玫瑰馅、豆沙馅软硬度适中，蒸熟后的方糕才易保持外形方正、花纹清晰。如用于花色品种的馅心，一般应干一些、稍硬一些，这样才能撑住皮坯，保持形态不变；皮坯性质柔软的，馅料也应相对柔软，才有利于制品的包捏成形。所以，制作馅心还必须根据面点的成形特点作不同的处理。

3）形成面点的特色

面点中有许多独具特色的品种，虽与所用坯料及成形加工和成熟方法有关，但大多是通过馅心来突出其风味特色。如苏式糕团中的双馅团子和炒肉团子的特色都是通过馅心来体现的；三丁包的特色是口味咸中带甜、甜中有脆、油而不腻；蟹黄汤包的特色是先吮一口汤，馅味浓多卤、鲜美异常；天津狗不理包子的特色是皮薄馅大等。馅心也体现地方特色，广式馅心制作精细、口味清淡，具有鲜、嫩、爽、滑、香等特点；苏式肉馅多掺鲜美皮冻，卤多味美；京式馅心口味，多咸鲜，肉馅多用水打馅，并常用葱、姜、京酱、香油等为调辅料。

4）增加面点的花色品种

馅心用料广泛，调味方法多样，加工方法多样，使馅心的花色丰富多彩，从而丰富了面点的品种。同样一只汤圆，因为馅心的不同，就可以产生不同的口味，形成不同的花色。如汤圆可因馅心不同分为芝麻汤圆、水晶汤圆、鲜肉汤圆等；如水饺可因馅心不同分为净素水饺、鲅鱼水饺、猪肉水饺、三鲜水饺等；包子可因馅心不同分为豆沙包、香菇青菜包、奶黄包、莲蓉包、鲜肉包、百果蜜饯包、鸡丁包等。可见，馅心的多种多样，能增加面点的花色品种。

### 5.1.3　馅心制作要求

馅心制作即制馅，是将各种原料制成馅心的过程，主要包括选料、初加工、调味、拌制或熟制等工序。制作方法虽有生馅、熟馅两种，制法有所不同，但其制作要求基本相同，主要是从馅料规格、馅心的水分和黏性、馅心口味、馅心风味特色等几个方面来考虑。

1）馅料规格

馅料细碎，是制作馅心的共同要求。馅料宜小不宜大，宜碎不宜整。因馅心是包入坯皮中，坯皮通常是米面皮，质地柔软，如馅料大或整，就难以包捏成形或熟制时产生皮熟馅生的现象。所以要求馅料细碎，加工成细丝、小丁、粒、末、泥、蓉等较小的规格。具体规格要根据具体面点品种的馅心要求来决定。

2）馅心的水分和黏性要合适

制作馅心时，水分和黏性是两大关键，影响包馅制品的成形，也影响成品的品质，如水分大、黏性差则不利于包捏成形，口感也差；相反，如果水分小、黏性大，虽然有利于包捏成形，但是口感不鲜嫩，也影响成品的品质。因此，在制作馅心时，必须注意馅心的水分和黏性要合适。

咸味馅中的菜馅类，如生菜馅，多采用新鲜蔬菜制作，水分含量很高，多在90%以上，见表5.1.1。

表 5.1.1　蔬菜含水量　　　　　　　　　　　　　　　　　　单位：%

| 名称 | 大白菜 | 油菜 | 菠菜 | 胡萝卜 | 黄瓜 | 圆白菜 |
| --- | --- | --- | --- | --- | --- | --- |
| 水分 | 95 | 92 | 93 | 89 | 96 | 93 |

蔬菜含水量很高、黏性差，必须减少水分、增加黏性，这也就是调制生菜馅的两大关键。减少水分通常把蔬菜切碎后进行手挤水、用重物压水或加入干性原料吸水。增加生菜馅黏性常采用添加油脂、酱类、面粉、鸡蛋等办法。熟菜馅馅料多用干制菜泡后熟制，具有水分少、黏性较差的特性，采用勾芡的方法可增加馅心卤汁的浓度和黏性。

生肉馅馅料则与生菜馅馅料情况相反，肉类油脂重、水分少、黏性过足，所以制作生肉馅心则需增加水分、减少黏性。采取的办法有"打水"或"掺冻"，并掺入调味品，使馅心水分、黏性保持适当，包入坯皮中后，经熟制达到鲜嫩多汁的特点。熟肉馅一般经过熟制，馅心又湿又散，黏性也差，可以采用勾芡的方法，吸收溢出的水分并增加馅心的黏性，使馅料和卤汁混合均匀，保持馅心鲜美入味。

甜味馅为了保持适量水分，通常采用泡、煮或加入熟油等方法调节馅心干湿度、炒制成熟，加糖、油融合，增加黏性，与其他辅料凝成一体；拌制的馅心则用成熟时的温度使油、糖融合，增加黏性。

3）馅心口味稍淡

我国幅员辽阔，各地气候、地理环境、饮食习惯、口味要求有所差异，所以馅心口味多样。由于馅心食用时通常不再调味，再加上经熟制要失掉一部分水分，使咸味增加，因

此，馅心调味应比一般菜肴淡一些（水煮面点及馅少皮厚的品种除外）。

4）根据面点的造型特点制作馅心

面点的形态各异，能否保持其形态成熟后不走样、不塌架，与馅心的干硬度有重要关系，因此要根据面点成形特点对馅心作不同处理。一般情况下，花色品种的馅心应稍干一些，稍硬一些，如广式月饼的馅；对皮薄或油酥制品，一般情况下用熟馅，以防影响制品形态。

### 5.1.4　包馅比例与要求

根据面点的分类不同，面点有无馅与包馅之分。包馅面点的配方设计应根据皮与馅的加工来制定。在饮食行业中，常将包馅面点制品分为轻馅品种、重馅品种和半皮半馅品种。

1）轻馅品种

轻馅品种一般皮料占 60% ~ 90%，馅料占 10% ~ 40%。它主要适用于两种面点：一种是面点皮料具有显著特色，馅料起辅助作用的品种。如开花包就只能包以少量的馅料来突出皮料松软、体大而开裂的外形。如荷花酥、蟹壳黄、金鱼包等为了达到外形上的美观，而不能包入过多的馅心。另一种是馅料具有浓郁香甜味，不能多放，多放不仅破坏口味，而且易使坏皮穿底，如水晶包、鸽蛋圆子等。另外，果仁蜜饯馅的品种也适宜轻馅制作。

2）重馅品种

重馅品种一般皮料占 10% ~ 40%，馅料占 60% ~ 90%。它主要适用于两种面点：一种是面点馅料具有显著特点的品种，如广式月饼皮薄馅大，制品以突出馅料为主，馅料千变万化，如五仁馅、莲蓉馅、百果馅、椰蓉馅等。另一种是皮子具有较好的韧性，适于包制大量馅心的品种，如水饺、烧卖、锅贴、馅饼等，以韧性较大的水调面做皮子，能够包住大量的馅心。这类制品馅大、品种多、味美、有筋道。

3）半皮半馅品种

半皮半馅品种是以上两种类型之外的品种，一般皮料与馅料各占 50%。它适用于皮料和馅料各具特色的品种，如各式大包、各式酥饼等，既突出了馅心风味又突出了皮料特点。

[任务评价]

| 学生本人 | 量化标准(20分) | 自评得分 |
|---|---|---|
| 成果 | 学习目标达成,侧重于"应知""应会"<br>优秀:16 ~ 20分;良好:12 ~ 15分 | |
| 学生个人 | 量化标准(30分) | 互评得分 |
| 成果 | 协助组长开展活动,合作完成任务,代表小组汇报 | |
| 学习小组 | 量化标准(50分) | 师评得分 |
| 成果 | 完成任务的质量,成果展示的内容与表达<br>优秀:40 ~ 50分;良好:30 ~ 39分 | |
| 总分 | | |

[任务拓展]

### 掺冻的知识

掺冻，是指在肉馅中加入"冻"进行调制。"冻"又称"皮冻""皮汤"，是把肉皮煮烂绞碎，再用小火熬煮成糊状，经冷冻凝结而成。通常每 1 000 g 肉皮放 1 500 ~ 2 500 g 汤水均可制冻。冻可根据熬煮时加入汤水量的多少制成不同的软硬程度，即硬冻、软冻、半硬冻等。

掺冻的方法在南方居多，特别是在江淮一带，一般用于小笼包、汤包等，如武汉的四季美汤包、江苏的蟹黄汤包等，具有卤汁丰厚、鲜嫩味美的特点。

制冻原料通常选用动物的皮，皮中含有大量的胶原蛋白，经加热能水解生成明胶，冷却后立即凝成胶冻状，但在制皮冻时通常选用猪肉皮，因为猪肉皮中胶原蛋白的含量较其他畜、禽都高。由于肉皮鲜味不足，在制冻时如果只用清水（或一般骨头汤）熬制，则为一般皮冻，讲究的皮冻需用制成的鲜汤熬煮，使肉皮冻味道鲜美。

皮冻的制法：先将肉皮刮净油，去毛洗净，放入开水锅中略煮一下后捞出，洗净污垢，再放回锅内，加清水，煮至肉皮软烂取出，用刀剁碎，或用绞肉机绞碎，再放回原汤锅内。或选用火腿、母鸡、干贝等熬制，加入姜、葱、料酒，并随时撇去汤中的浮沫、油污等，待汤汁浓稠、肉皮完全呈糊状时，加盐、胡椒粉、味精等调味料，盛入容器中，冷却凝固即可。

馅心掺冻量应根据冻的软硬程度和具体品种的皮坯性质而定。一般是每 500 g 馅料掺冻 300 g 左右。水调面团、嫩酵面等，掺冻量可多一些；发足的酵面作皮坯时，掺冻量应少一些，否则，卤汁被皮坯吸收后容易穿底露馅。

[练习实践]

1. 试做皮冻，总结制作皮冻的技术要点。
2. 比较蟹黄大包馅和小笼汤包馅的风味特点。
3. 简述馅心的分类。
4. 结合实际谈谈制馅的重要性。
5. 从市面上选择 5 种点心，按照其包馅特征划分为重馅制品、轻馅制品、半皮半馅制品。

## 任务2　制馅原料的熟处理

[任务目标]

1. 了解制馅原料的熟处理方法。
2. 掌握一般熟处理的操作方法。

[任务描述]

　　制馅原料的荤料多选用畜肉、禽肉、水产海鲜及其加工品；素料多选用时令蔬菜、干制菜、腌制菜及豆制品等。甜馅选用干果、蜜饯、果仁为原料，在认真选料后，要分别进行初加工和精加工。如肉类先去骨、去皮，再按部位下料，洗干净；各种蔬菜要选择好，洗干净；干货、干料要分别涨发、整理、洗净，果仁、蜜饯等原料需要经过焯水、炒制、上浆、勾芡等初步熟处理，去除原料中带有的不良气味，如苦味、涩味、腥味等，突出原料的香味、鲜味等。

[任务实施]

### 5.2.1　原料熟处理时的水分控制

　　用于熟素馅的蔬菜原料，一般都要经过炒、蒸、煮等方法烹制成熟，具有清香不腻、柔软适口的特点。熟荤馅的制作必须根据原料的性质、品种对馅心的要求，采用不同的烹调方法，具体有上浆、勾芡等方法。

　　1）上浆

　　面点制馅工艺中的上浆是指动物性馅料在熟制之前用淀粉、蛋液等辅料拌匀，使其表面形成浆膜以保留其中水分在熟制时不溢出的工艺过程。上浆的动物性馅料大多用于滑炒。原料上浆能保持其中的水分和鲜味，使熟制的馅料滑嫩、柔软、多汁。

　　（1）上浆的方法

　　将动物性原料切成制馅需要的碎粒状，放入盆中。将淀粉与水（或鸡蛋）放入碗中，混合搅拌成稀浆状，待用。在动物碎料中放入盐等调味料，使其有底味。将稀浆倒入动物性原料碎粒中，抓拌均匀。

　　（2）上浆操作要点

　　①保持静置时间。淀粉与水（或鸡蛋）混合后，要有一定的静置时间，使淀粉粒充分吸水膨胀，以获得较高的黏度，从而增加在原料上的黏附性。

　　②控制原料水分。动物原料上浆前，其表面不能带有较多水分。水分多会降低淀粉浆的黏度而影响黏附能力，造成熟制时的脱浆现象。若原料表面水分较多，应该用干布吸去水分。

　　③控制蛋清状态。在调蛋清浆时，蛋清不能用力搅打，以免因起泡而降低黏度。蛋清用量也不宜过多，否则会出现泻浆或下锅后粘连。

　　④掌握盐的用量。盐除了能增加原料持水性外，还使原料具有一定的基本味。若偏咸则无法调整，更无法进行继续调味，从而影响馅心的整体风味。

　　2）勾芡

　　勾芡又称着芡、打芡等，是在熟制馅心的最后阶段向锅内加入湿淀粉，使馅心汤汁具有一定黏稠度的工艺过程，它实质上是一种增稠工艺。

　　（1）勾芡的目的与作用

　　①增加馅心黏稠度。在馅心熟制时，汤汁和液体调味料（如酱油、香醋、料酒等）的掺入，会使馅心"出水"，虽然馅心在烹制时有一些水分蒸发，但仍然有多余的水分，影响

馅心"入味"。勾芡增加了汤汁的黏性和浓度，使汤馅融和，鲜美入味。

②保持馅心滑嫩。淀粉汁经过勾芡加热以后，由于淀粉的糊化使馅心汤汁变得浓稠，浓稠的汤汁包裹在馅料表面，可以增加馅心滑嫩的口感及鲜亮的色泽。

③便于包捏成形。经过勾芡的馅心因比较黏稠不松散，在面点包捏成形时便于操作。

（2）勾芡的方法

首先制水淀粉，将淀粉、水按比例放入碗中，搅拌均匀呈稀浆状。其次馅心按要求熟制，在馅心接近成熟时，将调好的水淀粉淋入锅内翻拌均匀，借助淀粉遇热吸水糊化的特性，使卤汁吸附在馅心原料表面。

（3）勾芡操作要点

①掌握勾芡时间。一般应在馅心九成熟时进行勾芡，过早勾芡会使卤汁发焦，过迟勾芡易使馅心受热时间长，失去脆、嫩的口感。

②控制油的用量。馅心熟制时用油不能太多，否则勾芡的卤汁不易包裹原料，不能达到增鲜、美形的目的。

③芡汁用量准确。水淀粉淋入锅中用量要恰到好处。如水淀粉过少，包不住原料，馅心味道会轻淡；如水淀粉过多，芡汁厚稠，影响馅心口感。并且无论芡汁多还是少，均会影响面点成形。

④芡汁稠度准确。调制水淀粉时，淀粉与水的比例要准确。水淀粉干稠，勾芡后的馅心容易结成坨；水淀粉稀薄，芡汁不能裹馅料，还会使馅料出水。

### 5.2.2 原料熟处理的基本方法

用于熟馅的原料，一般都要经过炒、蒸、煮等方法烹制成熟，具有清香不腻、柔软适口的特点。对有异味的蔬菜、肉类要去除异味，然后加调味品再进行拌制。对一些有特殊气味或质地坚硬的新鲜蔬菜，如萝卜、芹菜、竹笋等经择洗后一般采用焯水等初加工后再刀工处理进行调味。

1）焯水处理

（1）焯水的概念

焯水是指将原料投入沸水中快速加热，使原料短时间回软成熟的工艺过程。焯水的目的如下：

①去除不良物质。一些植物性原料含有影响人体健康的物质，如菠菜含草酸，影响人体对钙的吸收；豆角含皂素，能够引起食物中毒。类似原料必须在正式熟处理前将有害物质去掉。

②保持原料鲜嫩。植物性原料焯水后，可抑制原料酶促褐变，从而保持原料色泽鲜艳。

③去除不良气味。大多数动物性原料和部分植物性原料具有腥、膻、臊等不良气味，焯水可去除异味。

（2）焯水的方法

①将需要焯水的原料择洗干净，控净水分。不锈钢盆内放入凉水，备用。

②将清水加入水锅中，大火加热烧沸。

③将控净水分的原料放入开水锅中，保持大火烧水，待原料烫软，立即用笊篱将其捞出。

④将焯水的原料放入凉水盆中，待原料凉透后用笊篱捞出，控净水分。

（3）焯水操作要点

①控制焯水时间。根据原料的性质掌握焯水时间。焯水时间长，原料容易软烂；焯水时间短，不良物质和气味还未去除。

②控制焯水温度。蔬菜原料、味清鲜的原料宜选择沸水下锅焯料，以保持脆嫩口感和清鲜味道。动物性原料、味重的原料宜选择冷水下锅焯料，以去除不良味道。

③控制焯水顺序。通常情况下，我们提倡一料一焯水的原则。如果一锅水焯几样原料时，应注意先焯无色原料，再焯有色原料；先焯无味原料，再焯有味原料；先焯素馅原料，再焯荤馅原料。保证少串色、串味。

### 2）烹调处理

（1）炒制方法

炒是制作熟馅时最常用的烹调方法，是将加工好的细小形状的馅料，用旺火少量热油快速加热，边加热边放调味料、馅料，充分搅拌，使油、调味品与馅料拌为一体成熟为馅的熟处理方法。炒在制作熟馅时有两方面的应用：一是直接炒制成馅心，而且在炒制馅心时多采用滑炒的方法；二是熟处理，如炒花椒、芝麻或面粉等，这时就要采用小火慢炒的方法。

（2）烤制方法

在馅心的熟处理中，主要是利用远红外线烤箱热辐射、对流、传导的作用，使馅心成熟。烤在馅心熟处理中主要有两方面的应用：一是将经过调味的馅心直接烤熟；二是将制作馅心的原料烤熟，如花生、核桃仁等。

（3）蒸制方法

在馅心的熟处理中，蒸制有两方面的应用，一是利用蒸汽的作用将调制好的馅心直接蒸熟；二是利用蒸汽不会使馅料变色的特点，将馅料蒸熟，如蒸制熟面粉等。

## [任务评价]

| 学生本人 | 量化标准（20分） | 自评得分 |
|---|---|---|
| 成果 | 学习目标达成，侧重于"应知""应会"<br>优秀：16～20分；良好：12～15分 | |
| 学生个人 | 量化标准（30分） | 互评得分 |
| 成果 | 协助组长开展活动，合作完成任务，代表小组汇报 | |
| 学习小组 | 量化标准（50分） | 师评得分 |
| 成果 | 完成任务的质量，成果展示的内容与表达<br>优秀：40～50分；良好：30～39分 | |
| 总分 | | |

## [任务拓展]

学做梅干菜肉馅，掌握制馅原料的初加工和调味、成熟技法。

一、原料

梅干菜 250 g，猪前夹心肉 200 g，鲜冬笋 100 g，葱 15 g，生姜 15 g，虾籽 1 g，黄酒 20 mL，酱油 25 mL，精盐 5 g，白糖 30 g，熟猪油 80 g，味精 3 g，淀粉 5 g。

二、工艺流程

梅干菜泡发

夹心肉、鲜冬笋初步熟处理 $\Big\}$ →刀工处理→烹制→调味→勾芡收汁

三、制作过程

将猪前夹心肉洗净，出水，入水锅加葱（10 g）、姜片（10 g）、黄酒（10 mL）煮至七成熟，捞起晾干，切成 0.3 cm 见方的肉丁。将鲜冬笋焯水后，也切成 0.3 cm 见方的笋丁，梅干菜用热水泡开，洗净切碎，再煮 0.5 h，晾干。再用炒锅上火，放入熟猪油烧热，加入姜末（5 g）、葱末（5 g）、肉丁煸炒，加黄酒（10 mL）、虾籽、酱油、精盐、白糖、少许肉汤烧沸入味，倒入鲜冬笋同煮，煮制卤汁浓稠，再倒入梅干菜略焖，倒入水淀粉勾芡至汁收干，加入味精冷却即成馅。

四、操作要点

1. 按用料配方准确称量。

2. 勾芡时汤汁不宜过多。

五、用途

可以用来制作梅干菜包子等发酵制品。

六、风味特点

馅心清爽适口，干香滋润，咸中带甜，油而不腻。

[ 练习实践 ]

1. 简述勾芡的作用和操作要领。

2. 简述焯水的方法和适用原料。

3. 试做烤面粉 500 g，要求烤出的面粉色泽金黄，有正常的面香气，无焦煳味。记录烤制的时间和温度。

# 任务3  咸味馅制作

[ 任务目标 ]

1. 了解不同咸味馅心的制作要求。

2. 理解不同咸味馅心的制作特点。

3. 掌握典型咸味馅心的制作工艺。

[ 任务描述 ]

在馅心制作中，咸味馅心是使用最多的一种馅心，是指以动、植物原料为主配料，再添加多种调味品（盐、酱油、糖等）及辅料，采用不同的原料配比和工艺调制而成的馅心。由于用料广、种类多，分类标准就有所不同。按制作方法可分为生咸馅、熟咸馅两类；按原料性质可分为素馅、荤馅、荤素馅三类。本任务将从咸味馅心的制作方法和工艺流程进行介绍。

### 5.3.1    咸素馅制作工艺

#### 1）咸生素馅

咸生素馅多指选用叶菜、茎菜、花菜、菌菇等原料，经过摘洗、刀工处理、去异味、去水分后，经过腌、调味而成，如白菜馅、萝卜丝馅等，具有口味鲜嫩、爽口等风味特点。

（1）咸生素馅的制作工艺

①择洗。用作原料的有叶菜类、茎菜类、菌类、根菜类和果蔬类，首先要摘除蔬菜中的老、病、虫、枯等不良叶片，去掉皮、根、蒂等不宜食用的部分，然后用清水洗净使原料清洁卫生。如涨发冬菇，就应先用冷水清洗数遍，再用 30 ℃的水浸泡涨发至回软，剪去菇柄再加工成其他形状。

②刀工处理。根据原料性质和制品要求，用切、剁、擦、压等方法，将原料加工成丁、丝、粒、末等形状。如素三鲜，各种原料就最好加工成碎末，萝卜丝馅最好加工成细丝等。

③去异味。有些蔬菜，如芹菜、菠菜、油菜带有苦、涩等异味，在调制时应采取适当措施加以消除，如可将带有异味的蔬菜原料放入沸水锅中焯一下水后捞出，用清水漂洗控干水分再使用。有些蔬菜，如红薯、土豆、慈菇、藕、芋芳等原料含有鞣质，带有涩味，当切削加工后，若与铁器相遇，其中的鞣质便与铁离子发生化学反应，产生绿黑色或蓝黑色的物质；若暴露在空气中，鞣质很快被氧化生成暗黑色的物质。由于鞣质易溶于水，易被盐析出或被明矾沉淀，为防止这些原料变色，切削加工后应马上浸泡在清水中，或用加有少量食盐或明矾的水浸泡 10 ~ 20 min，使用时再用清水漂洗干净。

④去水分。新鲜蔬菜含有较多水分，在制作时一定要去掉部分水分，以保证馅料易于成形和包捏。如白菜在切碎后可进行挤压去水，或先用盐腌制。

⑤调味。将调味料和馅料拌和均匀即可。由于调味品的性质有所不同，因此加的顺序也有所不同。如先加油后加盐，可减少馅料中水分外溢；味精、芝麻油等鲜香味调料应最后加入，可减少鲜香味的损失。拌好的馅心不宜放置时间过长，最好是随拌随用，以保证馅心新鲜和对水分的保持。

（2）常用生菜馅的制作

①萝卜丝馅。方法一，将萝卜洗净后切成细丝，用盐腌制一会儿，挤去水分抖散，加入切碎或切成丝的辅料及调味料调拌均匀即可；方法二，将萝卜洗净擦成丝，焯水后捞出晾凉，挤去水分抖散，再加入切碎或切成丝的辅料及调味料调拌均匀。各地投放原料的标准按各地实际情况而定。

②白菜馅。各地所用的原料各不相同，以白菜为主，常辅以时令蔬菜或其他原料如春

笋、蘑菇、木耳、香菇、玉兰片等。白菜洗净后沥干水分切细剁碎，挤干水分，辅料切碎或切成小丁拌入白菜馅中，加入调味料拌匀即可。

2）咸熟素馅

咸熟素馅是指以腌制和干制蔬菜为主料，经过加工处理和烹调入味而成的馅心。其特点是清香不腻、柔软适口，代表品种有雪菜冬笋馅、素什锦馅等。

（1）咸熟素馅的制作工艺

①择洗。用作原料的主要是干制菜和腌制菜，有时也用少量新鲜蔬菜。由于干制菜和腌制菜在保存中易出现虫蛀、霉烂变质，因此在择洗时要摘除虫蛀、霉变部分，然后反复清洗，使原料清洁卫生。

②泡发。它主要用于干制菜如木耳、黄花菜、干香菇、香干、粉条等，通常采用热水浸泡，水温和泡制时间应根据原料的性质而定，质干、性硬的原料应提高水温或延长泡发时间。形大的原料也可以先切开再泡发。尽量保持原料的营养成分不流失。

③刀工处理。根据原料性质和制品要求，将原料加工成小料，或丝或丁，要求规格一致，便于烹调入味。

④烹制。调味熟素馅的烹制调味方法有两种：一是通过煸炒、炝锅，将主料、辅料、调味料掺和一起烹制调味，至将熟时勾芡，使馅心融为一体，黏度适中时为止；另一种方法是将主料、辅料及调料分别烹制成熟入味，再拌制在一起，使之均匀成馅。

（2）常用咸熟素馅的制作

①素什锦馅。素什锦馅各地用料不同，可选择青菜、冬菇、金针菜、笋尖、香干、绿豆芽等。首先将青菜放入沸水中焯烫软捞出，用凉水冲凉后切成细末备用，金针菜、冬菇用温水泡软，笋尖用开水煮软后，挤干水分，均切成细末，香干切细末，绿豆芽切小段；然后将锅烧热，加油煸炒金针菜、冬菇、香干、笋尖、绿豆芽至香，加入酱油、盐、糖翻炒入味，出锅冷透后再加上青菜末、味精、芝麻油等拌匀即成。

②翡翠馅。翡翠馅成翡翠色，是由烫熟的绿叶菜、白糖、猪油和其他调味料制成。将荠菜择洗干净后放入沸水中焯至断生捞出，放入冷水中凉透，捞出挤干水分，剁成蓉，加入盐、糖、猪油拌匀即成。

## 5.3.2 咸荤馅制作工艺

1）咸生荤馅

生肉馅由鲜肉（禽类、畜类、水产品类等）经过刀工处理后，加水（汤）及调味品搅拌制成，特点是鲜香、肉嫩、多卤，适用于包子、饺子等品种。

（1）咸生荤馅的制作工艺

①选料。选料应考虑不同原料具有不同性质，以及同一原料不同部位具有不同特点来选。由多种馅料组成的馅心，应根据馅料性质合理搭配。畜肉馅宜选用吸水性强、黏性大、瘦中夹肥的部位，禽肉宜选用肉质细嫩的脯肉，水产品应选用新鲜的或优质的干制品。同是猪肉，肥中夹瘦的部位加工成碎后吸水性强、黏性大，而纯瘦肉则吸水性差、黏性小。

②刀工处理。原料选好后，应把肉加工成一定的形状，而制作水打馅或掺冻馅的肉料一般都要加工成泥状，因为细小的泥状可增加原料的表面积，扩大馅料之间的接触面，增

强蛋白质的水化作用，提高馅心吸附水的能力，使馅心黏度增强。加工时先将肉切成小块，用刀背将肉捶成蓉，剔去筋皮，再用刀剁成蓉。需要大批量生产时，可用绞肉机绞制，但应注意绞肉的粗细，若肉太粗，可多绞几次。

③调味。调味是使馅料口味鲜美、咸淡适宜，用于咸生荤馅的调味料主要有盐、味精、酱油、胡椒粉、葱、姜、蒜、芝麻油、猪油、糖、料酒等。各种调味品应按一定的顺序加入，如先加酱油、盐、料酒、姜、蒜等，调拌均匀后再加芝麻油、味精、葱、糖等。盐加入馅心的顺序和量的多少很重要，因为盐在馅心中不仅起调味的作用，同时对增加水打馅的吸水量和黏性有十分重要的作用。肌肉中构成肌原纤维的蛋白质主要有肌球蛋白、肌动蛋白和肌动球蛋白。肌球蛋白占肌原纤维蛋白质总量的40%，肌动球蛋白占45%，肌动蛋白占15%。它们都具有盐溶性而微溶于水，形成黏性的溶胶或凝胶，尤其是肌动球蛋白具有很高的黏度。因此制作水打馅时加入足量的盐，可以促进肌肉中的蛋白质吸水溶出，使肉泥的黏度增加，从而达到馅心细嫩的目的。

④调制。调制是在馅料添加调味品拌匀后加水或掺冻，以达到肉嫩、多汁、味美的效果。很多地方制作生荤馅习惯加水，特别是北方，但南方制作生荤馅习惯加皮冻，又称掺冻。

加水，亦称打水，指通过搅拌在肉馅中逐渐加入水分（鸡汤、清汤）的工艺过程。其目的是使肉馅黏性更足，质感更松嫩。加水应在加入调料之后进行，因为盐分有利于增加馅料的吸水性和黏性，使水量增加，同时后加水可使调料易渗透入味，使馅料肉嫩味美。水要分多次缓慢加入，同时需顺一个方向搅，使肉馅充分吸水而有黏性，否则，馅心出现懈汤脱水现象，影响包捏成形。夏季，搅好的肉馅放入冰箱适当冷藏为好。

（2）常用咸生荤馅的制作

①鲜肉馅的使用范围十分广泛，是咸生荤馅的基础馅，其工艺过程具有代表性，以鲜肉馅的调制工艺为基础，虾肉、鸡肉、菜肉等馅均可在此基础上进行调制。苏式鲜肉馅配方见表5.3.1。

表 5.3.1　生猪肉馅配方　　　　　　　　　　　　　　　　单位：g

| 原料 | 猪肉 | 浅酱油 | 白糖 | 盐 | 味精 | 芝麻油 | 皮冻 | 骨头汤 |
|------|------|--------|------|------|------|--------|------|--------|
| 用量 | 500 | 25 | 20 | 12.5 | 10 | 30 | 250 | 400 |

注：麻油、胡椒粉、葱、姜等辅料适量。

制法：将猪夹心肉制蓉，加盐、酱油、姜末搅拌，随后慢慢加入骨头汤，边加边向一个方向不断地用力搅拌，直至肉馅充分上劲、水分吃足、软硬适度时放入冰箱待用。使用时再放入皮冻、味精、芝麻油、葱花，搅拌均匀即可。

②三鲜馅。三鲜馅是较为讲究的馅心，一般有鸡三鲜、肉三鲜、海三鲜等。

鸡三鲜是以鸡肉、虾仁、海参为主料，配菜可选用韭菜、冬菇、韭黄、白菜等。制馅方法有两种：其一是将鸡肉、虾仁、海参切成小丁，放入盆内加酱油、姜末拌匀，放少许水吃浆，然后放盐、芝麻油调味，再放葱花、配菜拌匀即成；其二是将鸡肉剁成糜，虾仁、海参切成小丁，鸡肉糜先放盆内，加酱油、姜末拌匀，再分次加水吃浆，然后放盐、味精、芝麻油调味，最后放虾仁、海参、葱花、配菜拌匀即成。

肉三鲜是指两种海鲜、一种肉类混在一起，以猪肉、虾仁、海参为主料，配菜选用韭菜、韭黄、白菜等。制馅方法有两种：其一是将猪肉、虾仁、海参切成小丁，放入盆内加酱油、姜末拌匀，放少许水吃浆，然后放盐、味精、芝麻油调味，再放葱花和配菜拌匀即成；其二是将猪肉剁成糜，虾仁、海参切成小丁，猪肉糜先放盆内，加酱油、盐、姜末拌匀，再分次加水吃浆，然后放味精、芝麻油调味，再放虾仁、海参、葱花和配菜拌匀即成。

海三鲜又称净三鲜，以3种海味为主，配以不同季节的蔬菜。海三鲜选用鲜干贝、虾仁、海参为主料，配菜选用韭菜、韭黄、白菜，但不宜选用海螺、鲍鱼等海珍品，因为这些原料韧性较大，也有一定的脆性，不宜做馅。制作方法是净鲜干贝切成小丁，放入盆内，加姜末、酱油、盐、油调味，最后拌入葱花、配菜即可。

除上述3种三鲜馅外，还有半三鲜馅，所谓半三鲜是以猪肉、韭菜、鸡蛋、海味等原料调制而成，其比例大约肉为六成，韭菜、鸡蛋、海味等为四成。

③羊肉馅。羊肉馅配方见表5.3.2。

表5.3.2　羊肉馅配方

单位：g

| 原料 | 羊肉 | 香菜 | 花椒 | 盐 | 味精 | 酱油 | 芝麻油 | 葱 | 水 |
|---|---|---|---|---|---|---|---|---|---|
| 用量 | 500 | 20 | 2 | 12 | 3 | 5 | 5 | 5 | 200 |

制法：羊种类较多，不同品种的羊肉质相差很大，一般选用膻味较小的部位如腰板肉、肋条肉等作为馅料。羊肉去皮去骨后剁成蓉，花椒泡水制成花椒水，香菜切末，葱切成葱花。把羊肉蓉放入盆内，加酱油、盐搅拌均匀，再分次加入花椒水，边加边搅掉，直至吃透水分，然后放味精、芝麻油调好味，最后加入葱花拌匀即可。

2）咸熟荤馅

咸熟荤馅是指熟肉料经调制搅拌而成的馅，特点为卤汁少、油重、味鲜、爽口，一般用于热粉团花色点心和油酥制品的点心。制法有两种：一种是将生肉料（如禽肉、水产品等）剁碎，加热烹制而成；另一种是将烹制好的熟料切成末或丁，拌制而成。

（1）熟荤馅的制作工艺

①选料。生料多选用新鲜的猪肉、牛肉、鸡肉、虾仁、蟹肉等，熟料多选用具有一定特色的原料，如叉烧肉、烤鸭肉、白斩鸡、烧鹅等。无论生料还是熟料都可配辅一些干菜如冬笋、笋尖、茭白、黄花菜等来做馅。

②刀工处理。熟肉馅一般要求切成丁、粒、末等形状，要求规格一致，便于烹制调味。

③调味。烹制生料多采用炒的方法烹调，烹制时根据原料质地老嫩、成熟先后依次加入，有的蔬菜要在使用时拌制，如韭黄、葱花等。为便于制品包捏成形，减少馅心水分，可先进行勾芡，使馅料与卤水混为一体；对有的不需芡汁的，为了改善口感、便于包捏，可根据具体品种加适量的猪油炒制，冷却凝固成团就容易包捏。熟料则预先调制卤汁，趁热倒入，拌和成馅，或在锅内进行，勾芡调味调好软硬度。

（2）熟荤馅制作实例

①咖喱馅。咖喱馅具有浓郁的咖喱香味和良好的姜黄色，香咸适口，适于做酥皮点心，

如咖喱酥饺等。咖喱馅配方见表5.3.3。

表5.3.3　咖喱馅配方　　　　　　　　　　　　　　　　　　单位：g

| 原料 | 牛肉 | 洋葱 | 咖喱粉 | 猪油 | 咖喱膏 | 白糖 | 老抽 | 生抽 | 味精 | 盐 |
|------|------|------|--------|------|--------|------|------|------|------|----|
| 用量 | 500 | 250 | 7 | 75 | 5 | 5 | 8 | 5 | 3 | 8 |

注：清汤适量。

制法：牛肉剁碎，洋葱切丁或指甲片，锅烧热加油煸炒牛肉至散碎倒出，锅内加油略炒咖喱粉、咖喱膏，加洋葱炒香倒入炒散的牛肉末，加老抽、生抽混匀，加少许清汤，调味、勾芡即成，晾凉备用。

注意事项：咖喱馅忌芡厚，应注意水少芡薄，油不能太多。

②叉烧馅。叉烧馅是广式点心中著名的基本馅，是以叉烧为主料，加入面捞芡而制作的馅，具有叉烧硬香、卤汁浓厚的风味特点。叉烧馅配方见表5.3.4。

表5.3.4　叉烧馅配方　　　　　　　　　　　　　　　　　　单位：g

| 原料 | 猪肉 | 汾酒 | 酱油 | 油 | 大料 | 姜 | 葱 | 叉烧酱 | 白糖 | 淀粉 | 盐 | 清汤 |
|------|------|------|------|----|------|----|----|--------|------|------|----|------|
| 用量 | 500 | 50 | 15 | 30 | 15 | 25 | 25 | 15 | 25 | 10 | 15 | 200 |

注：香油、黄酒适量。

制法：将猪肉切成4 cm宽、10 cm长、2 cm厚的条，姜拍破，葱切段，蒜拍破。将切好的猪肉放入盆内，加酱油、汾酒、白糖、姜、葱、叉烧酱腌渍2 h左右后，用钩子将腌好的肉挂起，吊在烤炉内，烤约40 min，刷点香油即好。锅内放油、葱、姜、蒜、大料炒香，加黄酒、盐、酱油、白糖、清汤烧开，再放入烤好的肉条，用小火煨至汁浓时盛出晾凉。再将肉切成指甲片，加入面捞芡拌匀即成。若有现成的叉烧肉，将叉烧肉切成指甲片，加面捞芡拌匀即成。

面捞芡的制法：先将猪油300 g放入锅内烧热，加入干葱50 g炸香，捞出不要，接着加入面粉300 g炒至淡黄色，加入清水1 000 g、酱油200 g、盐15 g、白糖300 g搅拌至熟，即成面捞芡。

制作要领：①烧制叉烧宜选用半肥半瘦的臀肉或腿肉。②叉烧肉应烧入味，但不宜烧得太烂。③面捞芡不宜太稀薄，用量要适宜。

### 5.3.3　荤素馅制作工艺

荤素馅意即馅料中既有荤料又有素料，是荤馅加上蔬菜原料拌和而成的。

1）荤素馅的分类

荤素馅根据制作方法的不同可分为生荤素馅和熟荤素馅两种。生荤素馅是在生荤馅的基础上，加入加工好的生蔬菜原料，搅制拌和而成的，常用馅中以生荤馅居多，如韭菜肉馅等。熟荤素馅是在熟荤馅的基础上，加入加工好的熟蔬菜原料，经过搅拌而成的，如春卷中包裹的冬笋肉丝虾仁馅。荤素馅可用不同的原料制作不同的馅心，常用的肉类原料有鸡肉、鱼肉、鸭肉、猪肉、牛肉、羊肉等，常用的素菜原料有青菜、菜花、雪里蕻、胡萝卜、金针菇、香菇、豆制品、木耳等，可变化出很多荤素馅来。

2）荤素馅制作实例

（1）生菜肉馅

它是将蔬菜与肉类混合调制的一种馅心，菜肉馅在口味和营养搭配上都比较适宜，是一种大众化的基本馅，此馅全国各地广泛采用。生菜肉馅配方见表5.3.5。

表5.3.5 生菜肉馅配方　　　　　　　　　　　　单位：g

| 原料 | 青菜 | 猪腿肉 | 白糖 | 花生油 | 麻油 | 生抽 | 味精 | 盐 |
|------|------|--------|------|--------|------|------|------|----|
| 用量 | 1 000 | 200 | 20 | 80 | 20 | 10 | 20 | 20 |

注：湿淀粉少许。

制法：

①猪肉剁成蓉，加入盐搅打，然后再加入生抽、白糖、湿淀粉拌匀。

②青菜用开水焯水捞出漂冷水，然后切成末，用纱布扭干水分，加入盐拌匀。

③菜与肉拌和，加花生油、麻油、味精等调味料拌匀即成。

制作要领：

①青菜一般应急速焯水出锅冲凉，使其保持鲜艳。

②如添加韭菜，只要切成末即可，与调制好的肉馅拌和。

（2）烧鸭丝馅

烧鸭丝馅是属较高档的咸荤素馅，可以用来包春卷馅等易熟制品，风味浓郁，口感具有多层次。烧鸭丝馅配方见表5.3.6。

表5.3.6 烧鸭丝馅配方　　　　　　　　　　　　单位：g

| 原料 | 烧鸭肉 | 瘦肉 | 肥肉 | 湿冬菇 | 笋丝 | 韭黄 | 盐 | 生抽 | 白糖 | 味精 | 黄酒 |
|------|--------|------|------|--------|------|------|----|------|------|------|------|
| 用量 | 300 | 200 | 100 | 100 | 250 | 50 | 15 | 20 | 30 | 10 | 30 |

注：生粉、麻油、胡椒粉适量。

制法：

①除韭黄切约4 cm的段，其他原料一律切丝。②瘦肉用少许湿淀粉拌匀滑油，笋丝、肥肉焯水。③炒锅上火放少许油，倒入冬菇丝，再倒入瘦肉、肥肉，笋丝煸炒，渍酒，放入调味料，勾薄芡出锅。④将烧鸭丝、韭黄、麻油、胡椒粉拌入馅心即成。

制作要领：①烧鸭注意烧鸭皮完整，切好的鸭丝要尽量带皮。烧鸭丝与韭黄不能下锅煮，否则烧鸭皮不脆，韭黄不香。②笋丝焯水后应挤干水分，炒馅宜用大火，芡不能太厚。

[ 任务评价 ]

| 学生本人 | 量化标准（20分） | 自评得分 |
|----------|------------------|----------|
| 成果 | 学习目标达成，侧重于"应知""应会"<br>优秀：16 ～ 20分；良好：12 ～ 15分 | |

续表

| 学生个人 | 量化标准（30分） | 互评得分 |
|---|---|---|
| 成果 | 协助组长开展活动,合作完成任务,代表小组汇报 | |
| 学习小组 | 量化标准（50分） | 师评得分 |
| 成果 | 完成任务的质量,成果展示的内容与表达<br>优秀:40～50分;良好:30～39分 | |
| 总分 | | |

[ 任务拓展 ]

### 学做牛肉大包

1.原料

面粉 530 g，酵母 5 g，温水 250 g，白糖 20 g，牛肉馅 500 g。

2.制作方法

在面粉中加入酵母、白糖、温水和成发酵面团，放入盆中置于 30 ℃左右的环境中发酵半小时，将面团接成长条，揪成每只 40 g 左右的剂子，将剂子稍按扁后包入 30 g 左右的牛肉馅，用手指捏成提褶包。将做好的包子入笼屉用旺火蒸制 11 min 成熟即可。

3.质量要求

鲜肉大包色泽洁白，膨松饱满，馅味美且有汁。

牛肉馅配方见表 5.3.7。

表 5.3.7　牛肉馅配方　　　　　　　　　　　　　　　　单位：g

| 原料 | 牛肉 | 花椒 | 姜 | 酱油 | 味精 | 芝麻油 | 盐 | 水 |
|---|---|---|---|---|---|---|---|---|
| 用量 | 500 | 2 | 25 | 5 | 3 | 5 | 15 | 200 |

因牛肉肌纤维长而粗糙，肌间筋膜等结缔组织多，肉质老韧，相对来说牛腰板肉、颈肉、前头等部位的肉，肉丝短，肉质嫩，水分多，故一般采用这部分的肉做肉馅。

制法：牛肉洗净剁成蓉；姜切成末；花椒泡水。将剁成蓉的牛肉放入盆中，加姜末、酱油、盐拌匀，再分次加入花椒水，边加边搅拌，直至吃透水，放入冰箱冷藏 1～2 h 取出，然后加入味精、芝麻油调好口味即成。

制作要领：牛肉膻味重，不仅可用花椒水解膻，还可配洋葱、胡萝卜、西芹、大葱等辅料，以增香去异味。25 g 花椒用 500 g 沸水泡开即成花椒水。

[ 练习实践 ]

1.按照三鲜馅的制作方法试做一种包含两种菌类原料的馅心，要求色泽诱人、味道鲜美自然、营养合理。

2.调制生肉馅时，常用加水的方法进行，加水的关键点有哪些？

3.简述面捞芡的制作过程，试做一份叉烧馅。

# 任务4 甜馅制作

[任务目标]

1. 了解甜馅原料的基本构成与作用。
2. 掌握糖馅、泥蓉馅和果仁蜜饯馅的制作工艺。
3. 会做豆沙馅和百果馅。

[任务描述]

甜馅是一种重要的馅料，在面食中占有重要的位置，运用十分广泛，品种也是不胜枚举。甜食是我国人民特别是南方人非常喜爱的品种，各地甜食从原料、制法、花色、口味等方面有不同的特点，形成了很多的品种。

甜馅是一种以糖为基本原料，再辅以各种干果、蜜饯、果仁、油脂、粉料等原料，采用拌制或炒制而成的馅心。甜馅按其制作特点分为泥蓉馅、果仁蜜饯馅、糖油馅3种；按是否加工成熟分为生甜馅与熟甜馅两种。

[任务实施]

## 5.4.1 甜馅的基本构成和作用

甜馅主要由糖、油、面、果料及其他辅料构成，利用它们各自的工艺性质，调节它们之间的比例，采用不同工艺，可制作出不同风味的馅料，而糖、油、面及辅料对馅心的形成和制品加工起着重要的作用。

1）糖

糖是甜馅的主体，有一定的甜度、黏稠性、吸湿性、渗透性等，不仅可以增加甜味，还可以增加馅心的黏结性，便于馅料成团，并有利于保证馅心的滋润，有利于馅心的保存等。一般调馅用的糖有白砂糖、绵白糖、糖粉、饴糖等。

2）油

油在馅心中起滋润配料，便于配料的彼此黏结，增加馅心口味的作用。一般制馅用的油脂有猪油、花生油、豆油、黄油、芝麻油等。

3）面粉

馅心加入面粉，可使糖在受热熔化时使糖浆变稠，防止成品塌底、漏糖。若不加面粉，糖受热熔化变成液体状，体积膨大，易使制品爆裂穿底而流糖，食用时易烫嘴。馅心中使用的面粉一般要经过熟化处理，蒸或炒制成熟，拌入馅心中不会形成面筋，使馅心在制品成熟时避免夹生、吸油或吸糖后形成硬面团，使制品酥松化渣，如芝麻馅就是用熟芝麻粉、白糖制成的。加入馅心中的面粉可用米粉或豆粉代替，同样可防止制品爆裂穿底而流糖。

4）辅料

甜馅中的果料、果肉料等被称为辅料，对甜馅的风味构成起着十分重要的作用，并对馅心的调制、制品的成形成熟有较大影响。一般果料、果肉料等宜切成丁、丝、糜等较小的形状，对突出其独有风味的辅料，在不影响制品成形成熟的前提下应稍大，以突出其口感和风味。如松子枣泥麻饼中的松子仁以整粒状包入。

### 5.4.2　泥蓉馅制作工艺

1）概念

泥蓉馅是以植物的果实或种子为原料，先加工成泥蓉，再用糖、油炒制而成的一类甜味馅心。馅心经炒制成熟，目的是使糖、油熔化与其他原料凝成一体，其特点是馅料细软、质地细腻、甜而不腻，并带有果实香味。常用的泥蓉馅有豆沙、枣泥、莲蓉、豆蓉、薯泥等。这里的"蓉"是广东方言，长江中下游通常称为"茸"，或"泥""沙"。

2）泥蓉馅的制作工艺

（1）洗、泡

不论选用哪种原料，首先要除去干瘪、虫害等不良果实，清洗干净，对豆类和干果原料应用清水浸泡使之吸收一些水分，为下一步的蒸或煮打下基础。对根茎类如甘薯、山药应洗净去皮。

（2）蒸、煮

蒸与煮是为了让原料充分吸水而变得软烂，以便下一步制作泥蓉。一般果实和根茎类原料如红枣、甘薯等，适宜使用蒸的方法，蒸时火旺气足，一次蒸好；豆类及一些干果等质地干硬的原料适宜使用煮的方法，煮时先用旺火烧开，再改用小火焖煮，放少量碱粉可缩短煮的时间。

（3）制泥蓉

①采用特制的铜筛擦制而成，原料中不易碎烂的果皮、豆皮等留在筛中，起到过滤的作用，使制得的馅料精细、柔软，但这种方法制作的速度慢。

②对于根茎类原料，应采用抿制的方法，反复抿制馅料至细软为止。

③用磨浆机或粉碎机绞制原料，使原料成为泥、蓉。这种方法制得的馅料质感比较粗糙，果皮、豆皮等纤维含在其中，但速度快、产量高，适合工业化生产。泥与蓉的制法基本相同，只是泥比蓉粗些，熬的馅心更稀一些。

（4）加糖、油炒制

炒制的方法可先加糖炒制，后加馅料炒制；也可先加馅料炒制，再加糖炒制；或糖和馅料一起炒制等。但每种炒法都需用小火慢炒，使水分慢慢蒸发，糖、油渗入原料，炒制时要不停翻动，炒匀、炒熟，以防煳锅。

3）制作实例

（1）豆沙馅

它特指赤豆（红小豆）经熟化成细沙，用油、糖等炒至成熟的一种泥蓉馅。豆沙馅是面点中常用的馅心之一，多用于月饼、蛋糕、面包、豆沙卷、粽子等。原料可选用赤豆、绿豆、豌豆、扁豆、蚕豆等。

豆沙馅配方见表 5.4.1。

表 5.4.1  豆沙馅配方                                                       单位: g

| 原料 | 赤豆 | 白糖 | 红糖 | 猪油 | 植物油 |
|------|------|------|------|------|--------|
| 用量 | 500 | 375 | 250 | 100 ~ 150 | 150 ~ 200 |

①制法。

a. 清洗：将赤豆用清水洗净除去杂质。

b. 煮熟：将洗净后的赤豆每 500 g 加凉水 1 250 ~ 1 500 g 下锅，先用旺火烧开，然后改用文火煮至豆烂，或用压力锅直接高温煮至酥烂，取出晾凉。

c. 取沙：将赤豆擦去皮过筛取沙。有手工或机器两种方法，手工是将煮烂的赤豆放入铜筛中，加水搓擦，豆沙沉在桶底，滗去清水，盛入布袋内挤去水分。机器取沙是将赤豆放入取沙机中，开动机器，再经过孔径 1 mm 的铜筛，湿豆沙沉入钻桶，盛入布袋内挤去水分成沙块状。

d. 炒制：通常赤豆：白糖为 1 ：1.5。先将锅烧热，放入全部猪油和部分植物油，加入白糖炒匀，倒入豆沙料用木勺不停翻炒。炒的过程一般分三次加植物油，炒至豆沙中水分快干时放入白糖继续炒，至水分基本收干，关火，加第三次植物油，推炒均匀至豆沙吐油翻沙，浓稠不粘锅，出锅即成。

②制作要领。

a. 煮豆时不宜放碱。传统的豆沙馅，一般在煮豆时都要放碱，一是为了使煮豆时间缩短。二是使豆沙加深颜色。但碱会破坏豆的营养成分，另外，放碱煮酥的豆子发黏，不易去皮出沙，影响出沙率。

b. 煮豆时，避免过多搅动。特别是在焖制过程中，翻搅使豆子碰撞加剧，豆肉破皮而出，使豆汤变稠，影响传热，造成豆子烂度不一致。另外，豆沙沉入锅底后，易造成煳锅，影响豆沙馅的品质口味。

c. 出沙时，要选用细眼筛，擦沙时要边加水边擦，以提高出沙率。一般 500 g 赤豆出沙 1 000 ~ 1 500 g。

d. 炒制时宜用小火，不停地翻炒，炒至黏稠、色泽由红变深即成，避免产生焦煳味。

e. 炒制用油可根据实际需要选定。猪油便于馅心凝固，利于制品包馅成形，但成馅颜色浅淡，光泽度稍差。使用植物油炒豆沙，成馅颜色黑亮，但较稀软，不便包馅成形，多用于夹馅品种。使用混合油炒沙，二者优点兼而有之。

③质量标准。

全国各地炒制方法各不相同，各有特点，但均要求达到色泽自然油亮、质地软硬适度、口感滋润甘甜、不粘器具、无焦块杂质、无焦苦味。

（2）莲蓉馅

莲蓉馅是甜馅中较高档的馅心，具有莲子的清香和特殊的营养价值，素有"甜馅王"的美称。根据工艺，莲蓉馅分为红莲蓉和白莲蓉两种，红莲蓉口味甘香细滑，色泽金红油润。白莲蓉入口香甜软滑，色泽白里带浅象牙色，有浓郁的莲香味。

莲子又称莲蓬子，莲子因生产时期和出产季节的不同，分为夏莲和秋莲。夏莲又称伏莲、白莲，颗粒饱满，壳薄肉厚，表皮红中透白，涨性好；而秋莲又称红莲，粒细而瘦，种皮红。目前市面上白莲和红莲都很多，它们的制法相同。莲蓉馅配方见表5.4.2。

表5.4.2　莲蓉馅配方
单位：g

| 原料 | 通心白莲 | 白糖 | 猪油 | 植物油 |
|------|---------|------|------|--------|
| 用量 | 500 | 750 | 250 | 75 |

①制法。

a.制蓉：选用通心白莲加清水煮至酥松，或上笼屉中蒸至松粉，用磨浆机将蒸熟的莲子磨成细浆，或用细箩搓擦成泥。

b.炒莲蓉：铜锅内放部分猪油烧热，然后加入莲蓉和白糖同炒，先用旺火后用文火炒制，待莲蓉变稠时加入剩余猪油，当莲蓉稠厚到不粘锅勺，起锅装入盆中，用熟植物油盖面，防止莲蓉变硬返生。一般可保存3～6月。

②制作要领。

a.通常选择通心莲子，如莲子带皮，则首先应进行去皮处理。

b.磨莲蓉要求细滑，如不够细滑则应重复一次或过筛。

c.炒制莲蓉时宜先用旺火，待莲蓉水分蒸发、变稠时改为文火炒。如火过大，要离火推炒，其火候以保持莲蓉不煳锅为原则。

d.炒馅最好选用不锈钢锅或铜锅、木铲，以保证馅的色泽纯正。

③质量要求。

色泽淡黄，口味清香甘甜，质地细腻而带有沙质感。

## 5.4.3　果仁蜜饯馅制作工艺

### 1）概念

果仁蜜饯馅是以熟制的干果仁、蜜饯和果脯为主料，经加工处理后与糖及其他配料拌制而成的一类甜味馅，其特点是松爽香甜、果香浓郁。

常用的果仁有葵瓜子、花生、核桃、松子、榛子、杏仁、巴旦木仁、芝麻等；常用的蜜饯有冬瓜条、蜜枣、青红丝、桃脯、杏脯等。常用的果仁蜜饯馅有五仁馅、百果馅、椰蓉馅等。由于各地生产原料不同，地域口味要求不同，用料侧重点就有所不同，如广式多用杏仁、橄榄仁，苏式多用松子仁，京式多用北方果脯、京糕，川式多用内江生产的蜜饯，闽式多用桂圆肉，东北地区多用榛子仁等，通过众多原料的合理搭配，可制出风味各异的甜馅，因此也是面点制作或演变中常用的馅心。

### 2）果仁蜜饯馅的加工工艺

#### （1）选料

由于各地特产不同，选料也就有所侧重，为了保证馅心的质量，就必须合理选择原料。如选择核桃、花生、腰果、橄榄仁等这些含油量大的原料，因易氧化产生哈味，易吸湿回潮发生霉变，选择时一定要选择新鲜无异味的果料，否则馅心质量就不能保证。

（2）加工

果仁一般要经炒熟或烤熟，对果仁较大的如花生仁、核桃仁，去壳去皮后要用刀或碎料机压成碎粒；果脯、蜜饯类也要切剁成丁、末后使用。总之，果仁蜜饯的颗粒大小应适中，以突出风味又不影响口感和工艺操作为主。一般硬性原料宜小，软性原料宜大，主料宜大，辅料宜小。

（3）混合拌制

加工好的果仁、果脯、蜜饯与细砂糖、过罗的熟粉及适合的油脂拌和，搓擦到既不干也不湿，手抓能成团时为好。原料放在一起搅拌均匀即可。对橄榄仁等薄而扁、质地脆嫩的原料，拌馅时应稍后加入，以免拌碎成屑，糖、油在这里不仅调整口味，增加馅心的香甜味，还是馅料彼此间的黏合剂。熟粉或糕粉在馅心中进一步促进果料、糖、油黏结，使馅心容易定形，使制品受热后不流糖、不穿底。馅心的软硬可用水调节，但水分不可过大，否则在成熟时易受热蒸发产汽，使制品破裂流糖。

3）制作实例

（1）五仁馅

五仁馅是因选用5种植物的果实为主要原料而得名，是较高档的甜点馅心。常用的五仁是指核桃仁、瓜子仁、松子仁、花生仁、杏仁。五仁馅配方见表5.4.3。

表5.4.3　五仁馅配方　　　　　　　　　　　　　　　　　　单位：g

| 原料 | 核桃仁 | 瓜子仁 | 花生仁 | 杏仁 | 松子仁 | 板油丁 | 白糖 | 熟面粉 |
|------|--------|--------|--------|------|--------|--------|------|--------|
| 用量 | 250 | 150 | 250 | 150 | 250 | 1 250 | 1 250 | 400 |

制法：将核桃仁用开水浸泡去皮后放入烤箱烤出香味；花生仁放入烤箱烤脆去皮；把五仁均烤香烤熟后剁碎。将全部原料拌和在一起，用手搓匀搓透，使白糖、板油丁、五仁、熟面粉融为一体即成。

（2）百果馅

百果馅的原料丰富，可加入很多种原料，除常见的果仁外，还可加入橘饼、金橘糖、杏脯、糖冬瓜等。百果馅配方见表5.4.4。

表5.4.4　百果馅配方　　　　　　　　　　　　　　　　　　单位：g

| 原料 | 杏仁 | 桃仁 | 瓜子仁 | 熟芝麻 | 橘饼 | 橄榄仁 | 低筋粉 | 白糖 | 花生油 | 糖白膘丁 | 糖冬瓜 |
|------|------|------|--------|--------|------|--------|--------|------|--------|----------|--------|
| 用量 | 75 | 100 | 25 | 125 | 100 | 50 | 125 | 500 | 75 | 375 | 125 |

①制法：杏仁、橄榄仁用温水浸泡后去皮、烤香，然后和桃仁一起切成小粒；橘饼切碎；糖冬瓜切成丁。先将果仁、橘饼、糖冬瓜丁、糖白膘丁混合均匀，再加入花生油、白糖和适量水拌匀，最后加入低筋粉拌至馅心软硬适度即可。

②制作要领：a.料中加水仅仅是为了适当降低馅料的硬度，不能加得过多，否则在烘或烤时易受热蒸发，使制品破裂流糖。b.可把白糖换为糖浆。

（3）椰蓉馅

椰蓉馅是以椰丝为主料，添加猪油、白糖、鸡蛋制成的一种甜味馅心，制作工艺简单，

广泛用在烤制面点中，成品具有椰丝的香气，风味别具一格。椰蓉馅配方见表5.4.5。

**表5.4.5　椰蓉馅配方**

单位：g

| 原料 | 椰丝 | 猪油 | 白糖 | 鸡蛋 | 水 | 面粉 | 椰子香精 |
|------|------|------|------|------|------|------|----------|
| 用量 | 500 | 250 | 575 | 325 | 175 | 200 | 适量 |

①制法：将椰丝轧碎后加鸡蛋、猪油、白糖、椰子香精混合搅拌均匀，加入水搅拌均匀，最后再加入面粉拌匀即可。

②制作要点：a. 椰蓉馅软硬度按照制品要求进行调整。b. 椰蓉馅中的猪油也可用黄油替代。

### 5.4.4　糖馅制作工艺

1）概念

糖馅是以白糖为主料，加入面粉和其他配料拌制而成的一种馅心。糖馅一般以糖掺粉为基础，再加入配料，使之形成多种风味特色。如在糖馅中加入炒熟碾碎的芝麻即为麻仁馅；如加入猪油丁，即成白糖猪油馅，俗称水晶馅；加入蜜玫瑰，即成蜜玫瑰馅等。

2）糖馅的加工工艺

（1）选料

白糖中的绵白糖、细砂糖、红糖、赤砂糖可依据不同制品的特点选择使用。粉料可选择低筋粉和籼米粉或粳米粉。熟猪油、生猪板油、豆油、芝麻油等都可以按照制品的风味特点使用。

（2）加工

红白糖需细碎。面粉、米粉需烤或蒸熟过筛，拌制的油脂通常无须加热。

（3）配料

糖馅中的糖、粉、油的比例通常为糖500 g、粉150 g、油100 g。但有时因品种特点不同或地方食俗不同，其比例也有差异。拌制不同类型的糖馅所加的各种调配料适可而止。

（4）拌和

将糖、粉拌匀开窝，中间放入油脂及调味料，搅匀后搓擦均匀，如糖馅干燥可以适当加些水。

3）制作实例

（1）桂花白糖馅

桂花白糖馅具有浓郁的桂花香，质感油润，稍有松散感，颜色红白绿相间，常用于烤、蒸、煮类的面点制品。如北京自来白月饼、桂花白糖馅汤圆、桂花白糖包等，具体配方见表5.4.6。

**表5.4.6　桂花白糖馅配方**

单位：g

| 原料 | 细白糖 | 熟面粉 | 植物油 | 青红丝 | 糖桂花 | 水 |
|------|--------|--------|--------|--------|--------|------|
| 用量 | 500 | 50 | 30 | 25 | 20 | 适量 |

①制法：将所有原料放在一起，用力搓拌均匀即可。

②制作要领。

a.若太干，可适当加点水或油调和一下，再用力拌和均匀即可。

b.加粉有助于防止糖受热熔化、膨胀，爆裂穿底而流出。但应注意加粉的量，加多了，馅心干燥不爽口，加少了起不到保护糖不流失的作用。

（2）麻仁馅

麻仁馅香甜油润，有浓郁的芝麻香气，成团，但松散，广泛用于蒸、烤、煮、炸等面点制品，如麻蓉汤团、麻蓉包子和麻蓉饼等点心。

麻仁馅配方见表5.4.7。

表5.4.7  麻仁馅配方  单位：g

| 原料 | 糖粉或绵白糖 | 熟面粉 | 黄油 | 芝麻 | 桂花酱 |
|------|------------|--------|------|------|--------|
| 用量 | 200 | 50 | 150 | 100 | 25 |

①制法：将芝麻烤熟或炒熟，研成细末，与绵白糖、黄油、桂花酱、熟面粉擦匀即成。

②制作要领。

a.芝麻应淘洗干净后放入锅中炒熟，芝麻不宜研得过细。

b.如用黑芝麻，则白糖改用红糖；如用芝麻酱，则加糖粉拌匀即成。

（3）水晶馅

水晶馅是面点中常用的甜馅，此馅可用于烤、蒸类的面点制品，馅心具有香、油、肥、亮等特点。它是制作猪油包、水晶包等特色点心的极好馅料。水晶馅配方见表5.4.8。

表5.4.8  水晶馅配方  单位：g

| 原料 | 白糖 | 生猪板油或肥肉 | 熟面粉 | 白酒 |
|------|------|--------------|--------|------|
| 用量 | 1 500 | 1 000 | 150 | 25 |

①制法：将肥肉（或生猪板油）批成片，焯水晾凉（如用生猪板油去皮切丁）。将肥肉或生猪板油片切成丁，用白酒去腥。将白糖倒入肥肉（或生猪板油）丁拌匀，冷藏3天，使用时加入熟面粉和匀即可。

②制作要领。

a.切丁时根据点心品种要求掌握丁的大小。如制月饼时，则丁应以1 cm见方为好；如制水晶包，则丁以豌豆大小为宜。b.用白糖腌制时应注意选用颗粒稍粗的白砂糖。c.根据不同品种分别选用板油或肥膘。

（4）蜜玫瑰馅

蜜玫瑰馅是鲜花馅的一种，它是以糖馅为基础，加入蜜玫瑰制成的一种馅心，通常可以用于蒸、煮、烤等面点制品中，具有气味芬芳、香甜滋润、风味独特的特点。蜜玫瑰馅（川式）配方见表5.4.9。

表5.4.9  蜜玫瑰馅（川式）配方  单位：g

| 原料 | 白糖 | 蜜玫瑰 | 熟面粉 | 熟猪油 | 食用红色素 |
|------|------|--------|--------|--------|-----------|
| 用量 | 500 | 17.5 | 75 | 125 | 少量 |

①制法：蜜玫瑰剁细，加入熟猪油调散，再加入混合均匀的白糖与熟面粉反复搓拌均匀后，加入少量的食用红色素拌匀揉成团即可。

②制作要领：

a. 食用红色素要最后加入，不能过多，要揉搓均匀。

b. 最好用天然的甜菜红，也可用合成色素胭脂红，但用量都不得超过 0.25 g/kg。

c. 蜜玫瑰要调散。

d. 用油量随气温的变化做调整，以馅的软硬度符合包馅要求为准。

（5）奶黄馅

奶黄馅采用牛奶、鸡蛋、糖、玉米淀粉等原料调成糊，通过隔水蒸熟或炒制而成，具有奶香浓郁、口味香甜的特点，常用于发酵制品，如奶黄包。奶黄馅配方见表 5.4.10。

表 5.4.10　奶黄馅配方

| 原料 | 白糖 /g | 鸡蛋 / 个 | 玉米淀粉 /g | 低粉 /g | 黄油 /g | 鲜牛奶 /g | 淡奶油 /g | 奶粉 /g |
|------|--------|----------|-----------|--------|--------|----------|----------|--------|
| 用量 | 300 | 20 | 180 | 350 | 250 | 400 | 350 | 150 |

注：香兰素少许。

①制法一：将鸡蛋液放入盆内打匀，加入鲜牛奶、玉米淀粉、白糖、黄油搅拌。将盆放入蒸笼里蒸 5 ~ 10 min 打开笼盖搅一次，如此反复至原料呈糊状熟透即可。

②制法二：将白糖、鸡蛋液、鲜牛奶、淡奶油混合后加入玉米淀粉和低粉的混合物拌匀过筛，加入奶粉成面糊状；面糊放入奶锅用小火炒制，边炒边加入黄油，直到成厚糊状即可。

③注意事项：a. 调搅生料时要注意细滑不起粒。蒸时要一边蒸一边搅，成品细腻软滑。b. 蒸时采用中火。

[ 任务评价 ]

| 学生本人 | 量化标准 ( 20 分) | 自评得分 |
|---------|-----------------|---------|
| 成果 | 学习目标达成,侧重于"应知""应会"<br>优秀:16 ~ 20 分;良好:12 ~ 15 分 | |
| 学生个人 | 量化标准 ( 30 分) | 互评得分 |
| 成果 | 协助组长开展活动,合作完成任务,代表小组汇报 | |
| 学习小组 | 量化标准 ( 50 分) | 师评得分 |
| 成果 | 完成任务的质量,成果展示的内容与表达<br>优秀:40 ~ 50 分;良好:30 ~ 39 分 | |
| 总分 | | |

[ 任务拓展 ]

学做枣泥荷花酥

一、原料

干油酥 80 g、水油面 120 g、枣泥馅 150 g、红色素少许、色拉油。

二、制作过程

1. 荷花酥生坯成形

将干油酥包入水油面内，擀成长方形面片，叠成长 20 cm、宽 15 cm 的方片，用圆模敲出直径 6 cm 的圆形面皮，放入枣泥馅，收口成球形，用小刀片在球形生坯表面划 6 瓣，即成荷花酥生坯。

2. 荷花酥成熟

油锅中油温至 90 ℃时放入生坯，等油温升至 120 ℃时离火慢炸，至花瓣打开，升到油温至 140 ℃时炸熟捞出，即成荷花酥。

3. 枣泥馅的制作

枣泥馅配方表 5.4.11。

表 5.4.11　枣泥馅配方

单位：g

| 原料 | 红枣 | 白糖 | 猪油 |
|---|---|---|---|
| 用量 | 1 000 | 300 | 300 |

制法：选用肉厚、体大、质净、有光泽的红枣洗净，用刀拍碎去核，放入水中浸泡 2 h 后捞出。将泡涨的红枣搓去外皮，上笼蒸烂晾凉，用铜筛擦制成泥状备用。铜锅或不锈钢锅内放猪油烧热，加入白糖熬化，倒入枣泥同炒至浓稠、上劲不粘手、香味四溢时出锅冷却即成。取 150 g 枣泥馅待用。

制作要领。

①要选择皮薄、肉厚的红枣，黑枣也可以选用。

②盛放的容器要干燥，馅心才能长时间保存，炒馅时最后用小火、慢火炒透为好，防止馅心飞溅烫伤。

质量要求：形似荷花，酥层清晰，酥脆香甜，造型别致，品味香甜。

[ 练习实践 ]

1. 按照豆沙馅的制作工艺试做豌豆蓉馅。

2. 设计一道莲蓉馅的风味面点，写出具体制作流程。

3. 分析糖馅和泥蓉馅在制作工艺上的差异。

# 单元6

# 成形工艺

[单元目标]

1. 了解面点的形态种类及外形特征。

2. 掌握相关的基础操作工艺和各种手工成形技法、模具和机械成形方法。

[单元介绍]

面点的成形是指将调制好的面团或面坯按照品种的要求，包上馅心或不包馅心，运用各种方法，形成多种多样成品或半成品的操作过程。

面点成形工艺是面点制作技术的重要内容之一，是一项具有较高技术性和艺术性的工序，面点的成形有决定成品形态、充分反映制作技艺、形成产品风味、丰富面点的花色品种、改善面坯质地、体现品种特色、确定品种规格、便于成本核算等作用。

本单元主要学习成形前的工序和面点手工、模具和机械成形工艺的方法，这一单元的学习需要和实践操作结合一起，便于学生理解成形工艺的操作技法，掌握其技术关键。

# 任务1 成形前的基础操作技法

[任务目标]

1. 正确认识面点基本技术动作的重要性。
2. 掌握面点成形前的基础操作技法。

[任务描述]

面点成形前的基本技术动作主要包括和面、揉面、搓条等方面，是面点制作工艺中最重要的基础操作，只有学会了这些基础操作，才能进一步学会各种面点制作技术。基本技术动作熟练与否，会直接影响制品的质量和工作效率，所以学习面点基本技术动作是制作面点的主要基本功。

[任务实施]

## 6.1.1 和面

和面是整个面点制作的第一道工序，也是一个重要的环节。面团的质量，能直接影响成品品质和面点制作工艺能否顺利进行。

1）和面的操作要领

和面是在粉制原料中加入水（或油、蛋、奶、糖浆等），经拌和使之成团的一项技术。由于其是面点制作的首要工序，故在操作时必须掌握以下要求：

（1）和面的姿势要正确

在和面时，特别是面粉数量较多的情况下，需要一定的臂力和手腕力量，掌握正确的姿势，可以起到省力高效的效果。正确的和面姿势：两脚自然分开，站成丁字步，站立端正，上身要适当前倾，这样便于用力。

（2）掌握掺水比例

和面的掺水量与面粉的干燥程度、气候的冷暖、空气的干湿度、水温的高低、面团的性质和用途等方面有关，一般情况下应该根据实际情况而定。

在调制冷水面团和温水面团时，应该采用分次（2～3次）加水的方法，使面粉慢慢吸水，面团逐步上劲。掺水量要根据面团的用途而定：水饺面团一般是面粉500 g掺水150～175 g；春卷皮面团掺水量为300～350 g。

在调制热水面团时，热水应该一次加足，保证水温把粉料烫透，在拌成雪花片状后淋上少许冷水揉成面团。蒸饺、锅贴等面团的掺水量为面粉500 g掺200 g左右热水。米粉面团中的烫粉面团是米粉500 g掺水量为200 g左右。

（3）和面的质量要符合面点制作的要求

无论采用何种和面方法或何种面团，都要讲究操作动作熟练，掺水比例恰当，和面做

到匀、透、不夹粉粒，达到面光、手光、容器光的"三光"要求。

（4）和面的手法要熟练

实际操作时，无论采用哪种手法，都要讲究动作迅速、干净利落，这样，粉料才会掺水均匀，不夹带粉粒。特别是烫面，如果动作慢了，不但掺水不匀，而且生熟不均，成品内有白团块，影响成品的质量。

2）和面常用的方法

和面主要分为抄拌法（图6.1.1）、调合法（图6.1.2）、搅和法（图6.1.3）3种，其中以抄拌法使用最广泛。和面环节完成后通常需要饧面。饧面是指将面坯静置一段时间，目的是让面坯充分吸水，便于下一环节的操作。

图6.1.1 抄拌法

图6.1.2 调合法

图6.1.3 搅和法

（1）抄拌法

①适用范围。适用于面粉数量较多的冷水面团和发酵面团等，在缸盆内进行操作的和面方法。

②操作方法。将面粉放入缸（盆）中，中间掏一坑塘，第一次放入水（占总水量的70%～80%），双手伸入缸中，从外向内，由下向上，反复抄拌。使面粉与水结合，呈花片状时加入第二次水（占总水量的20%～30%），继续双手抄拌成为结块的状态，然后揉搓成团，达到"三光"要求。

图6.1.4 饧面

③注意事项。

a. 和面时以粉推水，促使水、面粉迅速结合。

b. 双手按照从外向内、由下向上反复抄拌的方法。

c. 根据面团软硬的需要，掌握加水的次数和掺水量。

（2）调合法

①适用范围。适用于面粉数量较少的冷水面、烫面和油酥面团等在案板上进行操作的

和面方法。

②操作方法。将面粉放在案板上，围成中薄边厚的圆形小坑（圆坑塘形），将水倒入中间，用刮板由内向外慢慢调合，使面粉与水结合，形成雪片后，再掺入适量水揉成面团。

③注意事项。

a. 面粉在案板上挖小坑，左手掺水，右手用刮板由内向外慢慢调合。

b. 操作中手要灵活，动作要快，防止水溢到外面。

c. 根据面团的要求，掌握面粉与掺水的比例和次数。

（3）搅和法

①适用范围。适用于粉料较多，用开水调制的面粉、米粉面团或掺水量较多的面团或面糊等，在缸盆内使用工具进行搅和的和面方法。

②操作方法。将粉料放在缸盆里，中间掏坑（也可不掏坑），左手浇水，右手使用工具搅和，边浇边搅，搅匀成团即可。

③注意事项。

a. 调制烫面时，开水浇在粉料中间，搅和要快，使水、面尽快混合均匀。

b. 调制掺水量较多的面团或面糊时，要分次加水，顺着一个方向搅和。

c. 根据面团的需要，掌握粉料与水温、水量的比例和次数。

### 6.1.2 揉面

揉面是将调和好的面团进行揉和，使之光润柔滑、筋力均匀的操作过程。它是调制面团后的一道关键操作工序，关系到后来工序能否顺利进行及产品质量能否保证。

1）揉面的目的

揉面可使面团中淀粉膨润黏结，使蛋白质均匀吸水，产生弹性的面筋网络，淀粉膨胀黏结，增强面团的劲力。揉匀揉透的面团，内部结构紧密，外表光润爽滑，便于后来工序的操作使用。

2）揉面的动作

在面点制作中，根据不同的面团应该选择不同的揉面方法，达到揉面的要求。揉面主要可以分为捣、揉、揣、摔、擦5个动作。

（1）捣

图 6.1.5　捣米粉团

①适用范围。

面团数量较多，要求劲力较大的冷水面团、发酵面团、水油面团等，在缸盆内操作的方法。

②操作方法。

在缸盆内双手握紧拳头，在面团中间用力向下捣压，使面团向缸的周围延伸，再把面团叠拢到中间，继续捣压反复多次，直至把面团捣透上劲为止（图6.1.5）。

③注意事项。

a. 双手握紧拳头，要用力向下和周围捣压。

b. 捣压的次数与程度，以面团光滑有劲为止。

c. 在捣压冷水面团时，可以边捣压边加少量水，这样面团更容易上劲。

（2）揉

①揉面姿势。

身体离案板一拳，两脚稍分开，站成丁字步，上身稍前倾。

②揉面手法。

a. 双手揉：双手掌根压住面团，用力伸缩向外推动，把面团摊开；从外逐步推卷回来成团，再反复向外推动摊开后翻卷，直至成为光滑的面团（图6.1.6）。适用于揉较大块面团。

b. 单手揉：左手压住面团后部，右手用力前推（图6.1.7），再把面团翻卷，反复推压翻卷，直至面团光滑为止。适用于揉小块面团。

 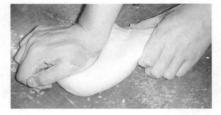

图6.1.6　揉好的面团　　　　　　图6.1.7　单手揉面

③揉面技巧。

a. 既要有劲，又要揉活。要用手腕着力，还要着力适当。

b. 揉面必须顺着一个方向翻卷，这样面团内容易形成面筋网络而光滑。

c. 根据面团的要求，确定揉面的时间和质量。

（3）揣

图6.1.8　揣面

①适用范围。

适用于面粉数量较多或面团较大，在缸盆里操作的方法。

②操作方法。

将双手握紧拳头，交叉在面团上揣压，边揣边压边推，把面团向外揣开，然后卷拢再揣，反复多次揣压至面团光滑为止（图6.1.8）。这种方法与捣的方法比较相似，在面团较大的情况下，会同时使用揣、捣两种方法，使面团快速达到光滑有劲的目的。

③注意事项。

a. 捣是握拳向下捣压，而揣是双手握拳交叉揣压。

b. 也可以边揣边沾水，使面团容易上劲光滑。

c. 根据面团的需要，掌握揣的力度和时间。

（4）摔

图6.1.9 摔面

①适用范围。

适用于面团较软、劲力大的面团的操作方法，如水油面、春卷皮面团。

②操作方法。

a. 双手摔：双手抓住面团的两头，举起来（手不离面）摔在案板上，再叠起摔动，直至摔匀为止（图6.1.9）。

b. 单手摔：左手拿住盆，右手抓起面团，脱手摔在盆内，摔下、拿起反复多次，直至摔匀为止。

③注意事项。

a. 要运用手腕的抖动摔下，这样有力而有效。

b. 摔下的力度要适当，防止面团甩出案板或盆。

c. 根据面团的需要，掌握摔的次数和要求。

（5）擦

图6.1.10 擦面

①适用范围。

适用于油酥面团和部分米粉面团的操作方法。

②操作方法。

在案板上把油与面粉混合，用单手或双手掌根把面团一层层向前边推边擦，再把面团拉回身边，反复多次推擦，直至油与面粉完全混合，并产生黏性，成为细腻的面团即可（图6.1.10）。

③注意事项。

a.注意面粉与油脂的比例（一般情况为 2 ：1）。

b.天冷要多擦（油脂凝固性比较强，不容易与面粉混合），天热要少擦（油脂融化性好，多擦容易懈油）。

c.面团擦好后，最好静止一下再使用。

### 6.1.3　搓条

搓条是运用双手把面团加工成符合下剂要求的条（图6.1.11）。下剂是根据制品规格的要求，摘成大小一致、整齐划一的剂子。这两项操作工序都是为制皮打下基础，操作的好坏直接关系到制皮的质量。

图 6.1.11　搓条

1）基本要求

条圆光洁（不能起皮、粗糙）、粗细一致。

2）操作方法

取一块面团，先拉或切成长条，然后双手掌根揿在条上，来回推搓，边推边搓，使条逐步向两侧延伸，成为粗细均匀的圆形长条。

3）注意事项

①两手着力均匀，两手使力平衡，轻重适当。

②手法灵活，连贯自如，要用掌根揿实推搓，不能用掌心，否则揿不平、压不实。

③圆条的粗细，根据面剂的大小而定。

### 6.1.4　下剂

一般又称摘剂、揪剂、掐剂等，常用的下剂方法有揪剂、挖剂、切剂、剁剂等。

（1）揪剂

①适用范围。

适用于水饺、蒸饺、小包子等较细或较小的剂子。

②操作方法。

左手握住剂条，剂条从左手虎口露出一个剂子大小的截面，右手大拇指、食指捏住露出的剂子，顺势往下一揪，就揪下一个剂子（图6.1.12）。揪下一个后，左手握住的剂条要顺势翻个身，并露出一个剂子的截面，右手顺势再揪，循环反复。

③注意事项。

a.揪剂的双手要互相配合，一揪一露，把一个个剂子揪下，在案板上排列整齐。

图 6.1.12　揪剂子

b. 揪剂时右手拇指要紧贴左手虎口，向下顺势揪下剂子。

c. 左手虎口露出的剂子截面要大小均匀，才能保证揪下的剂子大小一致。

（2）挖剂

①适用范围。

它适用于馒头、大包、烧饼等较粗或较大的剂子。

②操作方法。

左手提起剂条，右手四指弯曲，从剂条的下面伸入，四指向上提挖，就挖下一个剂子。然后把左手往左移动，露出一个剂子截面，右手再顺势挖下，直至挖完为止。

③注意事项。

a. 在剂条较粗、剂量较大，左手没法拿起，右手也没法揪下的情况下，使用挖剂方法。

b. 左手提起剂条截面大小要均匀，才能保证挖下的剂子大小一致。

c. 挖下的剂子截面朝上，在案板上整齐排列。

（3）切剂

①适用范围。

在面团很柔软，无法搓条的情况下，采用切剂的方法。

②操作方法。

一般是把和好的软面团摊在案板上，按平按匀。先切成长条，再切成方块形剂子，擀成圆形即可。

③注意事项。

a. 在切剂前，案板上要撒上少许干面粉，防止剂子粘案板。

b. 切剂时可以先拉长面团成为粗细均匀的条状，再用刀切成方块剂子。

（4）剁剂

①适用范围。

根据剂量的大小，剁下剂子。这既是剂子，又是半成品（不需要再经过揉搓成形）的下剂方法。

②操作方法。

把搓好的剂条摆放在案板上，左手轻按剂条，用右手抓住刀背，一刀一刀均匀剁下剂子即可。

③注意事项。

a. 根据成品的要求确定剂子大小。

b. 剁剂时要掌握刀的力度，以剁下剂子即可。

c. 刀具要边剁边向左侧剂条移动，保证剁下的剂子大小均匀。

说明：这种下剂方法常用于刀切馒头、糕类等点心。剁剂具有操作方便、效率高的特点。

[ 任务评价 ]

| 学生本人 | 量化标准（20分） | 自评得分 |
|---|---|---|
| 成果 | 学习目标达成，侧重于"应知""应会"<br>优秀：16 ~ 20分；良好：12 ~ 15分 | |
| 学生个人 | 量化标准（30分） | 互评得分 |
| 成果 | 协助组长开展活动，合作完成任务，代表小组汇报 | |
| 学习小组 | 量化标准（50分） | 师评得分 |
| 成果 | 完成任务的质量，成果展示的内容与表达<br>优秀：40 ~ 50分；良好：30 ~ 39分 | |
| 总分 | | |

[ 任务拓展 ]

### 雪媚娘

雪媚娘属于熟粉团制品的创新品种，它采用糯米粉、玉米淀粉调制米糊，蒸制成熟后包入打发的淡奶油和芒果馅，冷食。制品具有质感糯、韧，滋味香甜的特点。

一、实训食材

（一）坯皮

糯米粉 100 g、玉米淀粉 20 g、玉米油 27 g、糖粉 33 g、清水 117 g。

（二）馅料

动物淡奶油 300 g、糖粉 26 g、新鲜芒果肉或豆沙馅。

（三）辅料

防粘手粉：熟糯米粉 60 g。

二、实训器具

（一）工具

电磁炉、电子秤、物料盆、擀面杖等。

（二）设备

蒸箱。

每张皮 30 g 一个，可做约 10 份。

三、工艺流程

调制米糊➡制面坯➡制馅➡包制成形

四、制作过程

（一）制面坯

1. 糯米粉、玉米淀粉和糖粉全部倒入物料盆中混合均匀，依次加入玉米油和清水后搅拌至糊状。

2.把面糊倒入平铺的磁盘中，放入蒸箱中蒸熟取出，用保鲜膜包起来，放在一旁晾凉备用。

（二）制馅

1.打奶油：将淡奶油和糖粉打发，装入裱花袋冷藏备用。

2.切水果：将水果切成小丁，如软性水果芒果、草莓、榴莲等。

（三）制手粉

1.方法一：将糯米粉放入平底锅中，用小火炒至微黄色，倒出备用。

2.方法二：将糯米粉放入烤箱，烤制微黄即可倒出备用。

（四）包馅、成形

1.凉好的粉坯分成30 g一个，擀平备用。

2.取出一张粉皮，表面挤上淡奶油15 g，再放水果粒10 g左右，再挤一层奶油后收紧粉皮成团状，结口朝下。

五、制作关键

1.蒸制粉团时控制好时间，防止过度成熟影响粉皮的软硬度。

2.玉米淀粉适量使用。玉米淀粉的作用是降低糯米粉的黏性，过多影响口感。

3.奶油水果馅可以换成豆沙馅等其他甜味馅。

4.严格要求操作卫生，因为是冷食制品，产品不适合再次加热食用。

六、成品风味特色

外形饱满，质感软糯，滋味香甜，适合冷食。

[ 练习实践 ]

1.和面的要求有哪些？

2.简述和面的操作方法及注意事项。

3.揉面的手法主要有哪些？各自适用哪些面团？

4.揉面的姿势应该是怎样的？揉面的要求有哪些？

5.请你谈谈在揉面操作中的体会或收获。

# 任务2  制皮和上馅工艺

[ 任务目标 ]

1.理解制皮、上馅工艺的意义。

2.掌握常见制皮、上馅的基础操作技法。

[ 任务描述 ]

制皮、上馅工艺，是大多数面食制作都需要的环节，更是包馅品种不可缺少的一项工艺内容。制皮、上馅的技术也是考核面点人员基本功的一项主要内容。

目前，饮食业的面点制作，仍以手工生产为主，手上的功夫如何，与成品关系很大。许多技术动作，具有很强的技巧性，要达到得心应手、运用自如的地步，并非一日之功，只有通过长时间的刻苦练习，才能真正熟练掌握。

[ 任务实施 ]

### 6.2.1　制皮

制皮是将面剂（或面团）按照品种的生产要求或包馅操作的要求加工成坯皮的过程。通常，制皮是为包馅服务的。制皮技术要求高，它的质量直接影响到制品的成形和质量。由于品种不同、要求不同、特色不同、坯料的性质不同，制皮的方法多种多样。在操作顺序上，有的在分坯后进行制皮，有的则在制皮后进行分坯。常用的制皮方法有擀皮、按皮、捏皮、敲皮、摊皮、压皮等。

1）擀皮

擀皮运用比较广泛，操作技术性强。擀皮时必须借助各种工具，掌握运用好手法、动作和制作技巧，才能制好坯皮。手法分为压擀法、推压擀法、滚压擀法等，可以单手擀制和两手擀制。擀皮的方法有以下两种。

（1）平展擀制

平展擀制，是将坯料或坯剂进行平面擀制使之逐渐展开，形成符合制作要求的坯皮（图6.2.1）。

操作时一般不转动坯剂，以双手握住工具，用压擀、滚压擀等手法进行制皮，适用较大坯料的擀制。而小剂的擀制，一般只需单手操作即可。制皮要求因品种而异，手法、动作技巧也因工具而不同。

（2）旋转擀制

旋转擀制，是利用来自工具上的推动力或手法上的牵转运动，使坯剂在展开时旋转，最后形成符合要求的圆形皮子的一种擀皮方法（图6.2.2）。坯皮一般要求圆整、平展，四边较薄、中间稍厚、大小一致，符合不同制品要求。在手法上双手或单手都有运用，坯皮形态因工具、手法不同而有差别，常用于较小的坯剂擀制，如烧卖皮（图6.2.3）、饺子皮（图6.2.4）等。

图6.2.1　平展擀制　　　　　　　　图6.2.2　旋转擀制

图 6.2.3　烧卖皮

图 6.2.4　饺子皮

2）按皮

按皮是一种基本的制皮方法，运用广泛，适用于 50 g 左右的坯剂制作。

操作时，将下好的剂子撒上薄面，用手压在案板上滚圆，取一个按扁，再用掌根或掌边按成边薄、中间稍厚的圆形皮子。坯皮要圆整，符合品种的制作要求。

3）捏皮

捏皮（图 6.2.5）是一种常用的制皮方法，运用较广，一般适用于米粉面坯制皮操作，以生粉面坯之类的品种为主，如南瓜饼采用捏的手法制皮。

操作时，先把坯剂用双手掌心搓圆或揉匀，然后用双手指捏成四周厚薄均匀、内凹的圆壳形坯皮。捏皮的手指要灵活，双手配合要协调，才能既好又快。

图 6.2.5　捏皮

4）敲皮

敲皮是用一种比较特殊的使用工具进行敲制的制皮方法（图 6.2.6），常用于一些地方风味特色品种的制作，如鱼皮馄饨等。

操作时，用敲皮工具（面棍）在坯料上轻轻敲击，使坯剂慢慢展开，成坯皮状。敲皮时用力要均匀，不可重击猛敲，皮子才能平整、厚薄均匀、符合要求。

图 6.2.6　敲皮

5）摊皮

图 6.2.7　摊春卷皮　　　　　　　　　图 6.2.8　春卷皮

摊皮是主要用于浆、糊状或较稀软的面坯的一种比较特殊的制皮方法，需要借助于热能锅具，一般不需搓条、下剂。将和好的面糊直接进行摊皮，在这个过程中包括分坯的过程。摊皮时，除了手法、动作有一定的操作要求外，还必须掌握好火候。锅具宜选用平锅或不粘锅。制作春卷皮采用的就是摊皮方法（图 6.2.7、图 6.2.8）。

6）压皮

压皮一般用于没有韧性的坯剂或面坯坯料较软、皮子要求较薄的特色品种的制皮。坯剂一般较小，如用澄面制作虾饺，就是运用此方法进行制皮。具体操作方法：将坯剂先用手略摁一下，然后右手拿刀，放平，压在坯剂上，适当用力将坯剂压成平展、圆整、厚薄大小适当的皮子。

由于制皮的工具很多，形成的品种也很多，往往一种品种就有一种制皮工具，而每一种工具，又有各自的操作手法和技巧，所以想学好制皮技术，首先必须学会使用这些工具的基本动作和方法。

## 6.2.2　上馅

1）上馅概述

上馅与包馅面点品种的口味和风味的形成关系极大。熟练掌握上馅技术，才能保证品种的成形及产品的规格和质量。只有理解了上馅的意义，掌握各种上馅的操作技术，制出的包馅面点才能合乎要求。

（1）上馅的概念

上馅又称打馅、包馅、塌馅等。根据制品的不同，上馅方式、手法动作也各有差别，统称为上馅技术。

（2）上馅的 3 种形式

上馅是制作包馅面点品种的一项操作技法，运用非常广泛，为中国面点的一大制作特色。馅心的形式主要有内包馅、混合馅、外沾馅 3 种。

（3）常用的上馅方法

常用的上馅方法有包上法、拢上法、夹上法、卷上法、滚沾法、挤注法等。

2）上馅技法

（1）包上法

包上法（图6.2.9）是一种最常用的上馅方法。根据品种的不同成形要求，如无纹包裹成形、捏边折合成形、卷边包合成形、提褶包捏成形等，上馅的数量、部位和方法也都有不同。如制作水饺类面点，常用包上法上馅。

图 6.2.9　包上法

包上法品种，一般都将馅心上在坯皮的中间部位，不能偏、漏，否则会影响成品的成形及其质量。捏边折合成形类品种，馅心要上得稍平一些，这样便于坯皮的折合成形；提褶包捏类品种，上馅要求居中、不沾坯边，否则会影响成形，造成偏馅、漏馅等现象。

（2）拢上法

拢上法上馅时的操作常与成形同时进行，如烧卖类面点上馅，用手将坯皮拢住即成（图6.2.10）。

图 6.2.10　拢上法

（3）夹上法

夹上法（图6.2.11）是使馅心在成品、半成品中层间隔，以坯皮为依托，形成间隔层的一种上馅方法，制品如三色糕、千层糕等。

图 6.2.11　夹上法——夹沙糕

夹上法，没有一定的手法要求，但夹馅必须厚薄均匀、平展，规格数量要适当，多层次间隔，更须掌握操作要领。

（4）卷上法

卷上法（图6.2.12）是将坯料先擀制成片状，抹上馅心，然后卷拢成形的一种上馅方法，可用于蛋糕卷、黏质卷糕等面点的上馅。要求上馅平整、厚薄均匀、分量适当。

图 6.2.12　卷上法

（5）滚沾法

滚沾法（图6.2.13）是一种特殊的上馅方法，常与成形方法连用，亦即上馅与成形一次完成。如北方的元宵、驴打滚等，就是用此方法上馅。根据品种的不同要求，有的馅上在坯料的里面，有的沾在外面，前者如元宵，后者如驴打滚。

滚沾上馅操作的好坏，直接影响品种的形态及产品的规格质量。操作时必须做到方法正确、手法灵活、分量准确、大小一致，符合质量要求。

图 6.2.13　滚沾法——松花糕

（6）挤注法

挤注法（图6.2.14）是常运用于熟稠馅心品种的一种上馅方法。如四喜饺的装饰馅可以用挤注法进行。运用挤注法时，应注意分量要一致。

图 6.2.14　挤注法

[ 任务拓展 ]

## 学习制作馄饨皮和烧卖皮

一、馄饨皮的擀制

1. 操作技法

先用大擀面杖压在揉匀、揉光的面团上，向四周擀压开，然后再卷包在面杖上，用双手掌根压面向前推滚。每推滚一次，面团就变薄、变大。将面皮打开，撒上扑面，再包卷起来，继续向前推滚。如此反复，直至擀成又薄又匀的大片为止。

2. 操作关键

推滚时双手用力均匀压开，每次打开包卷，都要转一下面团的位置，才易擀匀，并向两端伸展，以保持每个部分厚度一致。

二、烧卖皮的擀制

1. 用通心槌擀制

将剂子按扁成圆形，平放在案板上，撒上干粉，压上通心槌，双手握住通心槌中轴的两端，右手向下用力压住剂子边缘，向前一按推，边擀边转，着力点在边上，形成有波浪花纹的荷叶边。注意事项：要求擀成"金钱底""荷叶边"或"菊花边"、中间略厚的圆皮。可将圆皮撒上干粉摞起，一次能擀出几张皮子。

2. 用橄榄杖擀制

将剂子按扁成圆坯，撒上干粉，把橄榄杖放于圆坯上，双手拇指控制住橄榄杖的两端，先将圆坯擀成厚薄均匀的圆皮，再将着力点移近边，操压，使坯皮转动，形成烧卖皮。

关键是右手用力要短促有力。烧卖皮要擀得圆，褶要均匀，但不能将皮子擀破。

[ 练习实践 ]

1. 简述不同制皮方法的注意事项。

2. 上馅有哪些方法，适合哪些品种，举例说明。

3. 试做春卷皮。

## 任务3　手工成形法

[ 任务目标 ]

1. 理解不同手工成形法的技术手法。

2. 掌握面点常见手工成形的基础操作技法。

[ 任务描述 ]

成形是面点制作技术的核心内容，从包、饺、糕、饼、团到形象逼真的花色象形制品的形成，都取决于熟练的成形技术和善于变化的灵巧技艺。从面点的成形方法上讲，中式面点的成形主要是靠手工和一些简单的工具进行，种类很多，灵活多变，制作精巧细致，技术性、艺术性都很强；而西式面点讲究使用模具，制作技术简单实用。中式点心之所以品种如此繁多，一方面与其制作面点所用的原料多样有关，另一方面则是其成形方法多样所致。本任务介绍这类成形方法无须外借工具，直接用手加工而成，包括包捏法、卷叠法、抻拧法、搓按法及镶嵌、拼摆、铺撒 3 种手工装饰成形技法。

[任务实施]

### 6.3.1 包、捏法

**1）包**

（1）包的概念

它是将擀好、压好、按好或摊好的皮子（或借助其他薄片形原料，如粽叶、豆腐皮等）包入馅心使之成形的一种方法。

（2）适用范围

包的手法在面点制作中应用极广，很多带馅品种都要用到包法，诸如各式包子、馅饼、馄饨、烧卖、春卷、汤团以及品种较特殊的粽子等。包法往往与上馅结合在一起，也常与其他成形技法结合在一起成形。

**2）捏**

图 6.3.1　包、捏法——中包　　　　图 6.3.2　包、捏法——月牙蒸饺生坯

（1）捏的概念

它是在包的基础上进行的一种综合性的成形法（图 6.3.1、图 6.3.2）。将包入馅心的坯料（包括无馅坯料）经过双手的指上技巧，按照品种形态要求进行造型的一种技法。捏法较为复杂，灵活多变，特别是捏花色品种，手法多样，具有较高的艺术性，既要形态美观，又要形象逼真。

（2）适用范围

适用于各种花色蒸饺、象形船点、糕团、花纹包、虾饺、油酥等。捏有时需利用各种小工具进行成形，如花钳、剪刀、梳子、骨针等。

### 6.3.2 卷、叠法

**1）卷**

图 6.3.3　卷法

（1）卷的概念

卷是面点制作中一种常用的成形方法（图6.3.3）。一般是将擀好的面片或皮子，按品种的需要注上油或馅，或直接卷成不同形状的圆柱形长条，形成不同层次的成形方法，再用刀切块，制改成品或半成品。

（2）适用范围

通过卷的方法可以制作各式花卷（四喜卷、蝴蝶卷、菊花卷、秋叶卷等）、凉糕、葱油饼、层酥品种和卷蛋糕等。

2）叠

图6.3.4 叠法

（1）叠的概念

它是将经过擀制的坯料经过叠制、分层间隔，形成有层次的半成品形态的一种方法，是面点成形的一道工序（图6.3.4）。

（2）适用范围

叠通常与擀制配合使用，有的是直接将剂子擀薄，刷油叠制，如制荷叶卷、千层糕等，有的是用水油面包干油酥，再擀片叠制成一定的层次，如叠制凤尾酥、兰花酥等。叠的次数多少要根据品种而定，有对叠而成的，也有反复多次折叠的，如蝴蝶卷、蝙蝠夹、麻花酥、荷花酥等。

### 6.3.3 抻、拧法

1）抻

拉面是我国广为流传的一种面食，特别是在辽阔的北方大地上，不同的地域拉面的用料、配比、成形等也有不同。北京高级面点技师王春耕先生认为，中国的拉面可分为四大流派，即山东福山的鲁派、北京的京派、山西的晋派、甘肃的兰州派。

（1）概念

它俗称抻拉面，是把调制好的面坯搓成长条，用双手拿住两头上下不断抛动、扣合、抻拉，将大块面团抻拉成粗细均匀、富有韧性的条、丝形状的制作方法（图6.3.5）。操作

图6.3.5 抻法——拉面

时，一般需要经过盘条、打扣、出条3个过程，环环紧扣，用力均匀，手法灵活。

（2）适用范围

抻的技术性较强，用途很广，抻出的面条形状多样、可粗可细，通常有中细条、细条、扁条、棱角条、空心条、龙须面等。除了制作一般拉面、龙须面外，金丝卷、银丝卷、一窝丝酥、盘丝饼等都需要将面团抻成条或丝后再制作成形。

2）拧

图6.3.6　拧法——麻花

（1）概念

拧是将坯剂或坯条，形成绳形形态的成形手法，常常与搓、切等手法结合运用，如拧麻花（图6.3.6）、花卷等。

（2）操作特点

操作时，用双手拇指、食指同时捏住坯剂或坯条的两头，按照不同品种要求，向相反方向扭转，使之成为绳纹形态。拧时用力均匀，扭转程度适当即可。

### 6.3.4　搓、按法

1）搓

图6.3.7　搓法——馒头

（1）概念

除了成形前的基本手法搓条外，搓的成形技法主要是揉搓形状，即将下好的剂子用双手或与案板互相配合，搓揉成圆形、半球形、短条形、柱形、高桩形等。

（2）适用范围

一般用于制作米粉圆子、高桩馒头（图6.3.7）等品种。揉搓的方法有旋转搓（搓馒头方法）和直搓（搓麻花方法）。

2）按

图 6.3.8　按法——月饼

（1）概念

按是用手掌根或手指，按压坯形的手法。也常常作为辅助手法使用，配合包（如包馅的厚饼类制品）、印模（如枣泥印糕、广式月饼（图 6.3.8））等成形。

（2）操作要点

按的成形品种较多，操作时用力均匀，轻重适当，包馅品种更要注意馅心的按压要求，防止馅心外露。

### 6.3.5　手工装饰成形法

有些面点品种在进行搓、包、卷、捏等成形技法的同时，还要进行装饰成形。装饰的目的不仅使产品外形美观，而且可以增加制品的营养、改善制品的风味。手工装饰成形法主要有镶嵌法、拼摆法、铺撒法等。

图 6.3.9　拼摆法——八宝饭

镶嵌法主要是在制品外部或内部镶嵌上可食性的原料作点缀，如寿桃、面鱼、大发糕等都镶嵌一些可食性原料。

拼摆法是指在生坯的底部、上部或内部，运用各种辅助原料拼摆成一定图案的过程，与镶嵌法相互协调美化面点的形态。典型品种如八宝饭（图 6.3.9）。

铺撒法主要是在坯料或成品的下面或中间铺撒一些辅料的过程。铺撒的原料较多，主要有白糖、果仁、豆沙、枣泥、莲蓉等。典型品种如西安的甑糕、新疆的切糕等。

[ 任务拓展 ]

**学习制作龙须面**

龙须面属于冷水面团制品，它运用抻的技法成形，制作过程中需要掌握溜条、出条

等技术，学生如掌握了抻面技法，能举一反三地制作丝饼、金丝卷、银丝卷、一窝丝酥等品种。

一、器具及原料（以 1 人计）

（一）器具

盆、案板、大勺、漏勺、筷子。

（二）原料

（1）坯料：面粉 2 000 g，精盐 8 g，面碱（水碱）10 g，水 1 200 g。

（2）其他辅料：植物油 1 000 g。

二、工艺流程

面粉
精盐、面碱 ⎬→和面→醒面→溜条→出条→炸制→造型装盘
水

三、制作程序

（一）面坯的调制

将精盐、面碱放盆内加温水化开，把面粉放在案板上中间扒一个坑，倒入化开的盐、碱水均匀拌成麦穗状，再用手淋水继续拌和，用两手捣揣，直至面坯没有疙瘩和粉粒，不粘手为止，用干净湿布盖上醒 0.5 h 左右。

（二）成形

（1）溜条。取出醒好的面，搓成长条面坯，在面坯表面抹上少许碱水，两手握住面坯两端，提起在案板上摔打，然后将两端面头交在一只手内，另一只手握住已打折端的面头，然后两臂再上下抖动，使面坯变长，再迅速交叉使面条正旋转成麻花形，一手再抓住下端重复上述动作，使面条反旋转成麻花形。如此反复，至面坯筋顺、粗细均匀为止。

（2）出条。将溜好的条放在干面粉上滚匀，一只手提两端，另一只手勾住中间，两手往外一抻，向上一送将条拉长，放在案板上对折成 4 根，将剂头揪掉。照前法，每抻一次，对折一回，面条根数即增加一倍，面条一次比一次细，直至抻至 13 折以上即可。

（三）成熟

当勺中的油烧到六至七成热时，将抻好的龙须面迅速下入油锅内，快速炸熟捞出，可以造型装盘或浇汁或撒上白糖等。

四、工艺操作要点

（1）选料时要选用有筋力的面粉。面坯要略软些，每 500 g 面粉吃水量 300 g 左右。冬季用温水，其他季节用凉水。

（2）调制面坯时加盐、加碱多少要根据面粉的质量而定，筋力大的面粉可不加碱而加少许的盐；筋力小的面粉可多加点碱，合理掌握用量。

（3）溜条时，两臂要端平，运用两臂的力量及面条本身的重力上下抖动，用力要匀，开始用力要小一些，待面坯筋力增强时方可大幅度抖动。上劲要用一正一反的麻花劲。

（4）出条时用力要均匀，以防拉断或粗细不匀；为防止条与条之间粘连，每拉一次均要在面条上撒上面粉，或在撒有面粉的案板上滚一下。

（5）龙须面非常细，成熟时应先将油烧热，抻好后迅速下锅、快速炸熟。如果煮制，

切记要火大水沸，见开即捞出，不能点水。

五、成品标准

丝细均匀，形状整齐，色泽金黄，不粘连，不并条。

[练习实践]

1. 练习抻面，试简述抻面的操作要点。

2 练习制作中包，写出操作要点。

# 任务4 辅助工具成形法

[任务目标]

1. 理解借助刀具、筷子等辅助工具，完成切、削、剪、刮、拨、挤、搓的技法。

2. 掌握面点辅助工具成形法的操作要领。

[任务描述]

借助辅助工具成形法是我国面点制作技法中一类需要借助工具成形的方法，这类手工成形方法需借助一些简单的工具加工，如擀面杖、厨刀、剪刀、筷子等，成形方法有切、削、剪、刮、拨、挤、搓，这些工具简单易得，但是在成形时因不同操作人员的技术不同，做出来的面点成品效果也会不同，需要同学们反复练习才能掌握。

[任务实施]

## 6.4.1 利用刀具成形

这类成形方法需要借助于一定的刀具，如常用的厨刀、剪刀、削面刀（用钢片制成的呈瓦片形的专用刀）等，成形方法有切、削、刮、剪等。

1）切

（1）概念

切是用刀具把调好的面团分割成形的方法，常与擀、压、卷、揉(搓)、叠等成形手法连用。

图 6.4.1　刀切馒头

（2）用途

它主要用于面条（如北方的小刀面，宴会上的鸡蛋面、伊府面、过桥面等）、刀切馒头（图 6.4.1）、油酥（如兰花酥、佛手酥）、花卷（如四喜卷、菊花卷等）、糍粑等，以及成熟后改刀成形的糕制品（如三色蛋糕、千层油糕、枣泥拉糕、蜂糖糕等）的成形。

切是下剂的手法之一，需要下刀快、落刀准，保证成品整齐完整。

2）削、剞、剪

（1）削

削是用刀直接削出面条的成形法，是北方一种独特的技法。刀削面别具风味，入口特别筋道、劲足、爽滑。

（2）剞

剞是将包好的面点生坯表面，用刀剞上一定深度的刀口，形成一定花纹的成形方法（图 6.4.2）。剞能够美化面点的形态，是成形技法中难度较大的一种，如做鲍鱼酥。

图 6.4.2　剞法

（3）剪

剪是利用剪刀工具在坯的表面剪出独特形态的一种成形技法（图 6.4.3），它常配合包、捏等成形方法，使制品更加形象生动，如剪刺猬包。

图 6.4.3　剪法

## 6.4.2　利用筷子成形

筷子将稀糊面团拨出两头尖中间粗的条的方法称拨（图 6.4.4），拨与抻、切、削统称为我国四大制作面条的技术。拨出后一般直接下锅煮熟，需加热成熟才能最后成形，因拨出的面条肚圆两头尖，入锅似小鱼入水，故称拨鱼面。

1）制作方法

面团要和得软，500 g 面粉掺水 350 ~ 400 g（冬温、夏凉、春秋微温）。和好后再蘸水揣匀，至面光后，用净布盖上醒 0.5 h。醒好后放入凹形盘中，蘸水拍光，把盘对准开水煮锅稍倾斜，用一根一头削成三棱尖形的筷子顺着盘边由上而下拨下快流出的面，使之成为两头尖、10 cm 长、鱼肚形的条，拨到锅内煮熟，盛出加上调料即成，也可煮熟后炒着吃。

图 6.4.4  筷子成形——南瓜包

2）注意事项

（1）选用面筋质含量较高的优质粉。加水搅面时先少加，后多加，并顺一个方向搅匀。稀软面团醒的时间越长越好，拨出的面比较柔软、光滑。

（2）拨面时，水锅必须开沸，防止拨出的面条粘在一起而不能形成光滑的面条。拨面时动作要熟练，一锅或二碗面间隔不宜太长，防止先拨入锅中的和后拨入锅内的成熟度不一致，软硬不一，影响吃口。

除了典型制品拨鱼面需要筷子成形外，油炸馓在拉抻时也需要用筷子定型。

## 6.4.3  利用角袋成形

1）概念

角袋又称裱花袋，有布袋、塑料袋、硅胶袋，也可用一张长方形或三角形的牛皮纸卷成圆锥形近似漏斗状，在尖端剪一小孔将所需要的裱花嘴装入锥形纸袋内，再装入要挤的蛋白膏或奶油膏，上端折拢握紧（防止挤料从后面挤出），即可开始裱制。

2）成形方法

采用挤注成形法，一般分两种情况。

（1）直接成形。它多用于烘烤小饼干及气鼓类制品（图 6.4.5）。将有坯料的角袋，通过手指的挤压，使坯料均匀地从袋嘴流出，直接挤入烘盘，形成品种形态。挤注讲究手法技巧，全凭灵巧熟练的双手默契地配合。根据品种的不同要求，更换袋嘴上的钢制挤注器，通过挤、拉、带、收等手法，形成各种不同形态的成品或半成品，如拉花千点、杏元、牛利饼干、蛋白类、气鼓类等。操作时要求双手悬肘挤注，自控灵敏，用力适当，挤、收熟练，出料均匀，规格一致，排列整齐。

图 6.4.5  挤注成形——气鼓

图 6.4.6  裱花成形

（2）裱花装饰

它多用于西式蛋糕的制作，是蛋糕制品外表装饰美化的常用方法。原料是油膏或糖膏，通过特制的裱花嘴和熟练的技巧，裱制出各种花卉、树林、山水、动物、果品等，并配以图案、文字等。裱花是一项需要具有较高艺术修养的工序，是难度较大的装饰成形技法，在操作时必须做到食用性和艺术性的结合，操作者必须具有美术和书法基础。

①制作方法。

将裱花嘴放入裱花袋中，把裱花用的膏料装入裱花袋内，使袋口朝上。左手紧握袋口，右手捏住袋身，用力向下挤压。利用花嘴的变化及挤注角度、力度的变化，使挤出的物料呈一定的花形（图6.4.6）。常用的膏料有软性膏料、硬性膏料等。软性膏料用得较多，主要有奶油膏、蛋白膏等，一般是随用随做，裱于蛋糕表面。硬性膏料如白帽糖膏，裱好以后，待其硬化保持形状。硬性膏料多用于样品蛋糕、喜庆蛋糕的装饰。

②注意事项。

a. 选好合适的裱花袋、裱花嘴。一般裱花嘴要根据品种的大小而定。装挤料后一定要将纸袋的上端折压握紧，防止挤料从上端外溢。

b. 掌握裱花嘴的角度和高度。裱花嘴的高低、倾斜度的大小，直接影响挤出花形的肥、瘦、圆、扁。尤其是蛋糕在挤花边时，如倾斜度小，挤出的花边略显瘦小，若倾斜度大，挤出的花边粗糙易脱落，故要适中。

c. 掌握好挤制的速度和力度。挤制的轻重快慢直接关系到挤花和纹样是否生动美观。挤时要轻重有别、快慢适当，如果平均用力则显得呆板。

d. 配色时，如使用合成食用色素，一定要按照国家规定的限量使用。配色要协调，色泽深浅适宜，色彩以淡雅为主。

### 6.4.4　利用面杖成形

它是利用面杖，包括橄榄杖、通心槌等工具将面团生坯擀成片状的一种成形技法。几乎所有的饼类制品都要利用面杖成形。常和包、捏、卷、叠、切等连用，可使品种变化无穷，如花卷、千层油糕、面条等。

### 6.4.5　利用簸箕成形

1）概念

将馅料表面洒水后，放入簸箕中的干粉料内，使之不停滚动，让馅沾上粉料，粉料包裹馅心的成形法称为滚沾，如北方的摇元宵、江苏盐城的藕粉圆子、麻团沾芝麻等。也有的在生坯成熟后再滚上其他料美化形状，如挂浆麻团、椰丝团沾椰丝等。

2）制作方法

我国北方制作元宵时，先把馅料切成小方块形，洒水润湿，放入装有糯米干粉的簸箕中。用双手拿住簸箕均匀摇晃。馅心在干粉中滚来滚去，沾上一层干粉后再洒些水，继续摇晃，又沾一层干粉。如此反复多次（一般要7次），像滚雪球一样，滚沾成圆形的元宵（图6.4.7）。

图 6.4.7 滚沾法——元宵

**3）注意事项**

元宵的馅心必须干韧有黏性，并且要切成大小相同的方块，滚沾干粉均匀，形状大小均匀一致。滚沾时动作要快，要不停地均匀晃动，使之滚沾均匀。

### 6.4.6 利用花钳成形

**1）概念**

利用花钳成形的方法称为夹或钳花，典型制品有钳花包（图6.4.8）、船点花、核桃酥等。一般是将包好的生坯或成熟品，用具有一定形状的花钳子（有锯齿形、锯齿弧形、直边弧形等），在生坯或成品表面钳上花纹，以美化面点的形态，丰富面点的品种。

图 6.4.8 花钳成形——钳花包

**2）制作方法**

螺丝包将包好馅的馒头生坯收口朝下，顶部略按一下，然后在馒头生坯的周围用锯齿状的花钳钳上一圈花纹，形似螺丝而得名。船点花一般用粉红色的米粉剂子，捏窝包入馅心，收口朝下，捏成圆形。然后用半圆齿形花钳，从底部开始横钳成一周花瓣，一层一层往上钳，钳至上部，共钳成5个花瓣为止。中间再撒些其他颜色的剂子搓成的小料作为花蕊，再做些花叶托住即可。

**3）注意事项**

钳花时不要钳得太深，防止露馅，影响形状，如螺丝包。船点花在钳制时，要用半生熟的米粉剂子，不宜太软太黏，否则会粘钳，影响成形。成形后上笼屉内，用温火蒸3~4 min，取出涂上芝麻油即可。

### 6.4.7 利用锅具成形

**1）概念**

利用锅具成形的方法又称摊。它是将较软或糊状的坯料放入经加热的洁净铁锅内，使

锅体温度传给坯料，经过旋转，使坯料形成圆形成品或半成品的一种方法。这种成形法具有两个特点：一是使用的是稀软面团；二是熟制成形，即边成形边成熟。

2）适用范围

它主要适用于煎饼（图6.4.9）、鸡蛋饼等品种的制作，也可用于制作半成品，如春卷皮、豆皮锅饼皮等。

图6.4.9 锅具成形——煎饼

[ 任务拓展 ]

### 学做花卷

花卷是采用卷、叠和切等成形方法的发酵制品，具有食用方便、外形美观、造型多样的特点。具体的卷法主要有单卷和双卷。单卷是将面团擀成长方形薄片，抹上油脂、调味料或果酱等，从一头卷起呈圆筒形；双卷是从两边向中间卷起呈双筒形。常见的单卷类花卷有鳞球花卷、核桃花卷、鸡冠花卷、马鞍花卷、麻花卷等，常见的双卷类花卷有如意花卷、四喜卷、海棠花卷、菊花卷等。

[ 练习实践 ]

1. 参照元宵的成形方法制作藕粉圆子。
2. 学做摊春卷皮。

## 任务5  模具和机械成形技法

[ 任务目标 ]

1. 正确认识面点模具和机械成形技法的不同特点。
2. 掌握面点模具和机械成形技法的操作要点。

[ 任务描述 ]

模具和机械成形技法具有成品规格一致的特点，成品造型的质量完全取决于模具或机器，是对中式面点制作的手工成形技法一个巨大的补充和发展。面点制作是一种生产劳动，而面点生产的规模是由消费市场来决定，只要有点心消费市场，面点制作机械化生产就必然会出现并形成规模，而一组配套的机械设备在产出和经济效益方面是单个或几个面点师无法相比的。

本任务从模具和机械成形技法学习入手，望从事面点技术学习的青年们，既要刻苦钻研技术，练就一身过硬的本领，又要与时俱进，掌握现代机械的使用技术。

**[任务实施]**

### 6.5.1 模具成形法

模具成形法是指利用各种特制形态的模具，将坯料压印成形的一种方法。模具成形法具有使用方便，成品形态美观，规格一致，便于批量生产等优点。

1）模具的种类

由于各种品种的成形要求不同，模具种类大致可分为 4 类：印模、套模、盒模、内模。

（1）印模

印模又称板模，是将成品的形态（圆形、方形、桃形等）刻在木板上，然后将坯料放入印板模内，使之形成图形一致的成品。这种印模的图案花样、形状很多，如月饼模子、松糕模子（图 6.5.1）。成形时一般常与包连用，并配合按的手法进行。

图 6.5.1　松糕模具　　　　　　　　图 6.5.2　动物饼干模具

（2）套模

套模又称套筒、卡模，是用铜皮或不锈钢皮制成各种图形的套筒。成形时用套筒将制好的平整坯皮套刻出来，形成规格一致、形态相同的半成品，如小花饼干（图 6.5.2）、凤梨酥（图 6.5.3）等。成形时常和擀制作配合。

图 6.5.3　凤梨酥模具

（3）盒模

盒模又称胎模，是用铁皮或钢皮经压制而成的凹型模具，其容器形状、规格、花色很多，主要有长方形、圆形、梅花形、船形、菊花形等。

成形时将坯料放入模中，经成熟后便可形成规格一致、形态美观的成品。常与套模配套使用，也有同挤注连用的，品种有方面包、蛋挞（图6.5.4、图6.5.5）、布丁、蛋糕等。

图6.5.4　蛋挞模具　　　　　　　　图6.5.5　蛋挞

（4）内模

内模是用于支撑成品、半成品外形的模具，规格、式样可随意创造、特制。如锥形丹麦螺管（图6.5.6）、冰淇淋筒内模（图6.5.7）等。

图6.5.6　锥形丹麦螺管图片　　　　图6.5.7　冰淇淋内筒模具

以上这些模具，都是作为一种成形方法中的各种借用工具，具体应按制品要求选择运用。

2）模具成形的方法

模具成形的方法大致可分为三类：生成形、加热成形和熟成形。

（1）生成形

半成品放入模具内成形后取出，再经熟制而成，如月饼（图6.5.8）。

图6.5.8　广式月饼模具生成图

（2）加热成形

将调好的坯料装入模具内，经熟制后取出，如蛋糕（图6.5.9）。

图6.5.9　蛋糕加热成形图片

（3）熟成形

将粉料或糕面先加工成熟，再放入模具中压印成形，取出后直接食用，如绿豆糕（图6.5.10）。

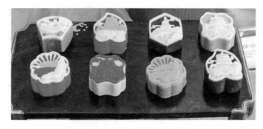

图6.5.10　彩色绿豆糕

## 6.5.2　机械成形法

机械成形法是在手工成形的基础上发展起来的，通过机械的动力，使各类面料、糖料等形成需要的形态的成形方法。其特点是生产效率高，适合批量生产。如元宵的制作，过去都是手摇元宵，劳动强度大，现在普遍改用机器摇元宵，产量高，质量也较好。

随着现代科学技术的进步和发展，中国面点中的许多品种的手工操作逐渐被机器代替，饮食业使用的机械越来越多。用于面点成形的常用机器有馒头机、饺子机、面条机、制饼机等。

1）馒头机

馒头机1 h能生产出50～100 kg面粉的馒头，每500 g面粉可制出5～6个馒头。机制馒头比手工制出的馒头质量好，并且速度快、大小一致。由于机械摆出的剂子比手揉得透，因此制出的馒头比手工制出的馒头白净、有劲，产品很受欢迎。目前，使用馒头机的单位比较多，但是必须注意安全操作、正确使用，并加强维修与保养（图6.5.11）。

图6.5.11　馒头机

2）饺子机

饺子机适合大中型食品厂生产速冻水饺，有大小型号区分。饺子机制作速度快、效率高，必须注意安全，正确操作，否则制出的成品不合格，会影响质量和效益（图 6.5.12）。

图 6.5.12　饺子机

3）面条机

面条机又称切面机，有手工运用和电动机器两种。它有压面和成形双重作用。切面机应用广泛，从百姓家庭到挂面加工厂都可以使用。

机器切面劳动强度小、产量高，能保持面条的质量，为饮食业普遍使用。但手工切面仍具有其特点，一些地方特色面条仍用手工切面。

面条机制作面条的程序：先把面粉加水或加添辅料，和成面穗，用面条机先压成面片，然后再用滚切刀滚切成面条。使用面条机危险很大，稍不注意就会伤人，要求操作时注意力集中、遵守操作规则（图 6.5.13）。

图 6.5.13　面条机－小型、家用

4）制饼机

制饼机是近些年上市的新品种，其特点是效率高、省时省力、制品质量稳定，适用于煎饼、油饼的制作。制饼机是用电将转动的滚子加热，再把事先和好的面坯放入滚轮上，通过加热的滚轮转动、压薄，制出成形成熟的饼（图 6.5.14）。

图 6.5.14　制饼机

食品企业使用的成形机器更多，如蛋糕浇模机（班产可达 4 000 kg）、桃酥机（班产可达 3 500 kg）、月饼自动包馅机（比手工成形提高效率约 6 倍）等。

[ 任务拓展 ]

## 学做广式月饼

广式月饼是利用模具成形的面点制品之一，具有皮薄松软、色泽金黄、口味多样、造型美观、图案精致、花纹清晰、不易破碎、携带方便的特点。

一、原料

低筋面粉 1 000 g，枧水 20 g，糖浆 700 g，花生油 250 g，莲蓉馅 2 000 g。

二、制作过程

1. 面粉过筛，中间扒一个窝，把糖浆、枧水放容器中搅匀。花生油分 3 次加入并搅拌均匀，倒入面粉窝中，拌匀成团即为月饼皮。

2. 将月饼皮用保鲜膜包好，放置冰箱冷藏 2 h。

3. 取出月饼皮分割成小份搓圆。同时将馅料也分割成小份搓圆。一般皮料与馅料比例可为 1 ：2。

4. 月饼皮用手掌压平，放上莲蓉馅。一只手轻推月饼馅，另一只手的手掌轻推月饼皮，使月饼皮慢慢展开，直到把馅全部包住为止。

5. 月饼模具中抹油或撒入少许干面粉，包好的月饼表皮也轻轻地抹一层干面粉，把月饼球放入模型中，轻轻压平，然后敲一下脱模。

6. 烤箱预热至上火 220 ℃，下火 200 ℃。在月饼表面轻轻喷一层水，放入烤箱烤 10 min。取出刷蛋黄液，再把月饼放入烤箱烤 10 min，取出再刷一次蛋黄液，再烤 5 min，至颜色棕红或棕黄为止。

7. 把烤好的月饼取出，冷却后在密封容器内放两至三天，使其回油，即可食用。

三、制作要领

1. 皮馅比例为 1 ：2。

2. 烘烤时需要分次刷蛋液，注意花纹要清晰。

3. 压模时注意用力适当，防止变形。

4. 食用最好等回油后进行，口感较好。

[ 练习实践 ]

1. 思考机械成形技法是否会取代手工成形技法。

2. 查找运用模具成形的点心品种，并学会制作。

3. 分析手工成形技法和机械成形技法各具有的优势。

# 单元7

# 熟制工艺

[单元目标]

1. 了解熟制工艺的传热方式。

2. 理解熟制工艺的成熟原理。

3. 掌握熟制工艺流程和技术要点。

[单元介绍]

熟制工艺是面点制作的最后一道工艺，也是最为关键的一道工艺。熟制效果的好坏对成品质量影响极大。如熟制后的成品外观是否变形，馅心是否成熟入味，色泽是否美观，这些都是在熟制过程中决定的，与熟制的火候有直接关系。俗话说，"三分做，七分火"，说的就是熟制的重要性。

我国面点种类繁多，熟制方法多种多样。一般采用的方法有煮、蒸、煎、炸、烤、烙等单一加热法，以及为了适应特殊需要用二至三种单一加热法组合在一起的复合加热法，如先蒸或煮成半成品，再经过煎、炸、烤制成熟；或是通过蒸、烙成半成品，再经过煎、炸、烤制成熟；或是通过煮、烙成半成品，再加调料后烩制等。多种多样的熟制技法，构成了丰富多彩的美味面点。

本单元从熟制技术的工艺流程、技术特点介绍学习内容。

# 任务1 熟制的含义与传热方式

[任务目标]

1. 理解熟制工艺中不同介质的热传递。
2. 理解熟制的含义。
3. 掌握导热、对流和辐射的传热特点。

[任务描述]

熟制工艺中传热的基本方式有3种：导热、对流和辐射，其中面点的传热方式应根据所用面坯性质、形体特点及制品的特色要求而定，不管采用哪种传热方式，其目的是使面点由生变熟。通过加热处理，使制品成为人们容易消化吸收的可食品，从而成为形态多、色泽美、口味好的合格面点，供人们享用。本任务从熟制的含义和熟制工艺中不同介质的热传递开展教学。

[任务实施]

## 7.1.1 熟制的含义

熟制，是指运用各种加热方法，使成形的面点生坯（半成品）成为色、香、味、形俱佳的熟制品的过程。熟制品又称成品。

## 7.1.2 熟制的传热方式

1）熟制工艺中传热的基本方式

传导、热对流和辐射是熟制工艺中传热的3种基本方式。

（1）传导

传导是热量从温度较高的部分传递给温度较低的部分，或从温度较高的物体传递至与之接触的温度较低的物体的过程，直到能量达到平衡为止。传导可以在固体、液体及气体中发生，是面点各种熟制方法热量传递的主要形式。

（2）热对流

依靠流体的运动，把热量由一处传递到另一处的现象，称为热对流。它是传热的另一种基本方式。

（3）热辐射

热辐射是依靠物体表面对外发射可见或不可见的射线来传递热量。在辐射过程中伴随着能量形式的转换（物体内能→电磁波能→物体内能）。

2）熟制工艺中不同介质的热传递

热辐射因不需要冷热物体直接接触传热，无须传热介质。传导和对流都必须通过冷热物体的直接接触传热，因此需要传热介质。传热介质有液体、气体、固体3种物理状态。面点熟制工艺中经常使用的传热介质有水、油、空气等。

（1）以水为介质的传热

水是最普通、最常用的一种传热介质，在面点制作中应用极为广泛，主要的传热方式是热对流。水在受热后温度升高，使浸没在水中的原料接受热量，达到熟制的目的。以水为介质传热时，温度比较恒定，在常压下最高温度不超过100 ℃，并能保持不变。如煮面条、水饺、汤团等，可在一定时间、温度下加热，由生变熟。以水为介质传热熟制的食品，润泽可口。

面点熟制工艺中以水为介质传热的熟制方法主要是煮制。煮制有以下两种方法：

①开水下入制品。 面点制品煮制成熟，都采用此法。开水下入制品，使制品淀粉、蛋白质很快凝固，制品内部养分较少外溢流失，如煮面条、汤团、饺子、馄饨等。

②冷水入锅煮制。 大多用于原料加工或需要长时间加热的制品，如做红豆沙、煮粽子等。如果用开水煮原料，原料中蛋白质遇热则会发生变性而凝固，不容易使其煮烂，达不到出沙的预期效果。

（2）以油为介质的传热

油是一种重要的导热介质，很多熟制方法以油作为导热介质。以油为介质进行传热时，由于油的温度高，制品下锅后骤然受热，外部干燥收缩凝成一层厚膜，使外脆里软，可保持原形原味。以油为介质进行传热可以达到香、脆、酥、嫩的效果。

油具有以下3个特性：

①油的加热温度高。 油脂的燃点温度可达到300 ℃左右，而水的最高温度只能达到100 ℃左右，因此，以油作介质传热，制品可以很快成熟。

②油脂的渗透力强。 适当的油温，能在使油进入面点内部的同时，把其所蓄的热力传递到制品内部。由于油温度高，还能使制品中的水分达到沸点而气化，使制品酥、脆。

③增加面点的风味。 用油作介质传热时，油能从四周包围所制的面点，并使之很快成熟，增加制品的风味，达到形美、色好、味香。

用油作介质传热的熟制方法主要是炸、煎等。以油作介质传热时，油温不可超过250 ℃，否则，油易产生有害物质，危害人体健康。

（3）以水蒸气为介质的传热

蒸汽是达到沸点而汽化的水。以水蒸气为介质传热的方式也是热对流，以水蒸气传热可供给制品适当的水分，使面点柔软、湿润，还能保持制品的特性与风味。

熟制工艺中以这种传热方式的熟制方法是蒸。蒸汽温度一般在100 ~ 150 ℃，用气压锅蒸制食品，温度可高达150 ℃左右。以水蒸气为介质传热的优点是制品具有一定的湿润性，制品的营养成分损失少，熟制方法易掌握，经济又方便。

（4）以空气为介质的传热

这种传热方式是以热空气对流的方式对原料进行加热。以空气为介质的传热，在熟制工艺中经常使用，主要的熟制方法是烤。

烤制在面食制作中应用较广。它的热量较高，温度一般为120 ~ 300 ℃。加热时水分蒸发快，不等水分外溢，原料表层就凝结了。以热空气为介质的传热优点是制品受热均匀，制品外脆里软，即外皮酥脆，内馅鲜嫩，色泽美观，具有特殊风味。

（5）以金属为介质的传热

以金属为介质的传热，其传热方式是传导，利用锅底的热量把制品制熟。金属平底锅传热能力比以油和水为介质的传热能力强，因此，一般使用中小火熟制。其火力的大小，可根据制品的要求自行调节，一般在 180 ℃左右为宜。以这种传热方式，常用的熟制方法是烙、煎。

[ 任务评价 ]

| 学生本人 | 量化标准（20分） | 自评得分 |
|---|---|---|
| 成果 | 学习目标达成，侧重于"应知""应会"<br>优秀：16 ~ 20分；良好：12 ~ 15分 | |
| 学生个人 | 量化标准（30分） | 互评得分 |
| 成果 | 协助组长开展活动，合作完成任务，代表小组汇报 | |
| 学习小组 | 量化标准（50分） | 师评得分 |
| 成果 | 完成任务的质量，成果展示的内容与表达<br>优秀：40 ~ 50分；良好：30 ~ 39分 | |
| 总分 | | |

[ 任务拓展 ]

### 学做脆皮煎饼

脆皮煎饼是一道大众点心，简单易学。它采用杂粮粉调制面糊，采用摊的成形手法，运用烙的成熟技法制作而成，制品具有色泽浅黄、口感酥脆、便于存放、易于携带的特点。

一、操作准备

1. 实训场地准备。

设备、工具：面盆、平铛、油擦、手勺、刮子、铲子。

2. 原料准备。

面粉 100 g、细玉米面 200 g、细黄豆面 100 g、水 570 ~ 620 g，花生油少许。

二、操作步骤

步骤 1　和面

将面粉、细玉米面、细黄豆面放在盆内，加入少量水，将面与水混合均匀，再分几次加水，逐步将面与水搅拌成糊状。

步骤 2　备铛

将铛烧热，在铛上擦一遍花生油，同时擦掉铛上的杂物。

步骤 3　摊面糊

用手勺将面糊舀到铛上，用刮子沿着铛将面糊刮薄、刮均匀。

步骤 4　揭饼离铛

用铲子沿铛边沿把摊好的煎饼铲起揭下。

步骤5  成形

将煎饼趁热折叠成形。

三、注意事项

1. 铛上擦油不能太多。

2. 铛上擦油要均匀，否则煎饼不易揭下。

3. 铛要烧热，铛凉时煎饼易干碎。

4. 面糊一次不能倒太多，否则煎饼过厚。

5. 煎饼的大小视铛而定，一般直径为 50 ~ 80 cm。

[练习实践]

1. 观察烙饼的炊具和煮面条的炊具的差异。

2. 分别描述油氽团子和煎饺的传热介质。

3. 说明面包和包子的传热介质是什么。

4. 多项选择题

（1）面点熟制中经常使用的传热介质有（    ）。

A. 水介质　　　　　　　B. 油介质　　　　　　　C. 水蒸气介质

D. 金属介质　　　　　　E. 空气介质

（2）以空气为介质的传热，这种传热方式的优点是（    ）。

A. 受热均匀　　　　　　B. 制品外脆里嫩　　　　C. 色泽美观

D. 具有特殊风味　　　　E. 供给适当水分

# 任务2　蒸、煮熟制技术

[任务目标]

1. 理解蒸、煮熟制技术的基本原理。

2. 掌握蒸、煮的工艺技术。

3. 熟练掌握蒸、煮的操作要领。

[任务描述]

蒸、煮，是面点制作中应用最广泛、最普通的两种熟制法。由于使用的工具设备和传热介质的不同，蒸、煮适用的范围和制品的口味方面也是千差万别。本任务从蒸煮熟制技术的基本原理、工艺技术和操作要领等方面展开学习。

[任务实施]

### 7.2.1 蒸制基本原理与工艺技术

1）蒸的概述

（1）概念

蒸是利用蒸汽作为传热介质，使制品生坯成熟的一种成熟方法。蒸是熟制方法中使用较为广泛的一种。

（2）特点

蒸制品具有味道纯正，花色品种保持形态不变，吃口柔软，包馅面点鲜嫩多卤，易于人体消化吸收的特点。

（3）蒸制典型制品

可用于水调面坯制品、生物发酵面坯制品和物理膨松面坯制品，如各色馒头、包子、花卷、蒸饼、烧卖、蒸饺、蒸糕等。

2）蒸制成熟的原理

（1）传热方式

制品生坯入笼蒸制，当蒸汽的温度超过100 ℃，面点四周同时受热，制品表面的水分子受热汽化时，其蒸汽也参与了传热过程。由于制品外部的热量通过导热，向制品内部低温区推进，使制品内部逐层受热成熟。蒸制时，传热空间热传递的方式主要是通过对流，传热空间的温度高低主要决定于气压的高低和火力的大小。

（2）蛋白质和淀粉的变化

制品生坯受热后蛋白质与淀粉发生变化。淀粉受热后膨胀糊化（即50 ℃开始膨胀，65 ℃开始糊化，67.5 ℃全部糊化），糊化过程中，吸收水分变为黏稠胶体，出笼后，温度下降，冷凝成凝胶体，使成品表面光滑。蛋白质在受热后开始热变性凝固（即一般在45 ~ 55 ℃时热凝变性），并排出其中的"结合水"，随着温度的升高，变性速度加快，直至蛋白质全部变性凝固，这样制品就成熟了。蛋白质凝固，有利于制品定型，使之保持原有的形态。由于蒸制品中多用酵母面坯和膨松面坯，受热后会产生大量气体，使生坯中的面筋网络形成大量气泡，成为多孔、富有弹性的膨松状态。

3）蒸制工艺技术

以生物膨松制品用水锅蒸制为例。

（1）蒸制工艺流程

蒸锅加水→生坯摆屉→蒸制→下屉→成品

（2）蒸制操作方法

①蒸锅加水。蒸锅加水量以七成满为宜。水过满，沸腾时容易冲出屉底，浸湿制品；水过少，容易烧干。

②摆屉。凡生物膨松制品必须先醒发后摆屉。静放一段时间进行醒面的目的：制品生坯继续膨胀，达到蒸后制品松软的效果。醒发的温度约为30 ℃，醒发时间一般为10 ~ 30 min。

将醒发好的制品生坯按一定间隔距离，整齐地摆入蒸屉，其间距应使生坯在蒸制过程中有膨胀的余地。间距过密，相互粘连，易影响制品形态。

③蒸制。首先把水烧开，蒸汽上升时再蒸制。笼屉放到蒸锅上，盖严笼盖；四周缝隙用湿布塞紧，以防漏汽。为保持屉内有均匀和稳定的湿度、温度及气压，要始终保持一定火力，产生足够的蒸汽。中途不能开盖，蒸制过程中火力不能任意减弱，做到一次成熟蒸透。有的品种需要在蒸制过程中改变火力，也要先将水烧开蒸到一定时间再改变。

面点蒸制时间要根据品种成熟难易的不同，灵活掌握。不同面点的蒸制时间见表7.2.1。

表 7.2.1　不同面点的蒸制时间　　　　　　　　　　单位：min

| 面点名称 | 生坯性质 | 馅心性质 | 蒸制时间 |
|---|---|---|---|
| 馒头、花卷 | 纯面制品 |  | 8 ~ 10 |
| 鲜肉包 | 包馅制品 | 生馅 | 15 ~ 16 |
| 烫面饺、四喜饺 | 烫面制品 | 熟馅 | 10 ~ 12 |
| 小笼汤包、什锦素包 | 包馅制品 | 生馅、熟馅 | 6 ~ 10 |
| 伦教糕、蛋糕 | 糕制品 | 夹馅 | 15 ~ 20 |
| 枣泥拉糕、蜂糖糕 | 糕品 |  | 30 ~ 45 |

注：蒸制时间过长，制品就会发黄、发黑、变实、坍塌、变形，影响成品的色、香、味；蒸制时间过短，制品外皮发黏带水，粘牙难吃，无熟食香味。

④下屉。蒸制成熟后要及时下屉。制品是否已经成熟，除正确掌握蒸制时间外，还要对制品进行必要的检验，以确保成品质量。如用手按一下制品，所按处能鼓起还原，无黏感，有熟品香味，表明已成熟。

面点下屉时应揭起屉布洒上冷水，以防屉布粘皮。制品取出后要保持表皮光亮，造型美观；要摆放整齐，不可乱压乱挤，确保外形原貌；包馅制品要防止掉底和漏汤。因此，下屉速度要快。

（3）蒸制技术关键

①要掌握好生坯醒发的温度、湿度和时间。温度过低，蒸制后胀发性差；温度过高，生坯的上部气孔过大、组织粗糙、影响质量。湿度太小，生坯表面容易开裂；湿度太大，表面易结水，蒸后易产生斑点，影响美观。醒面时间过短，起不到醒面的作用；时间过长，制品易发酸。

②保持锅内水量，有利蒸汽产生。蒸汽是由蒸锅中的水产生的，所以水量的多少，直接影响蒸汽的大小。水量多，则蒸汽足；水量少，则蒸汽弱。因此，蒸锅中水量要充足。但是水量过大时，水开沸腾易溅及生坯，影响成熟质量；过少时，蒸汽产生不足，会使生坯死板不膨松，影响成熟效果。

③掌握成熟时间和蒸制火候，做到一次蒸熟蒸透。

④不同品种不能同屉蒸制，以免串味或因成熟时间不一而影响制品质量。

⑤保持水质清洁，经常换水蒸制，确保制品蒸制质量。

（4）合理使用蒸制设备

现在越来越多的餐饮业选用蒸箱来蒸制面点制品，蒸制的技术关键是按照制品的要求掌握好蒸制时间和控制好蒸汽的大小即可；万用蒸烤箱在蒸制成品时只需设置时间和温度，整个的蒸制工艺就变得更加容易掌握。所以不同的设备改变了蒸制的技术关键。

### 7.2.2 煮制基本原理与工艺技术

1）煮的概述

（1）概念

煮是指将面点成形生坯，直接投入沸水锅中，利用沸水的热对流作用将热量传给生坯，使生坯成熟的一种熟制方法。

（2）适用范围

煮的使用范围较广，一般适用于冷水面坯制品、生米粉团面坯所制成的半成品及各种羹类甜食品，如面条、水饺、汤团、元宵、粽子、粥、饭及莲子羹等。

（3）煮制法的特点

①熟制较慢，加热时间较长。

由于煮制是以水为介质的传热，而水的沸点较低，在正常气压下，沸水温度为100 ℃，是各种熟制法中温度最低的，传热的能力不足，因而，制品成熟较慢，加热时间较长。

②制品较黏实，熟后重量增加。

制品在水中受热，直接与大量水分子接触，淀粉颗粒在受热的同时，能充分吸水膨胀，因而，煮制的制品较黏实、筋道，熟后重量增加。

2）煮制成熟的原理

煮是利用锅中的水作为传热介质产生热对流作用使制品生坯成熟的一种方法。其成熟原理与蒸制相同。

3）煮制工艺技术

以冷水面坯（面条、水饺和馄饨类）需要快速成熟的制品为例，粽子等长时间加热的制品不在其中。

（1）煮制工艺流程

生坯下锅→煮制→成熟

（2）煮制操作技术

①生坯下锅时锅内加水要足，行话称"水要宽"，水量要根据制品的数量和体积适当掌握，以有活动余地和汤水不浑为准，达到制品不致粘连，清爽利落。

煮制时，一般要先把水烧开，然后再把生坯下入锅内。因为面粉中的淀粉和蛋白质在水温达65 ℃以上时才吸水膨胀和发生热变性。只有水开后下锅，制品生坯才不会出现黏糊状。另外，开水煮制生坯，可缩短煮制时间。

②下生坯数量不宜过多，要恰当掌握。

③煮制生坯下锅加盖烧开后，要用工具轻轻搅动，使制品受热均匀，防止粘底和相互粘连。

④水面要始终保持开沸状态，但又不能大翻大滚，即沸而不腾。如果滚腾时应略加冷水降温，即"点水"，使其更易煮熟。每煮一锅要点三次水。"点水"具有防止制品互相碰撞而裂开，促使馅心成熟入味，使制品表皮光亮、食之筋道等作用。一般来说，"点水"的

次数要根据制品生坯的性质、皮面的厚薄、馅心的多少来确定。

⑤在熟制过程中应严格控制成品出锅时间，避免制品因煮制时间过长而变糊变烂。不同品种的煮制时间见表7.2.2。

表7.2.2　不同面点的煮制时间及"点水"次数

| 品种 | 面坯性质 | 皮面 | 馅心 | 点水次数 | 煮制时间（相对时间） |
|------|----------|------|------|----------|----------------------|
| 元宵 | 糯米粉团 | 厚 | 较少 | 4 | 长 |
| 水饺 | 水调面坯 | 较厚 | 多 | 3 | 较长 |
| 馄饨 | 水调面坯 | 薄 | 少 | 0 | 短 |

（3）成熟

因煮熟的制品较易破裂，捞制品时，先要轻轻搅动，使制品全部浮起，然后，用漏勺或爪篱，轻而快地捞出制品。

[ 任务拓展 ]

### 学做拨鱼面

拨鱼面制作采用拨的手法成形，用煮的方法成熟。

一、操作准备

1.实训场地准备。

设备、工具：炉具、水锅、笊篱、台秤、箩、面碗、筷子、屉布。

2.实训用品准备。

经验配方：中筋面粉 500 g、清水 350 g、食盐 10 g。

二、操作步骤

步骤1　准备

将中筋面粉与食盐混合，一起过箩，置于大碗内。

步骤2　和面

将水分次加入碗内搅动，将水与面粉搅成黏韧劲足、弹性大、筋力强、表面光滑柔软的面坯，盖上湿屉布静置 30 min。

步骤3　成形

水锅烧沸，将软面坯放于碗中，蘸冷水将面拍光并挤满碗沿，一手托碗对准沸水锅倾斜，另一手执竹筷在锅内沸水中蘸一下，转圈顺碗沿将面坯剔成两头尖、长约 10 cm 的圆形面条拨入水中，面条形似小鱼，随拨随煮。煮熟后，用笊篱捞入碗中。

三、成品特点

色泽洁白，形似小银鱼，筋道爽滑。

四、注意事项

1.器皿倾斜。拨鱼时，碗面应稍微倾斜，使面糊溢出碗边，边拨边转，使碗的边沿始终有面糊流出，便于拨面。

2.保证规格。筷子置于碗边上并压住一些面，压少则面细，压多则面粗，制作时规格要尽量一致，粗细应基本均匀。

3.控制火候。拨鱼面成形与熟制同时进行，要保持水锅水面的沸腾，刚刚进入水锅的面鱼才能尽快漂浮于水面，避免粘锅沉底；但水沸腾太猛烈会妨碍拨制工艺的进行。

[练习实践]

1.说明煮馄饨和煮粽子技术的差异。
2.说明蒸馒头和煮饺子的不同点。
3.试描述新疆美食"汤饭"的成熟方法和风味特点。

# 任务3  烘烤、烙熟制技术

[任务目标]

1.理解烘烤熟制技术的基本原理。
2.掌握烘烤、烙的操作技术关键。

[任务描述]

烘烤与烙是类似的熟制法，但又有明显的区别。烘烤，是利用烘炉内的高温，即是利用传导、热辐射、热对流的传热方式使制品成熟的一种熟制方法。烙，则是把成形的生坯摆放在平锅中，架在火炉上，通过以金属为介质的传热方式使制品成熟的一种熟制方法。

烘烤的主要特点：温度高，受热均匀，成品色泽鲜明，形态美观，口味较多，或外酥脆内松软，或内外绵软，富有弹性。烘烤主要用于各种膨松面坯、层酥面坯等制品，如蛋糕、酥点、饼类等，既有大众化的品种，也有很多精细的点心。烙制品大多具有外香脆、内柔软，呈虎皮黄褐色（刷油的制品呈金黄色）等特点。烙制法适用于水调面坯、发酵面坯、米粉面坯、粉浆等制品，如大饼、家常饼、荷叶饼、煎饼以及烧饼等。

[任务实施]

## 7.3.1  烘烤的基本原理

烘烤是指利用各种烘烤炉内的高温把制品生坯烤熟的一种熟制方法。这种熟制方法主要靠传导、热辐射、空气对流等传热方式，使食物在烘炉内均匀受热而成熟。制品在烘烤过程中发生一系列物理、化学变化，如水分蒸发、气体膨胀、蛋白质凝固、淀粉糊化、油脂熔化和氧化、糖的焦糖化和美拉德反应等。制品经烘烤可产生悦人的色泽和香味。

1）热量传递

面点烘烤中有传导、辐射和对流3种热量传递方式。

（1）传导

在面点烘烤中有两种热传导：一种是热源通过炉床、铁盘或模具，使面点底部或两侧受热；另一种是在面点内部，由一个质点将热量传递给另一个质点，也是通过传导进行的。传导是面点烘烤的主要传热方式。

（2）辐射

辐射是不凭借介质，以电磁波的形式传递热量的过程。在烘烤中面点上部和侧面所受的热，主要都是辐射热。随着远红外线烤炉在食品中的应用，辐射更是传热的主要形式。

（3）对流

对流是指对流体内部由于各部分温度不同而造成的流体的运动，是气体或液体的一部分向另一部分以物理混合进行热传递的形式。在烤炉内，当制品表面的热蒸汽与炉内混合热蒸汽产生对流交换时，部分热量被制品吸收。

2）温度变化

在烘烤时，面点各层温度发生剧烈变化。在高温下，随面点制品表面和底部剧烈受热，水分迅速蒸发，温度很快升高。当表面水分散失殆尽时，温度才能达到和超过 100 ℃。

由于面点制品表面水分向外蒸发得快，制品内部水分向外转移得慢，这样就形成了一个蒸发层（或称蒸发区域）。随着烘烤的进行，这个蒸发层逐渐向里推进，制品皮就逐渐加厚。蒸发层的温度总是保持在 100 ℃，它外面的温度高于 100 ℃，里面的温度低于 100 ℃，而且越靠近制品的中心，温度越低，馅心的温度是最低的。

烘烤的加热时间，随面点的质量和外形而变化。质量大的面点所需的加热时间长，质量相同表面积大的面点加热时间短。

3）面点在烤制中水分和油脂的变化

入炉后，面点中的水分和油脂很快发生剧烈变化。这种变化既以气态与炉内热蒸汽发生着交换，也以液态在面点内部进行至烘烤结束，原来水分和油脂均匀的面点生坯成为水、油不均匀的面点成品。

在烘烤中，面点中的油脂发生变化。油脂遇热流散，向两相间的界面移动。由于膨松剂分解生成的二氧化碳和水汽化而生成的气体向流散油脂的界面聚结，于是在油相与固相间形成了很多层，成为层酥类面点的特有结构。

4）面点在烘烤中的化学变化

与蒸煮法一样，面点生坯在烘烤中受热后发生蛋白质的凝固变性和淀粉糊化。在烘烤过程中，面点中的面筋蛋白质在 30 ℃左右胀润性最大，到达 60 ~ 70 ℃时，便开始变性凝固，并析出部分水分，同时发生淀粉糊化和蛋白质变性两个过程，蛋白质变性时所析出的部分水分被淀粉糊化所吸收。对于加入膨松剂的一些面点制品，当烤制温度达到膨松剂的分解温度时，便大量产气，气体向液、固两相的界面冲击，促进了制品的膨松。

5）面点在烘烤中的褐变与增香

色、香、味是评定面点质量的重要指标。面点的色、香、味主要是在烘烤过程中形成的。褐变是指面点制品在烘烤过程中形成颜色的过程。美拉德反应或焦糖化反应，是面点在熟制过程中形成棕红色泽的主要原因。

美拉德反应是面点熟制时形成风味的最重要的途径之一。在加热条件下，面点中的蛋白质分解成氨基酸，游离氨基酸中的氨基和还原糖中的羰基之间发生羰氨反应。面点中大多数风味物质都是美拉德反应的产物。

### 7.3.2 面点烤制技术关键

**1）烤制中经历的 4 个阶段**

面点制品在烘烤过程中由生变熟，一般会经历急胀挺发、成熟定形、表皮上色和内部烘透 4 个阶段。

（1）急胀挺发阶段

在这个阶段，制品内部的气体受热膨胀，制品体积随之迅速增大。

（2）成熟定形阶段

在这个阶段，由于生坯蛋白质凝固和淀粉糊化，制品结构定形并基本成熟。

（3）表皮上色阶段

在这个阶段，由于制品表面温度较高而形成表皮，同时由于糖的焦糖化和美拉德反应，制品表皮色泽逐渐加深，但制品内部可能还较湿，口感发黏。

（4）内部烘透阶段

在这个阶段，随着热渗透和水分的进一步蒸发，制品内部组织烘烤至最佳程度，既不黏湿，也不发干，并且制品表皮色泽和硬度适当。

在烘烤的前两个阶段不宜打开炉门，以防影响制品的挺发、定形和体积胀大。当烘烤进入第 3 个阶段后，要注意表皮和底部的色泽，必要时可适当调节面火与底火，防止制品色泽过深，甚至焦煳。

**2）烤制炉温**

根据面点的不同类型和品种，多采用以下 3 种炉温：

①低温，即 110 ~ 170 ℃，主要适宜烤制要求皮白或保持原色的面点制品。

②中温，即 170 ~ 190 ℃，主要适宜烤制要求表面颜色较重，如金黄色或黄褐色的面点制品。

③高温，即 190 ℃以上，主要适宜烤制要求表面颜色较深，如枣红色及红褐色等的面点制品。

**3）上下火**

炉温是用上下火来调节的。上火是指烤盘上部空间的炉温，下火是指烤盘下部空间的炉温。通常上火温度控制在 200 ℃，下火温度保持在 220 ~ 230 ℃。具体操作时要根据不同品种的要求和炉体结构的情况来确定。

**4）炉温与烘烤时间**

炉温与烘烤时间是相互影响、相互制约的。如炉温低，烘烤时间长，则因水分受长时间烘烤在淀粉糊化前已散失，影响糊化，导致黏结力不足，制品组织粗糙、干硬；炉温低，烘烤时间又短，制品则不容易熟或者变形。炉温高，烘烤时间又长，制品就外煳内硬，甚至烧成黑焦；炉温高，烘烤时间短，则容易使制品外焦、内嫩或不熟。上述只是就一般情况而议，在实际操作中，要根据面点制品的类型、馅心的种类、坯体的大小、厚薄等来确定炉温和时间。

烘烤温度的选择，需要考虑下列因素：

（1）大小和厚度

制品烘烤时，热经制品传递的主要方向是垂直的而不是水平的。因此，决定烘烤温度所考虑的主要因素是制品的厚度。较厚的制品如烘烤温度太高，表皮形成太快，阻止了热的渗透，容易造成烘烤不足，因此，要适当降低炉温。总的来说，大而厚的制品比小而薄的制品所选择的炉温应低一些。

（2）配料

油脂、糖、蛋、水果等配料在高温下容易烤焦或使制品的色泽过深，含这些配料越丰富的制品所需要的炉温越低。

（3）表面装饰

表面有糖、干果、果仁等装饰材料的制品其烘烤温度较低。

（4）蒸汽

烤炉中如有较多蒸汽存在，则可以容许制品在高一些的炉温下烘烤，因为蒸汽能够推进表皮的形成，减少表面色泽。烤炉中装载的制品越多，产生的蒸汽也越多，在这种情况下，制品可以在较高的温度下烘烤。

当生坯即将放进烤炉前，烤炉首先要预热，炉温应为烘烤该品种所要求的温度，这样，制品才能得到更多、更快的热渗透，使烘烤时间缩短，成品质量较好。大多数品种外表受热以 150 ～ 200 ℃为宜，即要求炉温保持在 200 ～ 250 ℃。调节炉温的方法，大多数品种都是采取"先高后低"，即生坯刚入炉时，炉火要旺，炉温要高，使制品达到上色的目的。外壳上色后，要降低炉温，使制品内部容易成熟，达到内外成熟一致。这样才能外有硬壳，内部松软。也有采取"先低后高再低"调节方法的，应根据具体品种而定。

烤制时间要根据品种的体积大小而定。一般品种要烤制 2 ～ 10 min。薄、小的品种时间短，厚、大的品种时间长。如山东的硬面制品锅饼、杠子头火烧等，烤制时间需 40 min以上。

5）炉内湿度

烤制品水分蒸发而形成的炉内湿度与制品质量和烘烤时间有关系。炉内湿度大，制品上色好，有光泽；炉内过于干燥，制品上色差且无光泽，易粗糙。炉内湿度与炉温、炉门封闭情况和炉内烤制品数量的多少以及气候季节等都有一定的关系，在操作中要注意调整掌握。

6）烤盘和生坯摆放

烤盘间距和生坯在烤盘内摆放的密度，对烘烤有直接的影响。烤盘间距大或生坯在烤盘内摆放得过于稀疏，易造成炉内湿度小、火力集中，使制品表面粗糙、灰暗甚至焦煳。靠近盘边，要摆得密集些，当中要摆得稀疏些。

### 7.3.3　烘烤操作法

1）烘烤操作的方法

主要有两种方法：

①把制品贴在炉壁上，如新疆的一把抓烤包子，街头的烘炉大饼等大众品种。

②放入烤盘置入烘烤炉中。

a.具体做法：将烤盘擦净，在盘底抹一层薄油，放入生坯，上面刷一层油，把炉温调节好，送入炉内，掌握时间准时出炉，使制品熟透。

b.有些厚大制品可在烤至半熟时取出，在制品上插些眼并翻过，再进行烤制。

2）鉴别制品是否成熟的方法

可用一根竹签插入制品中，拔出后如没有粘上糊状物，即表示已成熟。

### 7.3.4 烙制技术

1）烙的概念

烙是指把成形的生坯摆入架在炉上的平锅中，通过金属介质传热使制品成熟的一种熟制方法。

金属锅底受热，使锅体含有较高的热量，当生的一面与锅体接触时，立即得到锅体表面的热能，生坯水分迅速汽化，并开始进行热渗透，经两面反复与热锅接触，使之成熟。当锅体含热超过成熟需要时，热渗透相应加快，此时便要进行压火、降温，以保持适当的锅体热量，适合成熟的需要。

2）烙制方法

一般可分为干烙、刷油烙和加水烙3种，其操作工艺流程基本相同。

3）烙制工艺流程

锅体预热→入坯（刷油）→加热→翻坯（刷油）→加热→成熟

4）具体烙制方法

（1）干烙

干烙是指面点生坯表面和锅底既不刷油，又不洒水，直接烙制，单纯利用金属传热熟制的方法。调制时加入较多油、盐的生坯，烙成的制品味道很香美；无油、无盐的生坯，则制品松软可口。

干烙的具体操作方法：铁锅架于火上，先预热（生坯放在凉锅上会粘锅），再放生坯。烙完一面，翻坯再烙另一面，至两面成熟为止。根据不同的制品采取不同的火候，如薄的饼（春饼、薄饼），要求火力适中；中厚饼类、包馅和加糖面坯制品，要求火力稍低。烙制品大小不等，大者一次烙一张，烧饼等则一锅可烙10多个。为使烙制品中间与四周受热均匀，可以移动锅体，也可以移动制品。前者适用于体积大的品种，后者适用于体积小的品种。

（2）刷油烙

刷油烙是在干烙的基础上再刷点油，其制作方法和要点均和干烙相同，只是在烙的过程中，或在锅底刷少许油（刷油量比油煎少），每翻动一面刷油一次，或在制品表面刷少量油，也是翻动一面刷油一次。无论是将油刷在锅底还是刷在制品表面，都要刷匀，并用清洁熟油。刷油烙制品，不但色泽美观，而且皮面香脆，内部柔软有弹性，如家常饼等。

（3）加水烙

加水烙是在干烙以后再洒水焖熟，利用金属与水蒸气同时传热，达到制品成熟。加水烙在洒水前的做法几乎同干烙完全一样，不同的是只烙一面，即只把一面烙成焦黄色即可。

火候不宜过大，烙到全锅制品的一面都成了焦黄色后，再洒少量水，盖上盖，蒸焖、成熟后即可出锅。加水烙制品，其上部及边缘柔软，底部香脆。

加水烙的操作要点：

①水要洒在锅最热的地方，使之蒸发形成蒸汽。

②如一次洒水、蒸焖不熟，要再次洒水，直至成熟为止。

③每次洒水量要少，宁可多洒几次，不要一次洒得太多，防止烂糊。

5）烙制技术关键

无论哪种烙制方法，要使烙制品达到预期效果，必须注意以下几点：

（1）烙锅必须刷洗干净

烙制锅的洁净与否，对制成品影响很大。必须把锅边的原垢用火烧烫，铲除干净，以防成品烙制后皮面有黑色斑点或锅周围的黑灰飞溅到制品上，影响制品的美观和清洁。

（2）要注意控制火候

不同的制品需要不同的火候，操作时，必须按制品的不同要求掌握火候大小、温度高低。要集中精力，稍一疏忽，制品表面就会出现焦煳痕迹。

（3）要勤移动或翻动制品，使其受热均匀

烙锅的温度一般是中间高，四周低，整个锅底的温度不均匀。因此，在烙制时，必须经常移动锅位和制品位置，即所谓"三翻四烙""三翻九转"等。所有烙的制品都要经过翻转移动的过程（加水烙时只移动制品），目的是使制品受热均匀，达到一起成熟的效果。

[ 任务拓展 ]

### 烤擘酥角

一、操作准备

1.实训场地准备。

设备、工具：电烤箱、烤盘。

2.实训用品准备。

擘酥角生坯。

二、操作步骤

步骤 1　烤箱预热

烤箱设置底火 180 ℃、面火 140 ℃预热。

步骤 2　烤制

温度到达恒定后，放入生坯烤制 15 min 左右，至酥角完全熟透，面皮成金黄色出炉。

三、成品特点

形如角状、酥层清晰，色泽金黄，脆松酥化，咸鲜香嫩、咖喱味浓。

四、注意事项

1.控制烤炉温度。烤制时面火过大成品容易面色过深；底火过小，成品底部不易成熟。

2.掌握烤制时间。烤制时间过长，成品会烤干且面色过深；烤制时间不够，油没有吊干，成品表皮油重。

烙层酥饼

一、操作准备

1.实训场地准备。

设备、工具：案台、电饼铛、电子秤、面杖、保鲜膜、刀、不锈钢盆、锅铲、喷壶、刷子。

2.实训用品准备。

经验配方：

皮面：中筋面粉 280 g、白糖 40 g、猪油 40 g、30 ℃水 130 g。

酥心：低筋面粉 280 g、白糖 190 g、猪油 190 g、精盐 5 g、花椒粉 2 g、臭粉 1 g。

其他原料：糖水适量、芝麻 20 g、植物油。

二、操作步骤

步骤 1  称量

按配方比例称原料。

步骤 2  调制皮面

将中筋面粉过筛后，围成凹形，中间放入猪油、白糖、水搅拌，使白糖溶化，拌入中筋面粉，调制成团后，用温水揣 1 ~ 2 次，成筋性面坯，静置备用。

步骤 3  调制酥心

将低筋面粉、白糖调匀，围成凹形，中间投入精盐、花椒粉、臭粉和猪油，擦成软硬度适宜的油酥面坯备用。

步骤 4  包酥

将饧好的筋性皮面擀成中间厚的圆皮，再将其四周擀开，把酥心面坯放在中间，在水面皮四边喷少量水，再将擀开的四边分别折向中间包住酥心。

步骤 5  开酥

用面杖将包酥擀成长方形，叠"两个三"，完成开酥。

步骤 6  成形

将开酥擀成 1 cm 厚的长方形，用刀切成宽 3 cm、长 8 cm 的长方块生坯，上面刷糖水，撒芝麻，用面杖轻轻压实。

步骤 7  成熟

电饼铛上、下火均预热至 150 ℃。用刷子蘸植物油将饼铛下铛均匀刷上油，将生坯放入饼铛，盖严饼铛盖，烙制约 15 min，直至上下双面呈金黄色，熟透即成。

三、成品特点

层次清晰，咸淡适宜，口感酥松。

四、注意事项

1.开酥要均匀，叠制得要整齐，否则影响起酥。

2.饼铛必须预热，否则油酥融化，难以造型。

3.预热温度不宜过高，否则成品易夹生。

4.此产品熟制中，生坯不翻面。

[ 练习实践 ]

1. 观察烤面包和烤广式月饼在操作流程上的差异。

2. 列举干烙、加水烙和刷油烙的典型面点品种。

# 任务4　炸、煎熟制技术

[ 任务目标 ]

1. 理解炸制技术的基本原理。

2. 掌握炸、煎的操作技术。

3. 熟练掌握操作要领。

[ 任务描述 ]

炸、煎，是指用油脂作为传热介质使制品成熟的一种方法。油脂传热可达200 ℃以上的高温，用它加热熟制，其制品具有吃口香、酥、松、脆和色泽美观等特色。炸、煎是使用较为广泛的熟制法，几乎适用于所有各类面坯，主要用于层酥面坯、矾碱盐面坯、米粉面坯等制品，如油酥点心、油饼、油条、麻花、炸糕、馅饼、煎包等。

炸、煎虽然都是利用油脂作为介质传热，在实际操作中却有很大的差别，炸制是使制品浸没在大量的油中传热制熟，煎制则是在平底锅中用小量油传热成熟。

[ 任务实施 ]

## 7.4.1　炸制工艺

1）炸的概述

（1）概念

炸是指使用大油量作为传热介质，利用对流作用使制品成熟的一种方法。

（2）特点

这种方法具有两个特点：一是油量多；二是油温高。油脂的沸点高、传热快，熟制时间短，可使制品吸收较多的油脂，提高制品的营养价值。同时，在高温下，由于一部分糊精生成焦糊精、糖生成焦糖，以及美拉德反应，使制品表面产生金黄或棕红的色泽和特殊的香气，改善了制品的外观美和口感。

（3）典型制品

炸一般适用于麻花、油条、春卷等制品。

2）油炸原理

油炸是将成形后的面点生坯投入已加热到一定温度的油内进行炸制成熟的过程。

油炸过程中热量的传递介质是油脂。油脂通常被加热到 160 ~ 180 ℃，热量首先从热源传递到油炸容器，油脂从容器表面吸收热量，利用对流传热再传递到制品的表面，然后通过导热把热量由制品外部逐步传向内部。

在油炸过程中，对流传热作用对加快面点的成熟具有重要意义。被加热的油脂和面点进行剧烈的对流循环，浮在油面的面点受到沸腾的油脂的强烈对流作用，一部分热量被面点吸收而使其内部温度逐渐上升，水分则不断受热蒸发。

油炸时，油脂的温度可以达到 160 ℃ 以上，面点被油脂四面包围同时受热。在这样高的温度下，面点被很快地加热成熟，而且色泽均匀一致。油脂不仅起着传热作用，而且本身被吸附到面点内部，成为面点的营养成分之一。

3）油在炸制面点过程中的变化

油脂在高温下会发生物理、化学变化。物理性质的变化表现为黏度增大，色泽变深、油起泡、发烟等；化学性质变化为发生热氧化、热聚合、热分解和水解并生成许多热分解物质。油脂的这些变化称为油脂老化。油脂老化不但会影响油脂本身的质量，对制品质量和人体健康也有很大的影响。了解油在高温加热过程中的变化，对于控制面点质量、降低成本、保证人们健康具有重要意义。

炸制过程可分为轻度加热和高温加热两种情况。

（1）轻度加热

加热温度在 250 ℃ 以下称为轻度加热。油在加热过程中，其物理性质和化学性质会发生很大的变化。在油炸过程中，油脂若在 200 ℃ 以下时加热，产生的毒性物质很少。

（2）高温加热

加热温度在 250 ~ 350 ℃ 称为高温加热。在 250 ℃ 以上长时间加热，特别是反复使用油炸剩油，则会产生对人体危害较大的物质。经高温加热反复使用的热变质油脂中含有致癌物质，对癌症具有诱发作用。

4）影响油脂老化的因素

（1）温度

炸制面点的油温越高，时间越久，油脂老化越快，黏度增稠越迅速，连续起泡性越稳定，油脂的发烟点越低，色泽亦越暗。所以，保持比较恒定的炸制温度，防止油温过高，是预防油脂老化劣变的重要方法。

（2）空气中的氧化

油脂暴露在空气中会自发进行氧化作用，导致产生异臭和苦味的酸败现象。在油温与加热时间相同的情况下，油脂与空气的接触面积越大，油脂老化劣变的速度越快。

（3）金属离子

铜、铁等金属离子混入油脂中，即使数量极微，也会加速油脂的老化劣变。金属离子中铜对油脂的老化劣变影响最大，是铁的 10 倍，铝的影响小于铁。

5）降低油脂老化的方法

为了防止炸油过早地老化，减轻老化程度，改善制品质量，炸制操作时要求做到以下几点：

①避免不必要的加热。加热时间和油老化成正比，注意生坯数量与炸油的合理比例，防止因投生坯量过多，而事先过分提高油温。油温越高，油老化越快。提倡使用温度计，

当油温过高时，应控制火源或添加冷油降温。

②及时过滤、清除油渣，可减轻油的老化程度。油中的杂质（如磷脂经高温而成黑色油垢）亦会加速油的老化。

③炸制后的油宜存放在小口容器里。炸油与空气接触面越大，老化越快。因此，炸制后的油应存放在小口容器里，以减少炸油与空气的接触面。

④油炸使用的爪篱等工具应保持清洁，注意防尘。

油炸过的油，保存时间变短。在实际操作中可采用补充新鲜油脂，或定期更换新鲜油脂的方法，防止油脂老化劣变。

## 7.4.2　炸制工艺技术

油炸熟制法，必须大锅满油，制品全部浸泡在油内，并有充分的活动余地。油烧热后，制品逐个下锅，炸匀炸熟，一般成金黄色即可出锅。

1）炸制技术关键

控制和选择油温，是炸制技术的关键。准确掌握炸制油温十分重要，如油温过高，就可能炸焦炸煳，或外焦里生；油温过低，制品软嫩、色淡，不酥不脆，耗油量大。控制油温要掌握以下两点。

（1）火力不宜太旺

火力是油温高低的决定因素，火大油温高，火小油温低。油受热后温度变化很快，很难掌握。如果火力过旺，就要离火降温，或添加冷油降温。火力切忌过旺，宁可炸制时间稍长一些，也不要使油温高于制品的需要，而导致制品焦煳。

（2）油温要按制品需要选择

油温划分各地不尽相同，不同制品需要不同的油温。从面点炸制情况来看，油温大体可分为两类：

①温油。一般指油温150 ℃左右，业内称为"五成热"（油面滚动较大，没有声音），低于这个油温的三四成热也属于温油（80 ～ 130 ℃，油面小有滚动，发出轻微响声）。

②热油。一般指油温210 ℃左右，业内称为"七成热"。

炸制法大都使用温、热两种油温，但也有先温后热、先热后温的不同变化。

2）温、热油炸制法

（1）温油炸制

①适用范围：适用于较厚、带馅和油酥面坯制品。温油炸制品的特点是外脆里酥，色泽淡黄，层次张开，又不碎裂。

②操作关键：设置好油温，避免用铲、勺乱搅，否则制品易碎裂和破坏造型；容易沉底的制品，要放入炸篮中炸，防止落底粘锅。

（2）热油炸制

①适用范围：主要适用于矾碱盐面坯及较薄无馅的品种，例如油饼、油条炸制。热油炸制品的特点是膨松、香脆。

②操作关键：油温必须烧至七成热以后才能下锅。如油温不够高，制品下锅后，色泽发白，软面不脆。炸时不宜太长，还须不断翻动，均匀受热，黄脆出锅。

油炸制品炸制时除要掌握火力和油温外，还必须保持油质清洁，否则会影响热的传导和色泽。

### 7.4.3 煎制工艺技术

1）概述

（1）概念

煎是指利用油脂及金属锅两种介质的热传递使制品成熟的一种方法。成品具有香软、油润的特点。

（2）热传递方式

热传递主要通过对流和导热两种作用。煎锅大多用平底锅，用油量多少要根据制品的不同要求而定。一般用油量以锅底平抹薄薄一层油为限。有的品种需要的油量较多，但以不超过制品厚度1/2为宜。

（3）煎制的两种方法

油煎法和水油煎法。

2）油煎法

（1）概念

把平锅烧热，放油，均匀布满锅底，放上生坯，煎好一面，再煎另一面，煎到两面都呈金黄色、内外四周全熟为止。

（2）典型制品

上海的煎馄饨、福建的煎米糕、苏州的麦芽塌榻饼、浙江的油煎苔菜饼。

（3）操作关键

①在操作全过程中，不盖锅盖。

②保持热能均衡。因制品既要受锅底传热，又要受油温传热，火候运用很重要。一般以中火油温六成热为宜，即 160 ~ 180 ℃。对于带馅又厚的制品，如馅饼等，油温要高一些，但不可超过七成热。

③掌握好时间。油煎法比油炸法时间长，煎制时间一般需要 10 min。

④放置生熟不匀。因平锅中间温度高，四周温度低，摆放生坯时，要从外向内摆放。操作中要经常移动制品位置，使之受热均匀，防止生熟不匀或制品焦煳。

3）水油煎法

（1）概念

水油煎法，是除油煎外，还要加水煎，使之产生蒸汽，连煎带焖，使制品底部焦脆，上部柔软。

（2）典型制品

生煎、锅贴、水煎包等形体较厚，带有生馅的品种。

（3）特点

具有蒸、煎双重特色，成品融脆、香、软于一体。成品适合现做现卖、现吃。

（4）具体操作方法

先在平锅底刷少量油，烧热；再把制品生坯从外向内依次摆好，用六成热的油温稍煎一会；最后分数次洒水（或与油混合的水），每洒一次就盖上锅盖，使水变为蒸汽传热焖熟。

　　水油煎需要反复实践才能掌握好成熟技巧，需要从业人员的耐心和判断火候的能力。

[ 任务拓展 ]

学炸莲藕酥

　　莲藕酥是层酥制品之一，采用温油炸制，达到外部色泽洁白、酥层清晰，内馅成熟，需要灵活调整油温和炸制时间。

　　一、操作准备

　　1. 实训场地准备。

　　设备、工具：炉灶、煸锅、漏勺、餐巾纸、餐盘。

　　2. 实训用品准备。

　　莲藕酥生坯、植物油。

　　二、操作步骤

　　步骤 1　植物油预热

　　煸锅上火，倒入植物油加热至 140 ℃。

　　步骤 2　涮酥

　　将莲藕酥生坯放在漏勺中，轻轻下入油锅中，轻轻平稳抬起漏勺，再轻轻下入油锅中，以小火低油温将油酥"涮出"。

　　步骤 3　定型

　　当生坯表面纹路逐渐清晰，层次间距逐渐增加后，将火稍开大，将生坯炸成浅黄色。

　　步骤 4　去浮油

　　将莲藕酥用漏勺捞出，放在餐巾纸上吸净表面浮油，装盘即成。

　　三、成品特点

　　色泽浅黄，形似莲藕段，质感酥脆，口味微甜，酥层清晰。

　　四、注意事项

　　1. 炸制时油温不宜过高，以先低后高为宜，否则层次欠清晰且色泽易过重。

　　2. 涮酥过程动作宜轻不宜猛，否则容易乱酥、碎酥。

　　3. 莲藕酥生坯下锅到成品出锅，应始终在漏中，否则生坯沉入油底，容易有黑色斑点，影响成品色泽。

[ 练习实践 ]

　　1. 简述影响油脂老化的因素。

　　2. 列举降低油脂老化的方法。

　　3. 说明炸油条和生煎包在选择炊具上的差异。

# 任务5 复合加热熟制技术

[任务目标]
1. 理解复合加热法的含义和适用制品。
2. 能运用复合加热法设计面点产品。

[任务描述]

面点制品的熟制方法丰富多样，除上述几种主要的单一加热法外，还有的需要运用两种或两种以上的成熟方法对制品进行熟制，这种成熟方法称为复合加热法，又称综合熟制法。它与单一加热法的不同处是在成熟过程中，往往要与烹调方法配合使用。

[任务实施]

复合加热成熟法一般有以下两种：

①先蒸或煮成半成品，再经过煎、炸、烤制成熟，如两面黄、油炸包、伊府面、烤馒头等。

②先将制品通过蒸、煮、烙成半成品，再加调味配料烹制成熟，如蒸拌面、炒面、烩饼等。这些方法已与菜肴烹调结合在一起，变化很多，需具有一定的烹调技术才能掌握。

面点熟制工艺特点见表7.5.1，导热方法与熟制特性见表7.5.2。

表 7.5.1　面点熟制工艺特点

| 熟制方法 | | 含义 | 面坯使用范围 | 适用制品 | 成品特点 |
|---|---|---|---|---|---|
| 单一加热法 | 蒸 | 利用水蒸气的热力使食物变熟、变热 | 发酵面、米粉面、化学膨松剂面、水调面中的烫面、蛋泡面 | 馒头、花卷、蒸饺、糕类、包子类、米团类、蛋糕类 | 柔软、松爽、鲜嫩 |
| | 煮 | 把食物放在有水的锅里加热至熟 | 冷水面、生米粉团、各种羹类甜食品 | 面条、水饺、馄饨、片儿汤、汤团、元宵、粥、饭、粽子、莲子羹 | 清润、爽滑、有汤液 |
| | 烤 | 将物体挨近火使熟或干燥 | 各种膨松面、油酥面制品 | 面包、蛋糕、酥点、饼类 | 软柔、泡松、香脆、酥、色泽美观 |
| | 烙 | 把面坯放在烧热的铛或锅上加热使熟 | 水调面坯、发酵面坯、米粉面坯(包括粉浆) | 大饼、煎饼、家常饼、酒酿饼 | 松软、爽滑 |
| | 炸 | 把食物放在大量的油里加热熟制 | 油酥面坯、矾碱盐面坯、米粉面坯、水杀面坯制品 | 油酥面点、油条、麻花、麻团、炸糕、鸡冠炸饺、春卷 | 香酥、松脆、色泽美观 |
| | 煎 | 锅里放少量油，加热后，把食物放进去，使表面变黄、成熟 | 油酥面坯、矾碱盐面坯、米粉面坯、水杀面坯制品 | 锅贴、馅饼、水煎包 | 油煎法:两面金黄,口味香脆。水油煎法:底部金黄,上部柔软,油色鲜明 |

续表

| 熟制方法 | 含义 | 面坯使用范围 | 适用制品 | 成品特点 |
|---|---|---|---|---|
| 复合加热 | 两种以上加热过程 | 各种面坯 | 油炸包、伊府面、烤馒头、蒸拌面、炒面、烩饼 | 香、脆、酥、松软、爽滑 |

注：铛是烙饼用的平底锅。

表 7.5.2　导热方法与熟制特性

| 导热方法 | 熟制法 | 适用品种 | 制品特性 |
|---|---|---|---|
| 水导热(对流) | 煮 出汤煮(开水) | 水饺、汤团、馄饨等 | 淀粉蛋白质快速凝固,内部养分不易外溢流失 |
| | 带汤煮(冷水) | 红豆、莲子 | 用于原料加工,淀粉中蛋白质遇冷水不凝固,易煮烂出沙 |
| 油导热(对流) | 炸(煎、炒) | 油条、春卷、麻花、油饼、炸糕 | ①加热温度高,制品制熟快②渗透力强,制品达到酥、脆、香、嫩③增强面点原有风味 |
| 水蒸气导热(对流) | 蒸 隔水蒸 | 馒头、包子 | ①供给适当水分,湿润性好②保持制品原性,形态完整③制品皮柔馅嫩,口感好④营养成分损失少 |
| | 蒸汽蒸 | | |
| 热空气导热(辐射、对流) | 烤 明火烘烤 | 烧饼、炉饼 | ①受热均匀,外脆里嫩②色泽金黄,美观③具有特殊风味 |
| | 电热烘烤 | 面包、酥饼 | |
| 金属导热(传导)(对流传导) | 烙 干烙 | 春饼、薄饼 | 具有特殊面香味,嚼有余香 |
| | 刷油烙 | 家常饼 | 皮面香脆,内部柔软,色泽金黄美观 |
| | 煎 油煎 | 煎锅饼、鲜肉煎饼 | 两面金黄,口味香脆 |
| | 水油煎 | 生煎包子、锅贴 | 上部柔软、色白,油光鲜明,底部焦黄香脆 |
| | 炒 | 炒年糕、炒面 | |

## [任务拓展]

　　炸桂花年糕是一道先蒸后炸的面点制品,外脆内软糯,一口下去同时享用两种质感,具有补中益气、平肝化痰、暖胃散寒的功能。可作为主食或小吃。

　　1.原料组配

　　桂花 15 g,粳米、白糖各 100 g,糯米 400 g,猪油 50 g,精制植物油、鸡蛋 2 只。

　　2.制作程序

　　(1)先将粳米和糯米洗净泡透,加水磨成粉浆,装入布袋内压干水分,放在盆内,加入清水、白糖、桂花，用手揉匀，再下入猪油搅拌均匀成团。

（2）方盘内刷上植物油，把拌好的粉团平放入方盘内，上笼用旺火蒸30 min，凉后切成长方片。

（3）年糕片裹上蛋液，放入油锅用中火炸透，食用时撒上白糖。

风味特点：外酥内软、口味香甜，是苏州特色小吃。

[ 练习实践 ]

1. 列举采用复合加热法的小吃品种。

2. 简述伊府面的制作流程，说明采用了哪些成熟方法。

3. 查找苏州两面黄的制作方法。

# 单元8

# 面点的组合和运用

[单元目标]

1. 理解宴席面点、全席面点的概念。
2. 掌握宴席面点的各种特点。
3. 熟悉茶市面点、季节面点、星期面点、会议面点、节令性面点的基础知识。
4. 能运用所学的面点制作技术及面点的组合与运用基础知识进行宴席面点和全席面点的设计。

[单元介绍]

本单元着重讲述宴席面点要根据宴席的规格档次，根据顾客的要求和意图，根据本地特产及时令原料上市情况，根据季节变化来进行面点的组配。全席面点的配置要领有订单设计、选料调味、造型设色、组织管理、上点程序等多方面内容。最后讲述了茶市面点、星期面点、季节面点、会议面点、节令性面点的基础知识。在学习本单元时需理实一体，活学活用。

# 任务1 宴席面点

[ 任务目标 ]

1. 理解宴席面点的概念和特点
2. 掌握宴席面点组配的原则

[ 任务描述 ]

宴席面点品种繁多，面点成形效果要具有实用性、艺术性和针对性，讲究玲珑剔透、形神兼备，富有艺术魅力，因此制作宴席面点需要娴熟的制作技术和设计艺术。宴席面点与宴席密切相关，其组合运用必须与宴席要求协调一致。

[ 任务实施 ]

## 8.1.1 宴席的概念和特点

宴席，是指供人们为了一定的社交目的而准备的具有一定规格质量的一整套菜点。宴席最早从古代祭祀活动演变而来，随着社会经济文化的发展，宴席主要用于交际活动，是开展社交活动的常用形式。小至朋友聚会，纪念个人生活中的重大事情，大至举行庆典、开展外交活动或商业应酬，宴席都可以发挥增进友谊、融洽关系、渲染喜庆气氛的作用。

发展至今，宴席的规模和内容已有了很大的变化与更新，按照运用场合与规格档次的不同，我国宴席又分为宴会席和便餐席两种。

1）宴会席和便餐席

①宴会席是我国民族形式的正宗宴席。其特点是气氛隆重，形式典雅，以圆桌宾主围坐。宾客的席位可由主人事先指定，也可在入席时由宾主互相让座。宴会席配套有冷盘、热菜、大菜（大件）、点心、汤羹、水果等，以热菜为主。宴会席是一种正规的宴席，适用于举办喜事、欢庆节日、款待宾客等场合。国家大庆典或欢迎外宾举行的"国宴"是宴会席的最高形式。

②便餐席。便餐席是较随便的聚餐，比宴会简便灵活，其特点是不拘形式，丰俭随意。便餐席选用的菜点不一定配套，一般是根据宾主的爱好，选配几个精致的或有地方特色的菜点，也叫"合菜"或"便席"。便餐席是既经济、简便，又具有宴席某些特点的类似家庭聚餐的一种形式。

2）宴席面点的概念和特点

宴席面点是指宴席上与菜肴融合为一体的，具有一定规格、质量的精细面点。宴席面点是宴席的一个组成部分，跟菜肴形成一个综合性的整体。宴席档次越高，席点越精致，口味精美，形态活灵活现。

宴席面点不同于一般的常规面点。不仅选料精细，制作精湛，而且讲究设计艺术，即是说必须围绕宴席菜肴的规格来设计组合宴席面点，起到衬托和突出宴席主题的作用。宴席面点在数量、质量、口感以及组合运用上，必须与宴席的总体要求相一致，与宴席中的菜肴相协调。

## 8.1.2　宴席面点的组配原则

宴席面点是根据宴席的规格档次来组配的。组配筵席面点时，还要根据顾客的要求和意图、食用习惯和民族特点、市场供应和时令原料上市情况、季节变化等因素，来具体制订面点品种。

### 1）根据宴席的规格档次组配

面点的质量高低取决于宴席的规格档次，即所配置的面点必须合乎成本核算的需要，要按规定的毛利率来制订具体品种。宴席面点一般占宴席总价格的10%左右，也可根据各地习惯及实际需要作必要的调整。一般低档宴席配点心二道，中档配点心四道，高档配点心六道，但也要考虑到荤素搭配、甜咸和成熟方法等因素。制订出具体品种后，再根据点心使用的原料价格及规格要求对每一道点心进行认真细致的核算。

### 2）根据顾客的要求和意图组配

顾客的要求和意图是面点组配中不容忽视的重要问题，制订点心品种要尽量了解顾客的要求和设席的目的，以便选择恰当的品种。如红白喜事应按民俗选配。婚宴配置如"鸳鸯盒""莲心酥""鸳鸯包""子孙饺"等面点，以增加喜庆气氛；寿宴可配寿面、寿桃、"寿糕""麻姑献寿""伊府寿面"等祝寿类面点，以活跃宴会气氛；白喜则应该选择细致素雅的品种，使之与客人的心境相一致。如一般宾朋聚会和洽谈商事等宴席，则要以本地名点与用时鲜原料制成的面点组配以突出风味特色。除此以外，民族习惯及各地饮食习惯也应加以全面考虑，如对佛教客人应避免用荤腥原料以及南甜、北咸、东辣、西酸的常规饮食习惯都应在配置时考虑周到。

### 3）根据本地特产及时令原料上市情况组配

在各种档次的宴席中，配上富有地方风味的特色面点，可使整个宴席生色不少。特色面点除工艺独特外，采用本地特产原料及时令原料至关重要，因这些原料富有地方特色而且经济实惠。如苏州的鸡头米、山东的红枣花生、桂林的荔芋、白果、马蹄等原料用于面点制作，能显示浓郁的地方特色，使面点别具风味。

### 4）根据季节时令变化组配

宴席面点的季节性很强，在制订面点品种时应尽量与季节时令相适应，除了要注意突出季节原料以外，还要注意季节气候的变化对口味的影响，具有"夏秋宜配羹糕，冬春宜配饼酥"的特点。例如在春季，北方可多配置春饼卷豆芽，南方则多配置用鲜笋尖制作的笋尖虾饺；夏季宜多配些清凉食品解暑降温，如豌豆黄、马蹄糕、凉糕、朝鲜冷面等；冬季由于天气寒冷，应多配些热汤食品，如热汤面、馄饨、八宝粥、八宝饭等。在选用熟制方法上，夏季多用清蒸、水煮或者凉拌。冬季多用煎炸、烘烤等方法。举办宴会的日期与某个民间节日临近，面点也要相应。如春节吃年糕、春卷，元宵节吃汤圆，清明节可配食青团，端午节吃粽子，中秋节食月饼等。

### 8.1.3　宴席面点的装饰

宴席面点不仅口味上要求可口宜人，还要求能以面点精美的装饰给人以美的享受。因此，宴席面点的装饰应考虑面点可食性和宴会主题相呼应，可以通过面点造型设计和运用围边、增色等辅助手段来提高面点的艺术性，达到以食用为主、美化为辅。造型与围边必须在调好面点口味的基础上进行，切不可本末倒置，华而不实。

1）宴会面点造型特点

面点造型是指运用不同的成形手法塑造面点的形象，制作宴席面点。在造型上具有以下特点：

（1）造型美观

以外观形象分类，面点造型分为自然形态、象形形态、几何形态 3 种。

①自然形态是采用较为简易的造型手法，使面点通过成熟任其自然而形成的不十分规则的形态，如蜂巢蛋黄角、芙蓉珍珠饼、雨花石汤团等品种的外观造型。

②象形形态是通过包捏等成形手法，模仿某一种动植物的外形来造型，成品便具有这种动植物的形象，如绿茵刺猬、白兔、象形葫芦等品种的造型。

③几何形态是通过模具或刀工等手法使面点成为规则的形态，如角糕、萨其马、枣泥拉糕、定胜糕等品种的造型。宴席面点不论采用何种造型，都要求做得美观精致，富有特色。

（2）造型小巧

掌握面点分量是造型的又一基本要求。宴席面点一般每件质量为 20 ~ 30 g，以一口能吃完为佳。因宴席面点是与菜肴配套的，客人食用面点主要是品尝风味，不是为了充饥果腹，分量过大显得粗笨，又不适宜以盘盛装。少数品种根据风味特色分量可大些，如蟹黄灌汤包，分量太小影响汤汁的灌装。这类品种每件质量应为 50 ~ 60 g。盛装时则应以原笼上桌。

（3）造型多变

综合运用多种成形方法变换造型花样是宴席面点发展和创新的途径之一。面点品种的造型不是一成不变的。如拉糕，传统工艺是全部原料由单色的枣泥和米糊蒸制而成，成品为褐色，为使造型翻新，可在原配料的基础上分别调制两种或两种以上颜色的面糊使之相互间隔，表面运用不同颜色的米糊进行拉花，达到成品层次色彩清新丰富、表面装饰美观的目的。

2）宴会面点的围边

（1）围边概念

围边是选用色泽鲜明、便于塑型的可食性材料，在碟边或碟中装饰一些花卉、鸟兽图案作为面点的点缀，是宴席面点的辅助性美化工艺。因面点并不是每一品种都有复杂精致的造型，对于一些在造型上没有明显特色的品种，围边会使面点增加许多光彩。

（2）围边材料

围边材料是具有观赏性和可食性的材料，主要用于观赏，但必须可食用。工艺较为简易的有粉丝花、威化片、炸蛋丝、麻花酥、兰花酥等。工艺难度较大的有裱花、面塑捏花、糖活等。裱花、面塑捏花、糖活的工艺要求高，有一定的技术难度，而且必须具备一定的美术图案基础知识及动物花卉塑型技能，才能做得更好。

3）面塑

（1）概念

面塑是指将掺入天然色素的面团塑制成立体图案的一种造型方法，是多种面点成形技法的综合体现。在北方流行的礼馍、南方流行的船点都属于面塑制品。中国的面塑艺术早在汉代就已有文字记载。在陕西、河北也有把面塑称作"面花"和"年模"，并将这古老习俗一直贯穿节庆日子的始终。

（2）用途

除节庆外，面塑还出现在嫁娶礼品、殡葬供品中，也用于寿辰生日、馈赠亲友、祈祷祭奠等方面，增加情趣意境。农家把已蒸好的各种面塑摆在诸神前，其中猪头形面塑俗称"大供"，另外还有花馍、花果馍、礼馍、馍玩具等。餐饮业上用于橱窗展览、食品节的展台或用于大型活动烘托气氛的看盘。

（3）制作方法

把面粉与糯米粉拌匀用开水烫熟，然后上屉蒸熟蒸透，冷却后擦匀擦透，加少量油脂，降低黏性，以便于操作，然后分成小块调色，即可使用。

面塑制作需要一些简单的工具，如剪刀、菜刀、梳子等物。按构思分别把各部分加工成形；再把需要的人物、花、枝、鸟、鱼、虫、盆等，经蒸、炸等不同方法分别制熟，如菊花、梅花需炸制，雕花瓶的蛋糕需蒸制；最后把分别成熟后的各部位按原设计图案顺序组合起来，使人物、花、枝、虫、鸟成为一个立塑的整体，达到图案构思设计要求。

（4）注意事项

要注意食用性与欣赏性的关系。作为食品，必须注重食用，要达到色、香、味、形俱佳的效果，既不破坏营养，又合乎食品卫生要求，同时也要有一定的观赏价值，造型精美雅致，体现主体，色泽淡雅，给人以艺术美的享受。

4）糖活

糖活是指采用糖浆或糖粉制成各种作装饰点缀用的大型立体图案的工艺。用糖粉装饰围边比较方便实用，工艺综合运用了裱花和捏花的手法。糖活工艺有很大的难度，成品精美细致，并能制成大型壮观的塑件。

[ 任务拓展 ]

### 学做部分围边材料

1. 粉丝花

原料：洁白透明的细粉丝适量，色拉油适量。

制法：用湿热毛巾将干粉丝捂几个小时，使之回软，然后剪成约 4 cm 长的段，以数十根粉丝段合成一束，用线将中间扎紧，再将粉丝的两头分别浸上红绿色素，放在通风处吹干，用时将其放入油锅中用热油快速炸制，即成色泽鲜明的粉丝花。

粉丝花制作简单，使用方便，形态美观大方，并可事先制好存放备用。

2. 炸蛋丝

原料：蛋液适量。

制法：将蛋液在容器内打匀过滤，将干净的色拉油或花生油倒入锅中烧至 60 ~ 70 ℃，用筷子沾少许蛋液，在油中晃一下，如见蛋液下锅内马上起丝，则说明油温合适，这时可将蛋液徐徐倒入（最好用带嘴茶壶），边倒边用筷子搅动，使之起丝迅速散开，炸至蛋丝稍硬时，用笊篱捞起，放入纱布滤净油，轻轻抖散即成。

炸蛋丝时火候非常重要，见蛋液在油中起丝后才能炸。油温过低，蛋丝短且碎，油温过高炸出的蛋丝易大块大块地连在一起。蛋液也可加入红、绿色素调色，制出多种颜色的蛋丝，油一定要用细笊斗过滤，否则颜色会互相掺杂。

[ 练习实践 ]

1. 练习制作粉丝花和简易面塑制品。

2. 查寻最新款的面点装饰材料。

3. 按照宴席面点组配原则，设计一组秋季喜宴的席点两道。

# 任务2　全席面点

[ 任务目标 ]

1. 理解全席面点的概念和特点。

2. 掌握全席面点的配制要领。

[ 任务描述 ]

全席面点，即整台宴席全是面点。全席面点自问世以来就以其在宴席中的独特风味及特殊形式而受中外各界人士的欢迎。本任务讲述全席面点的配置要领、订单设计、选料调味、造型设色、组织管理、上点程序。

[ 任务实施 ]

## 8.2.1　全席面点的概念

全席面点又称点心席、面点席，是全部由面点品种组配的宴席。面点席是近年来随着面点制作的发展而形成的面点经营的较高级形式，是将多种面点品种经过精选而组配起来的具有一定规格质量的整桌宴席。

面点席是特殊形式的宴席，一般适用于欢庆节日、款待宾客等场合。其内容由点盘（面点拼盘）、咸点、甜点、汤羹、水果等组成，在结构上要求各类面点的配比要协调，口味要多样，在艺术上要求精巧优美，严格细致。同时，还要讲究盛器高雅，与点心的外观和谐、协调。

### 8.2.2　全席面点的配置要领

要做好一台色、香、味、型、质、器俱佳的面点席，除必须具备熟练的面点制作技术外，还必须掌握全席面点的订单设计、选料调味、造型设色、调配管理、上点程序等方面的知识和要领。

1）订单设计

制作面点单，是面点席总体结构的一项设计工作。它决定整台面点的规格质量和风味特色。制单时要根据各类面点的大致比例和面点席的价格档次来定。面点席的规格质量，首先取决于价格档次，根据价格来制订具体品种和各类面点的配比。面点席以咸点为主（约占60%），甜点（约占30%）、汤羹水果（约占10%）为辅。高档的面点宴席配面点拼盘一道（或以四、六围碟形式），咸点八道，甜点四道，汤羹、水果各一道。中档的面点宴席配面点拼盘一道，咸点六道，甜点三道，汤羹、水果各一道。低档的面点宴席应根据具体情况减少面点的数量或降低品种的规格。

制单时，还应根据顾客的要求和意图、本地特产和原料上市情况以及季节气候变化等多方面的因素而定。上述问题如能考虑周到，就可针对不同档次的面点席设计出顾客满意的面点单。

在面点单制订出来后，必须按照品种所需原料提前备料，并仔细检查原料质量，如发现原料不足或某些原料不符合制作要求时，应及时准备好代用原料或更换品种。

2）选料调味

选料和调味是面点席中技术性较强的工作，对面点席的质量口味起着决定性的作用。要做到每一道点心都有自身独特的风味，首先应注意选料。

（1）选用各种原料

选用原料是制作面点席的前提。选用什么原料制作什么品种，行业中一般没有作硬性规定。但并不是所有品种都可随意选用原料，因为原料与品种的关系有下列3种情况：一是相对固定的关系，如春卷皮料须用面浆摊出来的圆皮，咸味馅心须用将原料切成丁或丝的炒焰。二是直接标明的关系，如叉烧包、萝卜丝饼和芹菜水饺等，这些品种的品名已直接反映了面点的原料要求，用料必须名副其实。三是灵活组配的关系，如象形梨果皮料，既可用土豆也可用地瓜、板栗。灌汁水晶球既可用虾胶，也可用鱼胶或肉胶。这些品种，原料选择具有很大的灵活性，这一特性也为面点品种的发展变化提供了有利的条件。因此，面点席应尽量广泛采用各种原料创新面点品种。

（2）精取原料质嫩的部分

精取质嫩、新鲜的原料是制好面点的关键。质嫩原料的选择有两个方面的含义：一是要求原料本身要质嫩；二是要选择原料质嫩的部分，如鲜肉馅要选用夹心肉，油菜要取用菜胆，冬笋要取用笋尖。此外，还要注意原料的新鲜度，如甜点心经常使用的红枣、核桃、莲子等干货，要注意察看是否有变质、走油、虫蛀等现象。

调味是面点席最重要的一项工作，对整台面点的口味起着决定性的作用。面点席的调味有两个方面：一是调好馅心的口味；二是运用不同的皮料、馅料和成熟方法相互搭配变换口味。

制馅是调味的重要操作环节。馅心的口味决定了面点的口味。因为中、高档面点基本上都是重馅品种，馅心的比例一般为 50% ~ 70%，所以馅心口味直接影响整台面点席的质量。要掌握好制馅技术，必须熟悉各种原料的性质和用途，懂得这些原料的加工整理方法，更重要的是必须掌握烹制和调味技术，才能制出色、香、味、形、质俱佳的面点。

运用不同的皮料、馅料和成熟方法，相互交错配合，可使面点席的各种面点口味变化无穷。面点的主要皮料、馅料有几十种之多，选用什么样的皮料与馅料结合，变换成什么样的口味，如何运用不同的成熟方法，以达到软、酥、松、滑、外脆里嫩等不同质感，要靠面点师的实践经验，涉及多方面的知识技能。

3）造型设色

造型与设色是面点席中的一项艺术性、技术性较强的工作。一台好的面点席，不仅要求可口宜人，而且应以高雅的图案和明快的色彩，给人以美的享受，以提高顾客品尝面点的情趣。

宴席中的菜肴可用冷盘造型，面点席则可用点盘造型。面点席一般需设计一组类似酒席冷盘的若干小件面点组合的花色品种，以烘托气氛。这类花色品种要求立意清新、构图美观，并要求搭配合理。如硕果点盘，其整体造型是中间放置形象逼真、情趣盎然的硕果粉点，周围以若干精致小碟衬托，只要顾客一入席，就会被那栩栩如生的各种水果、花卉、鸟、动物等吸引，使面点席大大增色。小碟是点盘的主要食用部分，应集各点之精华组合。如蛋黄角、菜汁水饺、灌汁球、红豆羹块、百花条等品种，均可作为小碟摆放，也可用一些拌肚丝、牛肉干、熏鱼块等小碟。按照面点席的规格档次，小碟数量可八、六、四道不等。选择小碟品种要具备小件、多味、冷食的特点，大件的或热上的面点，不宜作为小碟上桌。除此之外，还可根据设宴目的设计与宴会主题相一致的点盘。如用芋角、白兔饺、马蹄糕等六道品种组合的"嫦娥奔月"以及用裱花工艺制作的"迎宾花篮""松鹤延年""一帆风顺"等点盘，都能收到很好的艺术效果。

设色也是一项重要的美化工艺。设色是指面点席的总体色彩设计。面点席的设色，一可利用原料本色，如明虾的红色、蛋清的白色、蟹黄的黄色。这些原料本身色彩已十分悦目，无须再添辅助色。二可用不同的成熟方法增色。如蒸制品多为白色，刷蛋黄烘烤为金黄色，煎制品多为焦黄色。面点席应运用不同的成熟方法丰富各种颜色。三是用精美的盛器增色。面点席的盛器要高雅讲究、色调和谐。如蓝花瓷器显得素雅，红花瓷器显得热烈，玻璃器皿则显示考究与华丽，应根据顾客设宴的目的灵活选用具有不同色彩意义的器皿。四是用多种围边增色，即在面点周围用各种围边材料装饰点缀增色。面点席应充分利用各种方法使色彩更为赏心悦目。

4）组织管理

主持面点席制作的工作人员，应根据开席的规模，对各岗位的工作量作出预算，然后安排具体工作人员。安排时应本着既保证人员够支配，又防止人多手杂的原则，做到选人从简从优，各负其责。在岗位定员后，主持者一定要事先检查各项准备工作。特别要注意半成品的准备情况，如有的馅心需要事先加工（炒豆沙、熬果酱、煮鸡汤等），有的干货原料需事先涨发（如海参、干香菇、银耳等）。这些工作一定要事先考虑周到。根据不同品种的需要，事先也可做好某些围边材料，如植物鲜奶膏、粉丝花、面塑坯料等。

作为一个主持者，应根据开席时间，对各工序完成任务的具体时间作出严格规定。如发现某个岗位有可能完不成任务，应及时调配其他岗位的工作人员来协助。还要注意检查炉灶、工具、卫生状况等是否合乎要求。总之，要保证各项工作都能有条不紊地在预定时间内完成。

面点席的制作比酒席菜肴具有更强的工艺性，靠一两个人是无法完成的，需要培养训练一批有素质的专业人员配合才能做到。

5）上点程序

面点席与宴席一样，应根据先咸后甜、先干后稀、先清淡后浓郁的原则，按点盘、咸点、甜点、汤羹、水果的顺序上席。点盘在客人未入席时先上（北方称为压桌碟），开席后先上咸点，咸点中又先上口味清鲜的（如素馅饺子、汤包），后上口味浓厚的（如芋角、鸡粒角等）。主要咸点上席之后，可间隔上甜点以调剂口味，汤羹、水果最后上，以便给顾客留下清口的感觉。

### 8.2.3　全席面点组配实例

面点宴席种类较多，如二龙戏珠宴、金榜题名宴、如意宴、贵妃宴、鸳鸯宴、祝寿宴、三鲜宴、海鲜宴、鸡鸭宴等，这些宴席主要以饺子、包子、面条等为主，尤以饺子形成面点宴席的占大多数。西安德发长饺子馆设计的饺子宴有九大类，即"二龙戏珠宴""龙凤呈祥宴""鸡鸭宴"等。这些宴席讲究用料、考究技术、讲究营养组合，食者品其味、会其意，得到了情景交融的艺术享受。

1）二龙戏珠宴

这是上等的迎宾饺子宴，它的点盘是由若干个饺子组成的中国传统的二龙戏珠图案，并配以虾球蒸饺等艺术饺，所用馅料以鱼虾为主，突出了海味。其组配为二龙戏珠、虾球蒸饺、玉兔出宫、群龙闹海、彩蝶飞舞、什锦三鲜、百花朝阳、海八宝饺、冬蓉蒸饺、贡米蒸饺、鱼香蘑菇、虎皮酥饺、四叶蒸饺、虾仁蒸饺、鱿鱼蒸饺、叉烧蒸饺、海什锦饺、五仁蒸饺、蟹肉蒸饺、猕猴桃饺、三鲜水饺、龙须面火锅。

2）其他面点宴席

我国幅员辽阔，各地特色名点很多，用它们组配成筵席的情况也很普遍。例如北京的小吃宴，把爆肚、焦圈、豆汁等组合在一起，别有风味。再如江苏扬州的酵面点心品种繁多，尤以各色包子著名，故而将三丁包、野鸭包、蟹黄汤包、菜肉包、干菜包、萝卜丝包、豆沙包等十几种包子和千层油糕、翡翠烧卖、糯米烧卖以及多种酥点组合在一起，并引入太湖船点作主盘，以大煮干丝、肴肉、蛋黄鸡、蟹粉狮子头等为主菜，配以当地的平山绿菜，可以吃酒，也可不吃酒，灵活多变，价廉物美，深受群众欢迎。而这种包子宴到了苏州、无锡一带，便成了糕团宴，上述的各式包子被多种米制糕团替代，同样引人入胜。

另外还有山西"面食宴"，它是运用山西面点制作技术如擀、拉、切、拨、削、压等技术，用各种熟制工艺做成的面食宴席。

[任务拓展]

**学做玉米面萝卜丝团子**

玉米面萝卜丝团子是面点全席宴中的风味点心，采用玉米粉做皮，包入生咸馅——萝卜丝肉馅，用蒸的方式成熟，成品具有薄皮大馅、松而不散、咸鲜香浓的风味特点。

一、原料

主料：玉米面 350 g，水约 300 g，小苏打 3 g。

馅料：肥瘦肉馅 250 g，象牙白萝卜 500 g，葱 50 g，姜 10 g，熟猪油 50 g，盐，味精，料酒，植物油，酱油。

二、工艺流程

调制玉米面坯→生菜肉馅的制作→菜团子的成形→菜团子的熟制→菜团子的装盘

三、制作过程

1. 调制玉米面坯

玉米面与小苏打混合，温水分次加入，和匀待用。

2. 生菜肉馅的制作

（1）象牙白萝卜洗净、去皮、擦丝、焯水后，挤出水分。

（2）肥瘦肉馅内放盐、料酒、酱油搅打均匀，放入葱花、姜末拌匀后加入萝卜丝，调好味（应稍咸一点），最后加入熟猪油拌匀即可。

3. 菜团子的成形

取玉米面坯在手中拍成皮坯，上馅后双手将馅包入面坯中，呈球状成坯（300 g 面粉，出 20 个皮坯）。

4. 菜团子的熟制

将笼屉立放，沾植物油上下将笼屉刷匀，将菜团子生坯码齐，上旺火蒸熟（约 20 min）。

5. 菜团子的装盘

菜团子蒸熟后，稍微晾凉，再将成品从笼屉中取出，码放在盘中即可上桌。

[练习实践]

1. 运用所学的面点技术设计组配一桌"百年好合"婚宴面点全席。

2. 按照地方风俗，采用当地名特产设计组配"年年有余"的新年面点全席。

# 任务3 其他组合面点

[任务目标]

1. 理解茶市面点、星期面点、季节面点、会议面点、节令性面点的概念和特点。

2.能运用已有的面点制作技术进行茶市面点、星期面点、季节面点、会议面点、节令性面点的设计与组配。

**[任务描述]**

茶市面点、星期面点、季节面点、会议面点、节令性面点等，在面点经营中占有相当重要的地位。本任务的学习，不仅要求同学们具有高超的技艺，而且需要有多方面知识的辅助配合。只有全面掌握面点组合与运用这些知识，勤学苦练基本功并将其运用自如，才能成为一名全面合格的面点技术人员。

**[任务实施]**

### 8.3.1　茶市面点

**1）茶点概念**

茶市面点是酒家茶楼在非正式开餐时间供应的面点，简称茶点。茶点分为早茶点、午茶点、晚茶点，在南方一些大中城市比较盛行。

**2）茶市特点**

茶市面点的经营方式是将多种面点品种事先准备好，待顾客坐下喝茶后由服务员将各种面点推到桌边展示叫卖，顾客可随意选择喜爱的面点，取用十分简便，先吃后付款。这样的经营方式和消费形式俗称"茶市"。茶市是朋友聚会、消遣享受的去处，也是洽谈业务、接待宾客的场所。

茶市具有以下特点：

①形式自由，丰俭随意，想吃什么拿什么，想吃多少拿多少。

②不受时间限制，早一点晚一点都可以。

③人数多少随意，食客可以流动组合，随时加座加点，没有一定之规。

**3）茶点的特点**

①茶点首先要品种多，以适应不同口味的顾客和各种不同档次的消费需求。

一般早茶以咸点居多，数量不少于20种，甜点也应有10～20种。午茶和晚茶以甜点居多。还要经常变换茶点品种，因顾客是相对固定的，品种不变，会使顾客吃腻而厌烦。茶点除一些传统正宗品种如招牌茶点叉烧包、虾饺、干蒸烧卖等不需变换外，其余品种应做到经常更换，以此吸引顾客。

②茶点的分量要以小件为原则。

一般每件质量20～40 g，切忌分量过大（糯米鸡等大型品种除外）。因茶客都以能多品尝几个品种为快事，单件分量过大，吃一两件即已饱腹，无法再选择其他品种。

③吃茶点的环境要求高。

饮茶品尝点心是一种雅趣，茶市的环境一定要宽舒雅洁，有了适当的环境，才能有饮茶的气氛。茶市如果设在局促喧闹且卫生条件差的地方，即使面点的质量好，也难招来顾客。

### 8.3.2　季节面点

**1）概念**

季节面点是按季节特色适应市场的面点，又称四季面点。饮食业的面点经营，应根据季节变化将富有季节特色的面点推出应市，以调整人们四季的饮食口味。

**2）季节面点要求**

①首先要注意采用季节性原料。如豌豆苗产于春天，春季适宜制豆苗鸡丝卷；鲜荔枝产于夏天，脆皮鲜荔枝在夏季才能应市；秋天的螃蟹肥美，蟹黄汤包在秋季应市比较合适；腊味原料冬天才有，因此腊味萝卜糕是冬天的畅销面点，东北的黏豆包，也是冬腊月才适合制作的冬天面点。

②迎合人们在季节变化时口味的要求。我国民俗大多有"夏多清淡，冬多浓郁"的口味习惯。四季面点中如春季的三鲜鱼丝春卷、夏季的莲子绿豆糕、秋季的蟹黄汤包、冬季的葱油甜火烧饼等，品种所用原料既要应时，又符合季节口味的需要。

③设计季节面点时，还应该注意气候冷暖变化对面点工艺所造成的影响，如擘酥、岭南酥皮，夏季天气热，油熔化快不便操作，应尽量少做；双馅团子、炒肉团子在冬季食用口感差，避免制作。

### 8.3.3　星期面点

星期面点是以星期为周期变换的面点，又称为星期美点。星期美点是广式面点经营的一种特殊形式，是各酒家茶楼为了竞争而争相上市的面点，以其品种每星期换一套的形式经营。

星期美点包括咸点和甜点，数量一般 5 ～ 8 款，经营者除在门口用牌子标明之外（一般挂有"本店本星期美点由名师 ××× 先生主持"字样），还要在餐桌上标明，以便顾客挑选，有的也像茶市面点一样巡回叫卖。星期美点每期品种可以灵活组配，但必须按时令季节配套制作。其中不仅要做到咸甜俱备，而且要中西面点并陈，并讲究造型拼摆和色彩搭配。每期应用黄、橙黄、白等几种色彩组合，形态要有卷筒、方形、圆形、花边等搭配。拼摆成形的星期美点色、香、味、型、质俱佳，能给顾客以美的享受。

### 8.3.4　会议面点

会议面点是食客固定、形式统一的小型配套面点，一般用于会议顾客的早餐、午餐、晚餐，以早餐面点更为重要。

会议面点以既能吃饱，又要吃好为原则。首先应注意分量适中，不管订单是几道品种，总量要以一人能吃饱为准。在此基础上要注意花样变化，做到咸甜俱全，干稀搭配。并根据规格档次做到有精有粗，符合成本核算要求。

会议面点，由于食客固定，要做到经常变换口味，根据会议时间长短定期变换，一般应每天变换一套。

会议面点，由于开餐时间集中，制作人员应做好充分的物质准备。特别是大型会议，用餐人员多，开餐时间短，必须事先做好面点等候上桌，才能准时而又有条不紊地进行开席。

### 8.3.5　节令性面点

近年来随着生活水平的提高，节令性面点的销售十分火爆。商家在节日的前期，就组织准备大量人力物力，生产出更多、更好的节日面点来满足人们的需要。如正月十五的元宵节、五月初五的端午节、八月十五的中秋节等，人们都要买些节令性面点，或赠送亲朋好友，或自己品尝这些美味佳点。

（1）元宵、汤圆

元宵与汤圆在制作方法和工艺上有所不同。元宵用干磨粉、湿磨粉制作，以滚沾方法成形，多为什锦馅，以蒸、炸成熟方法为主；汤圆用水磨粉制作，用包的方法成形，馅心种类较多，有莲蓉、黑芝麻、果脯等，成熟用煮的方法居多。

（2）粽子

南方、北方均有吃粽子的习惯，主要原料是糯米、大黄米、大枣、果脯、竹叶等，还有用猪肉制成咸味粽子的。南方的粽子品种比北方多，日常生活中也均有吃粽子的习惯。

（3）月饼

月饼是节令性食品中最为丰富多彩的品种之一。全国各地的月饼在口味、质地、形状、档次、销售方式上均不尽相同。广式月饼的皮料、馅料较有特色，皮薄、质软、馅大，在市场上占有较高的份额。

[ 任务拓展 ]

#### 认识节日点心——汤圆

元宵或汤圆是正月十五闹元宵的节日甜点，具有口感软糯、甜而不腻、糯而不黏的特点，全国各地的元宵或汤圆具有地方特色，以下8种富有代表性。

一、北京元宵

将核桃仁、金糕丁与面粉、白糖、瓜子仁一起放入盆中，加入适量凉水拌成馅，再制成五分见方的馅块，放在通风处晾24 h。将馅块过凉水，放入糯米面中滚动，再在凉水中蘸一下放入糯米面中滚动，如此反复4～6次，使糯米面全都沾在馅块上，并且表面圆滑，磕碰不裂，即成元宵。

二、上海擂沙汤圆

上海的擂沙汤圆，已有70多年历史，过去是先用一只内壁带有梭形纹路的缸瓦土沙盆；再用一支质地坚硬的石榴木作为磨粉浆的"擂浆棍"，往沙盆中放入炒香的干豆，如花生、芝麻或黄豆，干磨出碎末粉状的"香沙"；最后，煮熟的汤圆在"香沙"里滚来滚去，于是黏黏的糯米丸子沾满了盈香扑鼻的"香沙"，故名擂沙汤圆。有的糕团店把它作为即点即做的点心，要吃的就是一咬馅料就有如流沙般涌出的新鲜感觉。

三、海南鸡屎藤汤圆

鸡屎藤为叶类蔓薯植物，生长在热带潮湿的灌木丛之下，能够入药，具有清热、消炎、解毒、润肺醒脑的功效，民间叫土参。这种植物又能制作风味美食。鸡屎藤汤圆是三亚地区富有特色的风味小吃。首先把鸡屎藤蔓、叶切成碎条，接着随着浸软的糯米一起碾（或春）成粉末，然后拌上适量的水捏成大小直径为1 cm的汤圆，最后放入滚烫的水中煮，待汤圆熟了，才放入适量的砂糖，美味可口的鸡屎藤汤圆就做好了。

四、山东芝麻枣泥汤圆

山东固有大枣之乡之称，用枣泥做成的汤圆向来为人所爱。大红枣煮熟去核擦成泥，然后将猪板油去膜用刀拍碎，将红枣泥和白砂糖搓成馅心，和水磨糯米粉做成汤圆。为了让它的滋味变得更加丰富且富有变化，人们通常还会将芝麻炒熟，和白细砂糖研成细末，吃汤圆时可在芝麻末中蘸一下，油润软绵的同时，又多了层香脆的口感，很是奇特。

五、长沙姐妹汤圆

姐妹汤圆是长沙一家餐馆的著名风味小吃，已有 60 多年历史，由于早年经营这款食品的是姜氏二姐妹，故此得名。其制法是以糯米、大米磨浆，取粉制皮，用枣泥、白糖、桂花做馅。其色泽雪白、晶莹光亮、小巧玲珑、香甜味美。

六、上海酒酿汤圆

在醪糟酒中煮入特制的无馅小汤圆，或者再加入鸡蛋，就可以制作成为味道甜美可口的酒酿汤圆。这是一款非常受欢迎的夜宵，常流行在南方地区，但要注意的是过多食用酒酿汤圆容易上火。

七、南京雨花石汤圆

雨花石汤圆是一款创新小食，它的构思十分奇特，在汤圆的糯米皮中加入可可粉，使包起来的汤圆呈现条理清晰的雨花石石纹，采用 4 种汤圆馅，堪称汤圆中的精品。

八、港式够姜汤圆

它的特别之处在于糖水以姜汁熬制，清淡透彻，鲜辣的姜味嵌到了薄皮的汤圆里，一咬开，内馅里自磨的芝麻蓉便肆意流出。

[ 练习实践 ]

1. 多项选择题

（1）面点席的设色可综合下列因素而成，即（　　）。

A. 利用原料本色　　　　B. 用不同的成熟方法增色　　C. 用精美的盛器增色

D. 用多种围边增色　　　E. 用色素增色

（2）上点程序的主要原则是（　　）。

A. 先甜后咸　　　　　　B. 先咸后甜　　　　　　　C. 先稀后干

D. 先干后稀　　　　　　E. 先清淡后浓郁

（3）根据开餐时间命名的面点有（　　）。

A. 早茶点　　　　　　　B. 星期面点　　　　　　　C. 节令性面点

D. 晚茶点　　　　　　　E. 午茶点

2. 记录本地的节日点心，写出制作过程。

3. 根据当地居民的饮食习俗，设计一套茶市面点，说明设计理由。

# REFERENCES
# 参考文献

[1] 李文卿 . 面点工艺学 [M]. 北京：高等教育出版社，2003.

[2] 朱在勤 . 苏式面点制作工艺 [M]. 北京：中国轻工业出版社，2012.

[3] 邵万宽 . 中国面点文化 [M]. 南京：东南大学出版社，2014.

[4] 季鸿崑，周旺 . 面点工艺学 [M]. 2 版 . 北京：中国轻工业出版社，2006.

[5] 邱庞同 . 中国面点史 [M]. 青岛：青岛出版社，2010.

[6] 李里特，江正强 . 焙烤食品工艺学 [M]. 3 版 . 北京：中国轻工业出版社，2019.

[7] 朱阿兴 . 苏式船点制作 [M]. 北京：中国食品出版社，1990.

[8] 谢定源 . 中国名菜 [M]. 北京：高等教育出版社，2013.

[9] 中国就业培训技术指导中心 . 中式面点师：高级 [M]. 2 版 . 北京：中国劳动社会保障出版社，2017.

[10] 中国就业培训技术指导中心 . 中式面点师：中级 [M]. 2 版 . 北京：中国劳动社会保障出版社，2016.

[11] 刘致良 . 中餐生产标准化体系设计 [M]. 北京：中国轻工业出版社，2008.

[12] 中国烹饪百科全书编委会 . 中国烹饪百科全书 [M]. 北京：中国大百科全书出版社，1992.

[13] 马凤琴，徐广泽 . 中国饺子 500 种 [M]. 大连：大连出版社，1997.

[14] 刘耀华 . 面点制作工艺 [M]. 北京：中国商业出版社，1993.

[15] 帅焜 . 广东点心制作大全 [M]. 广州：广东科技出版社，1994.

[16] 王文福 . 中国名特小吃辞典 [M]. 西安：陕西旅游出版社，1990.

[17] 刘钟栋 . 食品添加剂原理及应用技术 [M]. 2 版 . 北京：中国轻工业出版社，2000.

[18] 周晓燕 . 烹调工艺学 [M]. 北京：中国纺织出版社，2008.

[19] 俞小平，黄志杰 . 中国健脑食谱 [M]. 北京：科学技术文献出版社，2001.

[20] 朱锡彭，陈连生 . 宣南饮食文化 [M]. 北京：华龄出版社，2006.

[21] 葛贤萼，刘耀华，刘真木 . 点心制作工艺 [M]. 北京：中国商业出版社，1991.